U0392969

高等学校教材

铸造工艺学

第2版

董选普　李继强　廖敦明　等编

ZHUZAO

GONGYIXUE

化学工业出版社

·北京·

内 容 简 介

　　《铸造工艺学》（第2版）涵盖了铸造工艺设计的全部内容，包括铸造工艺设计的基本概念、铸造工艺方案、浇注系统设计、铸件凝固与补缩的基本原则等，并增加了消失模铸造工艺、V法铸造工艺、数字化技术在铸造工艺中的应用等最新内容，通过去粗取精，整编精简，力求体现前沿性和实践性强的特色。

　　《铸造工艺学》（第2版）可作为高等院校材料成型及控制工程专业的师生教学用书，亦可供铸造行业的工程技术人员学习、参考。

图书在版编目（CIP）数据

　　铸造工艺学/董选普等编. —2版. —北京：化学工业出版社，2022.8（2024.11重印）
　　高等学校教材
　　ISBN 978-7-122-41356-7

　　Ⅰ.①铸⋯　Ⅱ.①董⋯　Ⅲ.①铸造-工艺学-高等学校-教材　Ⅳ.①TG24

　　中国版本图书馆CIP数据核字（2022）第074393号

责任编辑：陶艳玲
责任校对：宋　玮　　　　　　　　　　　装帧设计：史利平

出版发行：化学工业出版社（北京市东城区青年湖南街13号　邮政编码100011）
印　　装：北京科印技术咨询服务有限公司数码印刷分部
787mm×1092mm　1/16　印张15½　字数382千字　2024年11月北京第2版第3次印刷

购书咨询：010-64518888　　　　　　　售后服务：010-64518899
网　　址：http://www.cip.com.cn
凡购买本书，如有缺损质量问题，本社销售中心负责调换。

定　　价：59.00元

前　言

光阴似箭、日月如梭，本书自 2009 年出版发行至今已有 12 个年头。在这 12 年里，铸造行业取得了巨大成就，为很多领域注入了新的生机。记得 2009 年中国铸造行业的总产量为 3530 万吨，占全球总产量的 44％，位居全球第一。而到了 2020 年，中国铸造产量已经达到 5195 万吨，11 年内增加了 47％，占全球总产量的 49％，仍然是全球第一。由于这两年受新冠疫情的影响，2020 年全球铸造业都是负增长，美国－13.7％、德国－29.6％、日本－34.7％，只有中国实现增长 6.6％。中国已是名副其实的铸造业大国，也是全球最主要的铸件生产国，同时也是成熟铸造技术的拥有国。面对这些数据和成就，我们广大的铸造工作者没有理由不努力奋进。

本书的第一版被国内几十所有铸造专业的高等院校选为了教材，同时也得到了使用过本教材的广大师生和铸造同行的肯定，并提出中肯的指正和建议。本书的第一版能够为我国的铸造事业进步发挥绵薄之力，让编者倍受鼓舞，在此表示感谢！

应化学工业出版社多次要求、同行师生们的热情鼓励，使得本书得以再版。本书的再版力求与时俱进，在第一版的基础上增加了 V 法铸造工艺设计的内容和数字化技术在铸造中的最新应用成果，让学习者在掌握铸造工艺基本理论、计算方法的同时，对已经或即将在铸造生产中应用的新技术新工艺也有所了解。

本书由华中科技大学董选普教授编写并修订了第 1、2、6 章和第 8 章的第 4 节，浙大宁波理工学院李继强教授编写并修订了第 3～5 章，华中科技大学刘鑫旺教授和董选普教授共同编写了第 7 章，华中科技大学廖敦明教授修订了第 8 章的第 1～3 节，华中科技大学蒋文明副教授修订了第 6 章并增加了该章第 5 节内容。全书由董选普教授统稿及整理。

在本书的再版过程中，一些企业界的专家也做出了特别贡献。特别感谢周德刚工程师、胡建军高工对于本书第 7 章内容编写的大力支持，感谢郭锐高工、宋贤发高工对本书第 3～5 章内容修订的支持。同时，感谢其他铸造界的专家学者、研究生、大学生们对本书在使用过程中发现的问题提出了指正。

由于本书是教科书，对于经典的理论、最新的应用成果、实际生产中的新老案例在书中都有所收录，尽管没有一一引用标注，但是都列入了参考文献，在此，对这些文献的作者表示衷心感谢！

尽管本次再版修正了第一版绝大部分的错误或过时表述，但是由于本书内容繁杂，加之编者水平有限，书中难免还有不当之处，敬请读者继续批评指正，不吝赐教。

编　者
2022 年 3 月
于武汉喻园

第一版前言

我国铸造技术已经有 4000 多年的辉煌历史，在世界铸造历史中占有相当重要的地位。进入 21 世纪以来，又取得了新的成就，2009 年铸件年产量已跃居世界第一，约占全世界年产量的 44%，成为名副其实的铸造大国，但从铸造生产的综合技术经济指标和效益来看，我们与世界铸造强国相比，还有较大的差距。

历史发展到今天，我们的生活已经离不开铸造，铸造产品无处不在。小到日常的锅碗瓢盆，大到数百吨的电站和轧钢设备铸件；从普通的五金工具，到尖端的如航天飞机发动机部件等，都少不了铸件。因此，铸造生产是先进制造技术和日常生活中必不可少的重要组成部分。今后，发展铸造生产的重点不是在数量上，而是在质量和效益上下工夫，要全面提高铸造生产的技术经济指标，增加高端铸件产品的比例，最大限度地提高效益，降低能源消耗和环境污染，完成由"铸造大国"向"铸造强国"的过渡。

我们的先辈在很早以前就总结了"刑（型）范正，工冶巧，然后可铸"的铸造口诀。"刑（型）范正"就是指铸造工艺技术要合理准确、正确，"工冶巧"就是说金属冶炼技术和浇注过程技术巧妙得当，才能得到优质铸件。因此可见，自古至今铸造工艺就是铸造生产的核心，是生产优质铸件的关键。现代铸造生产不再是工匠的活计，而应是科学的、可持续发展的生产方式。铸件在生产之前必须进行合理的铸造工艺设计，使得铸件的生产工艺过程能够实现科学操作、规范管理、有效控制，达到优质、高产、低耗的效果。铸造工艺设计师需要一定的基本理论知识和丰富的实际经验，需要掌握大量的生产数据，了解生产条件，注意环保、节能、成本等因素，使企业能够可持续发展。本书就是为了培养未来铸造工程师的需要而编写的，希望借本书的学习而交给学子们一把打开铸造之门的钥匙。

本书除了全面地介绍了铸造工艺的传统内容（铸造工艺设计基本概念、铸造工艺方案的确定、浇注系统设计、铸件的凝固与补缩、铸造工装设计等），还特别增加了消失模铸造新技术的工艺设计特点和原则，并扼要介绍了铸造工艺计算机辅助设计基本知识以及快速成型技术在铸造工艺中的应用等最新科技成果，目的就是让大家在掌握铸造工艺基本理论、计算方法的同时，对现代科技在铸造生产中应用的新成果也有所了解。本书既可供高等学校学生（包括专科生、本科生及研究生）使用，也可供从事铸造生产的工程技术人员参考。

本书由华中科技大学的董选普教授编写第 1、2、6、7 章，宁波理工学院的李继强博士编写第 3~5 章。全书由董选普统稿及整理。由于本书是教科书，对于经典的理论、最新的成果、实际生产中的新老例证本书都有所收录。感谢大家为我国的铸造人才教育作出的贡献！

由于本书涉及的面广，内容繁多，编者水平有限，书中难免有不当之处，敬请读者批评指正，不吝赐教。

编　者

2009 年 6 月

于武汉喻园

目　录

第1章 铸造工艺设计的基本概念

铸造生产是一个诸多工序集成的复杂过程,包括金属熔炼、型砂配制和处理、造型制芯、合型浇注、落砂清理和旧砂回用等。人们往往把铸件的生产过程称为铸造工艺过程,对于某一个铸件,编制出其铸造生产工艺过程的技术文件则称之为铸造工艺设计。

铸造工艺设计是根据对铸造零件的要求、生产批量和生产条件,以及对铸件结构的工艺性分析等,用文字、图样及表格来说明零件的生产工艺过程和指导生产作业,并确定和完成铸造工艺方案、工艺参数,绘制铸造工艺图、编制工艺规程和工艺卡等技术文件的过程。

在进行铸造工艺设计前,设计者应充分掌握用户的要求,熟悉企业和工厂的生产条件,这些是铸造工艺设计的基本依据。此外,还要求设计者有一定的生产经验和设计经验,并应对铸造先进技术有所了解,具有经济观点和可持续发展观点,才能很好地完成任务。

1.1 铸造工艺符号及其表示方法

工艺文件的格式和内容,因铸件生产性质、生产类型和生产条件不同而有所区别。各种工艺文件所反映的主要内容和应用范围如表1-1所列。

表1-1 铸造工艺设计的内容和常规程序

项目	内容	用途及应用范围	设计程序
铸造工艺图	在零件图上,用《铸造工艺符号及表示方法》(JB/T 2435—2013)规定的红、蓝色符号表示出;浇注位置和分型面,加工余量,铸造收缩率(说明),起模斜度,模样的反变形量,分型负数,工艺补正量,浇注系统和冒口,内外冷铁,铸肋,砂芯形状、数量和芯头大小等	用于制造模样、模板、芯盒等工艺装备,也是设计这些金属模具的依据,还是生产准备和铸件验收的根据,适用于各种批量的生产	(1)零件的技术条件和结构工艺性分析 (2)选择铸造及造型方法 (3)确定浇注位置和分型面 (4)选用工艺参数 (5)设计浇冒口,冷铁和铸肋 (6)砂芯设计
铸件图	反映铸件实际形状、尺寸和技术要求。用标准规定符号和文字标注,反映内容:加工余量,工艺余量,不铸出的孔槽,铸件尺寸公差,加工基准,铸件金属牌号,热处理规范,铸件验收技术条件等	是铸件检验和验收、机械加工夹具设计的依据,适用于成批、大量生产或重要的铸件	(7)在完成铸造工艺图的基础上,画出铸件图
铸型装配图	表示出浇注位置,分型面、砂芯数目,固定和下芯顺序,浇注系统、冒口和冷铁布置,砂型结构和尺寸等	是生产准备、合箱、检验、工艺调整的依据,适用于成批、大量生产的重要件,单件生产的重型件	(8)通常在完成砂箱设计后画出

项目	内容	用途及应用范围	设计程序
铸造工艺卡	说明造型、造芯、浇注、开箱、清理等工艺操作过程及要求	用于生产管理和经济核算，依批量大小，填写必要内容	(9)综合整个设计内容

铸造工艺符号是表达设计者设计意图与要求的专用符号。根据 JB/T 2435—2013 规定，铸造工艺符号可采用甲、乙两类形式表示。甲类形式是在零件的图样上用红蓝两色线条绘制的工艺图；乙类形式是用墨线绘制的工艺图。这两类形式均适用于砂型铸钢件、铸铁件和铸造非铁合金铸件。表 1-2 为甲类形式的常用铸造工艺符号和表示方法。

表 1-2　甲类形式的常用铸造工艺符号和表示方法

序号	名称	工艺符号及示例	表示方法
1	分型线		用红色线表示，并用红色写出"上、中、下"字样
2	分模线		用红色线表示，在任意一端画"＜"号
3	分型分模线		用红色线表示
4	分型负数		用红色线表示，并注明减量数值
5	不铸出的孔或槽		不铸出的孔或槽在图上用红笔打叉
6	机械加工余量		加工余量分两种方法可任选其一 (1)用红色线表示，在加工符号附近注明加工余量数值。 (2)在工艺说明中写出上、侧、下加工余量数值。 特殊要求的加工余量可将数值标在加工符号附近，凡带斜度的加工余量应注明斜度

续表

序号	名称	工艺符号及示例	表示方法
7	工艺补正量	示例	用红色线表示,注明正、负工艺补正量的数值
8	冒口	示例	各种冒口均用红色线表示,注明斜度和各部尺寸,并用序号1号、2号区分
9	冒口切割余量	示例	用红虚线表示,注明切割余量数值
10	补贴	示例	用红色线表示并注明各部尺寸
11	出气孔	示例	用红色线表示,注明各部尺寸
12	砂芯	示例	芯头边界用蓝色线表示,编号用阿拉伯数字1号、2号等标注;边界符号一般只在芯头及砂芯交界处用与砂芯编号相同的小号数字表示;铁芯需写出"铁芯"字样
13	芯头斜度与间隙	示例	用蓝色线表示并注明斜度及间隙数值

序号	名称	工艺符号及示例	表示方法
14	砂芯增减量芯间间隙	示例	用蓝色线表示，注明增减量与间隙数值，或在工艺说明中注明
15	捣砂出气和紧固方向	示例	用蓝色线表示，箭头表示方向，箭尾划出不同符号
16	芯撑	示例	一般芯撑用红色线表示，结构特殊的芯撑要写出"芯撑"字样
17	模样活块	示例	用红色线表示，并在此线上画两条平行短线
18	冷铁	示例	用蓝色线表示，圆钢冷铁涂淡蓝色，成型冷铁打叉
19	拉肋收缩肋	示例	用红色线表示，注明各部尺寸，并写出"拉肋"或"收缩肋"字样
20	浇注系统	示例	用红色线或红色双线表示并注明各部尺寸
21	本体试样	示例	用红色线表示，注明各部尺寸，并写出"本体试样"字样

续表

序号	名称	工艺符号及示例	表示方法
22	工艺夹头	工艺夹头	用红色线描（划）出工艺夹头的轮廓，并写出"工艺夹头"字样
23	样板	示例 样板	用蓝色线划出样板轮廓及木材剖面纹理，并写出"样板"字样。专门绘制样板图时，应在检验位置注明样板标记
24	反变形量	示例 f 上 下 L	用红色双点划线表示，并注明反变形量的数值

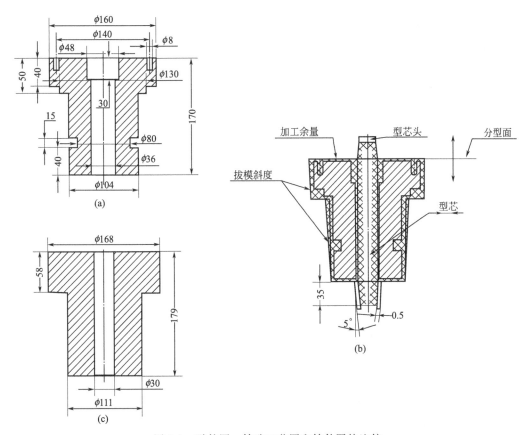

图 1-1　零件图、铸造工艺图和铸件图的比较

图 1-1 是衬套的零件图、铸造工艺图和铸件图的比较。图 1-1（a）是零件图，是根据机器的工作需要设计出来的结构，有孔洞、螺纹、沟槽等，是一个完整的零件设计图。图 1-1（b）是铸造工艺图，根据铸造工艺的特点，有造型的分型面、不铸出位置、砂芯、拔模斜度、加工余量等工艺参数都在图中按规定标出，是一个完整的铸造工艺图。图 1-1（c）是根据铸造工艺图浇注的金属零件图，也叫铸件图。铸件的尺寸大小、表面粗糙度等都是根据铸造工艺图得到的，铸件的整体尺寸比零件图的设计尺寸有所放大，且很多部位没有铸出，需要进行机械加工后才能得到图 1-1（a）的零件。在机械行业中，图 1-1（c）的铸件一般称为毛坯，图 1-1（a）称为零件产品。

1.2　铸造工艺图概述

1.2.1　铸造工艺图及其绘制程序

铸造工艺图是铸造行业所特有的一种图样。它规定了铸件的形状和尺寸，也规定了铸件的基本生产方法和工艺过程。铸造工艺图是生产过程的指导性文件，它为设计和制造铸造工艺装备提供了基本依据。

铸造工艺图表达的内容：

1）浇注位置、分型面、分模面、活块。

2）模样的类型和分型负数、加工余量、拔模斜度、不铸孔和沟槽。

3）砂芯个数和形状、芯头形式、尺寸和间隙。

4）分盒面、芯盒的填砂（射砂）方向、砂芯负数。

5）砂型的出气孔、砂芯出气方向、起吊方向、下芯顺序、芯撑的位置、数目和规格。

6）工艺补正量、收缩肋（割肋）和拉肋形状、尺寸和数量和铸件同时铸造的试样、铸造（件）收缩率。

7）砂箱规格、造型和制芯设备型号、铸件在砂箱内的布置，并列出几种不同名铸件同时铸出、几个砂芯共用一个芯盒以及其他方面的简要技术说明等。

上述这些内容并非在每一张铸造工艺图上都要表示，而是与铸件的生产批量、产品性质、造型和制芯方法、铸件材质和结构尺寸、废品倾向等具体情况有关。

铸造工艺图是在零件图的基础上绘制的，包含有铸造工艺的大部分内容，涉及很多参数和数据，因此绘制工艺图过程中应该注意绘制铸造工艺图的程序和一些注意事项。

（1）一般程序

1）根据产品图及技术条件、产品价格、生产批量及交货日期，结合工厂实际条件选择铸造方法。

2）分析铸造结构的铸造工艺性，判断缺陷的倾向，提出结构的改进意见和确定铸件的凝固原则。

3）标出浇注位置和分型面。

4）绘出各视图上的加工余量及不铸孔、沟槽等工艺符号。

5）标出特殊的拔模斜度。

6）绘出砂芯形状、分芯线（包括分芯负数）、芯头间隙、压紧环和防压环、积砂槽及有关尺寸，标出砂芯负数。

7）画出分盒面、填砂（射砂）方向、砂芯出气方向、起吊方向等符号。

8）计算并绘出浇注系统、冒口的形状和尺寸，绘出本体试样的形状、位置和尺寸。

9）计算并绘出冷铁和铸肋的形状、位置、尺寸和数量，固定组合方法及冷铁间距大小等。

10）绘出并标明模样的分型负数，分模面及活块形状、位置，非加工壁厚的负余量，工艺补正量的加设位置和尺寸等。

11）绘出并标明大型铸件的吊柄，某些零件上所加的机械加工用夹头或加工基准台等。

12）说明：浇注要求，压重，冒口切割残留量，冷却保温处理，拉肋处理要求，热处理要求等。技术条件中还需说明：铸造（件）收缩率（缩尺），一箱布置几个铸件或与某名称铸件同时铸出，选用设备型号及砂箱尺寸等。

（2）注意事项

1）每项工艺符号只在某一视图或剖视图上表示清楚即可。不必在每个视图上反映所有工艺符号，以免符号遍布图样、互相重叠。

2）加工余量的尺寸，如果顶面、孔内和底面、侧面数值相同时，图面上不标注尺寸，可写在图样背面的"木模工艺卡"中，也可写在技术条件中。

3）相同尺寸的铸造圆角、等角度的拔模斜度，图形上可不标注，只写在技术条件中。

4）砂芯边界线，如果和零件线或加工余量线、冷铁线等重合时，则省去砂芯边界线。

5）在剖视图上，砂芯线和加工余量线相互关系处理上，不同工厂有不同做法：一种认为砂芯是"透明体"，因而被芯子遮住的加工余量线部分亦绘出，结果使加工余量红线贯穿整个砂芯剖面；另一种认为砂芯是"非透明体"，因而被砂芯遮住的加工余量线不绘出。推荐后一种方法，这样图面线条较少、清晰，便于观察。

6）单件小批量生产，甚至在某些成批生产的工厂中，铸造工艺图是在产品图上绘制的，直接用于指导生产。铸造工艺图在投入模样制造之前一次完成。

在大批、大量生产中，铸件先要经过试制阶段。首先绘制铸造工艺图，并按图样制造试制用的模样、芯盒等。根据试制情况，把铸造方案、加工余量、收缩率等所有工艺因素进行变更和调整。最后依试制修改后的铸造工艺图进行金属模样的设计。由于在试制阶段不可能把铸件的每一个尺寸、形状及模具加工的因素都详细地考虑到，因此在模样设计以后，还要对原有铸造工艺图依据模样图样加以修改，使之前后统一。由此可见，大量生产的铸造工艺图，往往不直接指导生产，它实际上被模样图所取代，但它在试制阶段起主导作用。

7）所标注的各种工艺尺寸或数据，不要盖住产品图上的数据，应方便工人操作，符合生产的实际条件。例如标注拔模斜度，对于木模样，则应标注尺寸（mm）或比例（如1/50）；对于金属模样则应标注角度，而且所注角度应和工厂常用铣刀角度相对应。

1.2.2 铸造工艺图示实例

图 1-2 为实际应用中的红蓝铅笔绘制的铸造工艺图，红笔画出铸造加工余量、浇注系统等工艺参数，蓝笔画出砂芯的位置和形状。

图 1-2（a）所示的是支架零件，该零件可以有两种选择分型面的工艺方法，方案 I 的分型方式为底部分型，需要一个大的砂型。该方案的好处就是能够保证零件的尺寸精度，分型面在零件的底面，不影响零件尺寸。缺点就是需要一个大的砂型，增加了工序和材料成本。方案 II 的分型面在零件的中间，这样分型简单，不需要砂芯。但是会增加尺寸的误差，同时也增大了零件因错箱而产生缺陷的可能性。

图 1-2（b）是一个飞轮的铸造工艺图，该类零件采用端面分型。浇注系统采用弧形横

浇道、多个内浇道，并在浇注系统的远端设置冒口和出气口，以保证铸件的内部致密性和轮廓的完整性。飞轮的三个圆孔和中心轴孔直接铸出。

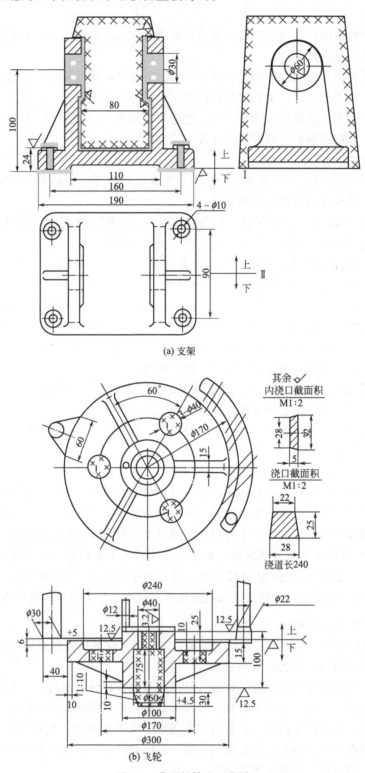

图 1-2　典型的铸造工艺图

1.3　工艺卡及其他

铸造工艺设计内容的繁简程度，主要决定于批量的大小、生产要求和生产条件。一般包括下列内容：铸造工艺图，铸件（毛坯）图、铸型装配图（合箱图）、工艺卡及操作工艺规程。广义地讲，铸造工艺装备的设计也属于铸造工艺设计的内容，例如模样图、模板图、芯盒图、砂箱图、压铁图、专用量具图和样板图、组合下芯夹具图等。

工艺卡是铸造工艺设计的重要文件之一，也是生产管理的重要文件。铸造工艺卡一般以表格形式，说明所用金属牌号及各种非金属材料（如型砂、芯砂）的要求，造型、制芯操作等注意事项，浇注规范，使用砂箱，各种原材料消耗及工时定额等。根据工艺操作需要，附以合箱简图或工艺简图。它和铸造工艺图一样，都是铸件在铸造生产过程中最基本、最重要的技术资料和工艺文件，也是施工单位编制生产计划、调整劳动组织、安排物资供应、进行质量检验和经济核算的主要凭据。铸造工艺卡具体内容的详略因生产条件、生产性质和类型而异。通常，对于需成批、大量生产的定型产品，其工艺卡内容应详尽；单件、小批生产的铸件工艺卡内容可以适当简化。

由于各工厂生产批量不同、生产条件不同，所使用的工艺卡形式有很大差异。对于单件、小批生产性质的工厂，指导（木模）制造及造型、制芯、浇注操作的工艺卡，大都采用图章的形式盖印在铸造工艺图的背面，工艺卡和铸造工艺图同时应用，铸造工艺图是直接指导操作的文件，因此，这类工艺卡都只要填写简明数据。表 1-3 是单件小批生产、手工造型常用的铸造工艺卡的样式。

大量生产的定型产品，铸造工艺图只在产品试制和模样设计时起作用，而对造型、制芯、浇注等操作直接起作用的一般只有铸造工艺卡，因此这种工艺卡除了要求的数据外，一般还附有合型装配简图、工艺草图，以便造型和下芯时使用。如图 1-3 所示的前轮毂零件，铸造工艺图一般都是指导模样工制造模样，其余的工部都采用工艺卡片，如表 1-4 所示。

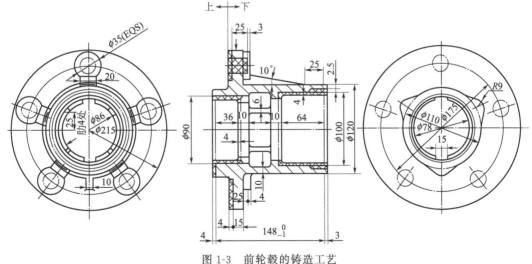

图 1-3　前轮毂的铸造工艺

表 1-3　铸造综合性工艺卡片格式（铸铁件工艺卡片）

零件号		零件名称		每台件数	

材料

铸件重量/kg		工艺出品率	铸件材质	炉料	每个毛坯可切零件数
毛重	浇注系统重量				

造型

砂型名称	砂型类别（干型或湿型）	造型方法	砂箱编号	砂箱内部尺寸/mm			备注
				长	宽	高	
上箱							
下箱							
中箱							

砂型	面砂		填砂		涂料	干燥前		干燥后		芯撑
	编号	重量	编号	重量		编号	次数	编号	次数	

浇注系统

内浇道		横浇道		直浇道		浇口杯编号	过滤网编号	冒口数量	出气孔数量
数量	截面积	数量	截面积	数量	截面积				

浇注

铁液出炉温度/℃	浇注温度/℃	每箱铁液消耗量/kg	浇注时间/s	冷却时间/h

铸件落砂与清理

名称	落砂	落芯	铸件清铲	热处理
方法				
使用设备				
备注				

表 1-4　**铸造综合性工艺卡片格式**（大批量生产的铸铁件工艺卡片）

材料	重量		工艺出品率	材料及规格				
	毛重	浇冒口重		本厂牌号		标准牌号		硬度
	13.6kg					HT200		

造型	造型方法			砂箱内部尺寸/mm			砂箱重量 /kg	定位销	
	砂型部别	砂型类别	使用设备	长	宽	高		图号	规格
	上型		ZB 148B	800	600	170			
	中型								
	下型		ZB 148B	800	600	230			

造型	造型材料	砂型部别	面砂		填充砂		涂料及覆料		冷铁		
			编号	重量	编号	重量	编号	名称	方法	图号	数量
		上型	小线单一砂								
		中型									
		下型	小线单一砂								

	模样				模板		模板上模样数
	部别	编号	数量	轮廓尺寸	编号	尺寸	5
	上模样				212-T 116-1		活块数量
	中模样						
	下模样				212-T 116-2		

浇冒口系统	浇口杯	直浇道	横浇道	内浇道	冒口
			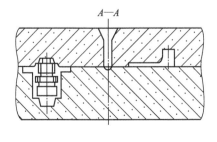 26 / 35 / 30	压边浇道 长度40mm 宽度4mm	
	数量　　个	数量　　个	数量　　个	数量　5个	数量　　个
	面积　　cm²	面积　　cm²	面积9.8cm²	面积1.6×5＝8cm²	面积　　cm²

材料	重量			材料及规格		
	净重	毛重	浇冒口重	本厂牌号	标准牌号	硬度
	13.6kg				HT200	

合型	下芯次序	样板	芯撑	砂型重　kg	
		总数量	总数量　上型　下型	紧固方法	
		所属图号	所属图号	压铁重340kg	

浇注	浇注方法	浇注温度	浇注时间	铁液耗量	冷却时间
		＞1250℃	s	kg	＞26min

辅助材料	材料名称	规格	损耗	定额	备注

厂　　名	铸造工艺卡	产品型号	铁牛-55
		零件号	45-3103015
零件名称	前轮轮毂	每台件数	2

合型图

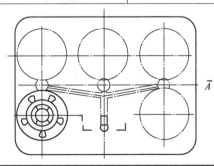

1.4 铸造工艺设计与环境保护的关系

我国铸件产量从 2000 年起超越美国已连续 20 多年位居世界第一位，其中 2020 年为 5195 万 t，铸件年产值超过 5000 亿元，铸件产量约占世界总产量的 1/2，已成为世界铸造生产基地。根据全球主要铸件生产国 2020 年的产量统计可以看出，十大铸件生产国可分为两类。一类是发展中国家，虽然产量大，但铸件附加值低，小企业多，从业人员队伍庞大，黑色金属比例大。另一类是发达国家，如日本、美国及欧洲等，采用高新技术主要生产高附加值铸件。我国属于第一类铸造产业国。我国铸造业既是装备制造业的基础产业，是振兴装备制造业的重要保障之一，同时也是污染重、能耗高的产业之一。如何推进全行业的节能减排，建设资源节约、环境友好型铸造企业是摆在我们面前重大而紧迫的课题。

1.4.1 铸造业的主要环境问题简述

（1）能耗大

我国铸造行业的能耗占机械工业总耗能的 25%～30%，能源平均利用率为 17%，能耗约为铸造发达国家的 2 倍。我国每生产 1t 合格铸铁件的能耗为 550～700kg 标准煤，国外为 300～400kg 标准煤；我国每生产 1t 合格铸钢件的能耗为 800～1000kg 标准煤，国外为 500～800kg 标准煤。据统计，铸件生产过程中材料和能源的投入占产值的 55%～70%。中国铸件毛重比国外平均高出 10%～20%，铸钢件工艺出品率平均为 55%，国外可达 70%。

我国以每万元的 GDP 能耗作为衡量生产过程的能耗指标。机械制造行业的万元 GDP 能耗为 0.18tce（tce 为吨标准煤当量），而铸造行业约为 0.8tce，即铸造业是机械制造业中的高耗能行业，是必须强力推行节能降耗的主要对象。

（2）废弃物多

铸造生产中物料多、工序多、排放多，炉料（主要是生铁、废钢、焦炭、石灰石等）、型砂、芯砂（主要是原砂、黏土、煤粉、树脂等黏结剂、固化剂、旧砂等）的运输、混砂、造型、制芯、烘烤、熔化、浇注、冷却、落砂、清理和后处理等工序，整个作业都是在机械振动和噪声中进行的，有的还在高温（如熔化、浇注）中作业，环境更是恶劣。

1）废砂。我国铸件年总产量在 5000 万 t 以上，采用砂型铸造的铸件大约在 4000 万 t 以上，包括黏土砂、水玻璃砂、树脂砂等各种砂型铸造工艺。其中以树脂自硬砂旧砂的再生回用率最高，大约为 95%；而黏土砂铸件的型砂回用率大约为 80%；水玻璃砂旧砂用于再生问题没有得到很好解决，旧砂回用率在 30%～70%，有的厂甚至旧砂全部扔掉。按目前的铸件产量，全国一年废弃的旧砂为 4000 万 t 以上。目前，我国大多数规模以上铸造企业已经开展了旧砂再生利用，但仍然有部分企业将废砂运到郊区、偏僻地方堆积、倒掉，这将对自然环境造成长期污染。

2）冲天炉烟气。冲天炉熔炼过程产生大量烟气和粉尘。烟气的主要成分是 SO_2、CO_2、CO、NO_x 等，粉尘的主要组成是金属氧化物、碳素颗粒和灰尘。

冲天炉烟尘具有颗粒分散的特点，100～200μm 的颗粒比例最大，4～6μm 的颗粒比例最小。据炉料及熔炼特点分析，100μm 以上的颗粒主要来源于焦炭、石灰石、炉衬、炉料夹杂物等，2～5μm 尘粒主要是金属氧化物，有 Fe_2O_3、FeO、MnO_2、SiO_2、CuO、Al_2O_3 等，还有少量有机物。

冲天炉烟尘弥散至环境中，大颗粒粉尘除直接危害现场人员外，遇到风雨会形成二次污染；小颗粒粉尘污染范围更大，除加剧设备、仪器磨损外，严重的是通过口、鼻的吸入而损害人体健康。

尽管我国铸造行业冲天炉的应用越来越少，但是电炉的冶炼也存在以上废弃物问题，需要加以控制。

3）有机黏结剂制芯、造型及浇注时的废气和有害气体。用有机黏结剂制芯或造型，会散发出游离甲醛、游离酚、三乙胺等有害气体；砂型（包括煤粉湿型砂和消失模、树脂自硬砂等）浇注后还会产生 CO、CO_2、甲苯等有害气体，操作工人长期吸入体内会严重损害身体健康。目前常用的酸自硬呋喃树脂砂含有呋喃环、苯环、甲醛等有害物质，浇注后易产生二噁英等致癌物。

4）砂处理系统和落砂、铸件清理过程的粉尘。黏土砂处理系统（包括落砂工部）是铸造车间主要的污染源之一，主要是粉尘污染。干旧砂在运输过程中到处飞扬，使工人长期处于高粉尘的作业环境。一些小型企业铸造车间根本没有除尘设备，粉尘含量甚至超过国家标准的许多倍，工人得肺沉着病的比例很高。

除此之外，铸造业的其他环境问题同样突出，高温、污水、噪声等。因此，治理铸造业的环境是系统工程。

1.4.2　铸造工艺和环境的关系

我国铸造行业与当前各工业发达国家相比，体现出整体水平存在较大差距，在工艺技术水平、生产管理水平、装备水平、产品技术含量（附加值）、平均生产规模、铸件生产效率、各项经济指标、设备利用率、能耗、环境治理、从业人员待遇等方面，与工业发达国家相比都存在着较大的差距。中小型铸造企业表现的更加突出。譬如：①铸件质量差、档次低；②能耗高、污染严重；③自主创新能力差；④人才缺乏；⑤无序竞争。这样就导致了这些企业抵抗风险的能力很差，更不用说竞争力。

仔细分析以上几点后不难发现，铸件质量差、能耗高和环境问题归根到底是工艺选择和生产管理问题，后几项则属于人才和领导层面。在有了合理领导层和有合理人才的条件下，如何选择铸造工艺是这些铸造厂的首要问题。铸造工艺选择的原则最主要的应该考虑以下3点。

（1）技术的先进性

铸造工艺有很多，究竟哪个工艺是先进的？目前衡量一个技术是否具有先进性，主要看它是否达到或接近"近净形"的标准。亦即生产出来的铸件尺寸精确、内部质量好、表面光洁，能够达到较大降低废品率的目的。据统计，国外发达国家的铸造平均废品率为 $2\%\sim 3\%$，我国为 $10\%\sim 15\%$。

我国适用的铸造工艺很多，譬如：黏土砂、呋喃树脂砂、水玻璃砂、消失模（实型）铸造、V 法铸造、精密铸造、压力铸造等。目前的现实是大部分铸造厂主要以黏土砂、树脂砂、水玻璃砂为主，消失模铸造已被大家接受，V 法铸造也在悄然兴起，3D 打印砂型技术也处于研发之中。

黏土砂普通机器造型或手工造型生产的灰铸铁件的精度很低，一般都大于 CT10 级，表面粗糙度在 $50\sim 400\mu m$ 之间变化，离要求的"近净形"差距甚远。由于材料成本低、设备投入小是该工艺的主要优点，因此对造型工人的技术要求高。机械化高密度黏土砂生产的铸件精度可以达到 CT8 级，小件甚至到 CT6 级，表面粗糙度在 $50\sim 250\mu m$ 之间变化，是大批量铸件生产首选工艺。不足的是设备投入大、工艺要求高。大量生产的工厂创造条件应采用技术先进的造型、造芯方法。老式的震击式或震压式造型机生产线生产率不高，工人劳动强度大，噪声大，不适应大量生产的要求，应逐步加以改造。

对于批量大的小型铸件，可以采用水平分型或垂直分型的无箱高压造型机生产线、实型造型线，生产效率又高，占地面积也少；对于中型件可选用各种有箱高压造型机生产线、气冲造型线。为了适应快速、高精度造型生产线的要求，造芯方法可选用冷芯盒、热芯盒及壳芯等。

树脂砂工艺的优点是铸件的尺寸精度高、外部轮廓清晰；铸件表面光洁，外观质量好；组织致密，铸件综合品质高。由于树脂砂具有较好的流动性、易紧实、脱模时间可调节、硬化后强度高、在其后的搬运及合箱过程中不变形；因树脂砂的刚度高，在浇注和凝固过程基本上无型壁位移现象，所以铸件的尺寸精度高，它比黏土砂及油砂生产的铸件可提高 1～2 个级别。不用烘干，缩短了生产周期，节省了能源。省去了烘干工序，型砂易紧实、溃散性好、易清理等，大幅度降低了工人的劳动强度，为实现精确化生产创造了条件。可持续应用树脂砂的关键是研发低污染的树脂黏结剂，使之适应绿色铸造的要求。

传统吹气硬化的水玻璃砂主要用于铸钢件的生产，铸件精度比较好、无裂纹，但是溃散性差、旧砂无法回用是其致命弱点，用于铸铁件会产生严重粘砂。酯硬化新型改性水玻璃砂是最近几年发展起来的新工艺，铸件尺寸精度高、质量好，溃散性得到了很大的改善，水玻璃加入量可降到 2.5%，是水玻璃砂应用的新飞跃。水玻璃砂不仅可用于铸钢，也可用于铸铁件的生产。

（2）工艺的适应性和优化

工艺的适应性不仅指对于零件的适应性，而且也包括对于操作人员的适应性。对于中小型铸造厂来说，所生产零件的品种多、批量少，结构变化大。因此选择铸造工艺的过程中要考虑工艺柔性。同时，一个合适的工艺应该便于工人掌握，稍加培训就可以达到上岗操作。如果过分依赖技术程度高的工人，这对于现今的中小铸造厂来说是个很大的考验。

铸造工艺设计人员应时刻关心铸件成本、节约能源和环境保护问题。从零件结构的铸造工艺性的改进，铸造、造型、造芯方法的选择，铸造工艺方案的确定，浇注系统和冒口的设计，直至铸件清理方法等，每道工序都与上述问题有关。举例而言，对铸钢件采用保温冒口后，绝大多数的铸件工艺出品率都可以提高 10%～20%，甚至更高；采用湿型铸造法比干型铸造法要节省燃料消耗。使用自硬砂型取代普通干砂型，采用冷芯盒法制芯，而不选用普通干型法制芯或热芯盒法制芯，都可以节约燃料和电力消耗。

引入数字化铸造技术，对传统的铸造工艺进行可视化优化处理，在计算机屏幕上对铸造过程进行虚拟跟踪、仿真模拟，优化各种工艺参数，从而在不消耗实际资源和能源的条件下优化铸造工艺。

（3）环境的安全性

铸造在中国是一种古老传统的制造业，一直是一个严重污染环境的部门。目前，除少数大型企业（如一汽、二汽等）生产设备精良、铸造技术先进、环保措施基本到位以外，多数铸造厂生产设备陈旧、技术落后，一般较少顾及环保问题。我国铸造业的环境问题还表现在对自然资源的超量消耗上。我国铸造行业，以年产 2200 万吨铸件记，每年排污物量分别为：废渣 440 万 t、废砂 1650 万 t、废气 4 亿 m^3。这些数据足以说明我国铸造行业环境问题的严峻程度。

一个铸造工艺是否有利于环境，主要看是否少或无废料排放、是否有毒有害、是否大量消耗资源等。在铸造工艺设计中要避免选用有毒有害和高粉尘的工艺方法，或者采用相应对策，以确保安全和不污染环境。例如，当采用冷芯盒法制芯工艺时，对于硬化气体中的二甲基乙胺、三乙胺、SO_2 等应进行严格的控制，经过有效地吸收、净化后，才可以排入大气。对于浇注、落砂等造成的烟气和高粉尘空气，也应净化后排放。

美国 Southern 研究院用 12 种型砂分别制成的两种铸型，浇注灰铸铁，浇温 1450℃。浇注后将抽气罩罩在铸型上收集废气。对全部 12 种型砂的微粒总量、含苯环化合物、苯并芘数据排序，表 1-5 只列出了其中的 7 种型砂。结果可以看出，从微粒总量、含苯环化合物和苯并芘综合来观察，有机酯-水玻璃砂无疑是污染最轻的型砂，最有利于环境保护；而湿型砂则是污染最严重的型砂，有机呋喃树脂砂只排到第 4 位。这和我们以前的概念有所不同，一直以来，一般都认为呋喃树脂砂是产生有毒气体的首要元凶。湿型砂的黑色污染已成共识，但它的化学污染仍未引起人们的注意。

树脂砂的环境污染已被所有铸造工作者所熟知，因为它在浇注过程中有刺激性气体释出。殊不知树脂砂对环境的污染和对人体最严重的危害，并不在于刺激性的气味，而是没有气味、甚至微带芳香的二噁英和呋喃。而湿型砂和烘模砂的二噁英产生量更高，这是在今后选择铸造工艺过程中需要注意和加以重视的。

表 1-5　含苯环化合物和苯并芘在铸型中散发微粒的总重量

型砂	砂铁比	配方（占原砂重 %）	微粒总量 /mg	排序	含苯环化合 /g	排序	苯并芘 /mg	排序
湿型砂	3.3	膨润土 3、煤粉 6、水 4	1.625	1	1.021	1	1.2	2
烘模砂	2.4	煤焦油 1.6、膨润土 5.7、黏土 4.5、煤粉 1.6、谷物 0.8、水 4.1	0.430	3	0.405	2	2.5	1
油砂	3.4	油 1、谷物 1、水 2	0.472	2	0.355	3	0.3	3
有机呋喃树脂砂	2.6	黏结剂 1.5、磷酸 0.45	0.359	4	0.125	5	0.016	4
呋喃热芯盒	2.5	树脂 2、氯化铵 0.4	0.211	5	0.181	4	0.006	6
酚醛热芯盒	2.6	脲醛树脂 2、氯化铵 0.4	0.195	6	0.075	6	0.006	6
有机酯-水玻璃砂	2.8	水玻璃 3（含糖 10%）、酯 0.3	0.017	7	0.013	7	0.010	5

铸造废弃物的处理，最主要的是数量非常巨大的铸造废砂。对于砂型铸造来讲，由于芯砂和新砂的不断混入，多余的旧砂不断排出，每生产 1t 铸件，产生 1.3～1.5t 的废砂。现在环境保护要求越来越严，排放费用也越来越昂贵，加上环保法规的限制，旧砂一定要进行重复利用，目前常规的方法是：再生、综合利用及深埋。

图 1-4 表示了树脂加入量为原砂重量的 1.5% 时，浇注后与铸件不同距离型砂中黏结剂残留量变化的情况。Ⅰ区是热再生区，由于高温金属的直接接触，树脂膜被烧掉；Ⅱ区是热作用区，树脂受热碳化，呈多孔海绵状的焦化物沉积在砂粒表面；Ⅲ区是热硬化区，树脂变脆；Ⅳ是硬化区，树脂膜完好地包裹在砂粒表面，甚至其强度比浇注前还有所增加。

旧砂是以上四个部分的混合体。铸件散发的热量越少、砂型的厚度越大，砂型中Ⅳ、Ⅲ区域占的比例就越大。这样的旧砂必须经过再生处理才能利用。再生的任务是：①使结块砂团破碎；②去除砂粒表面的黏结膜；③去除渗入砂中的铁豆、碎铁块；④去除大部分灰分和

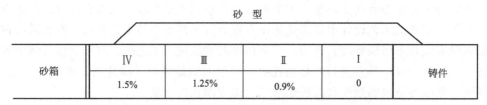

图 1-4　浇注后与铸件不同距离黏结剂残留量变化情况

微粉。

　　旧砂再生的意义在于：①最大限度地减少因废砂排除造成的环境污染，使 90％以上的废砂可以再生回用；②由于再生砂颗粒表面光滑，粒度分布均匀，微粉少，可节约昂贵的树脂 20％以上；③再生砂热稳定性好，热膨胀少，化学性能稳定，酸耗值降低，树脂砂性能容易被控制，有利于提高铸件质量，减少脉纹、机械粘砂等缺陷。因此，目前国内普遍推广旧砂再生技术。

　　目前，国产系列树脂砂再生成套产品主要由砂块破碎机、磁选机、筛砂机、再生机、风选装置、砂温调节器等组成。树脂砂旧砂再生一般采用干法，有振动破碎再生、离心撞击再生、气流搅拌再生等。从集约和成本的角度来讲，目前很多中小型铸造厂，尤其是 2000t/年以下的铸造厂，对于树脂砂的再生设备的繁杂和费用的昂贵不是很满意。建议铸造设备厂商能够在保证再生效果的情况下，尽量减少设备台数，尤其要开发适合中小型铸造厂的集成式再生设备。

　　水玻璃砂的再生是有难度的，但是随着改性水玻璃砂的推广应用，改性水玻璃砂旧砂再生也取得了很大的进步。首先是改性水玻璃黏结剂的加入量大大下降（3.0％以下），溃散性得到了很大的改善，使得旧砂再生成为可能。目前，干法再生和湿法再生水玻璃砂设备已经在市场中得到了应用。

　　铸造旧砂不可能 100％地回用，每天都会有不少的废砂、粉尘等固体废物排放。目前发达国家由于环保的限制、排放费用的昂贵，迫使他们在综合利用方面做了不少工作，值得我们借鉴。综合利用主要是利用废砂制造复合材料、沥青路面和一些建筑材料，并取得了很好的环保效果和经济利益。表 1-6 是目前国外铸造固体废弃物的处理方法。

表 1-6　国外铸造固体废弃物的处理方法

名称	处理方法
废砂	再生、建筑材料、复合材料、深埋
废水	沉淀、再生
熔铁炉渣	筑路材料，惰性物可进行地埋
炉子及浇包中废弃的炉衬	作为水泥厂和制砖厂的二次原料
冲天炉中收集的粉尘	具有高浓度的重金属，与水泥浆固结后深埋
震动落砂工段及浇注流程线上收集的粉尘	作为水泥厂和制砖厂的二次原材料
呋喃砂造型工部收集的粉尘	作为水泥厂和制砖厂的二次原材料也可热回收，惰性物地埋处理
从热回收装置中收集的粉尘	作为水泥厂及制硅厂的二次原料
在清整时收集的粉	在熔化炉中再循环
在胺洗塔中产生的废溶解物	胺和酸再循环

　　环境与资源是当今世界的两个重大课题。如何保护环境、节约资源是目前各国铸造工作者迫切追求的目标。世界发达国家在铸造领域努力改造及开发新的铸造工艺、设备和新的铸造用材料的同时，也在进行着铸造废弃物的资源化再利用的研究工作，有很多已取得了突破性的进展。我国现在也在加强该领域的研究，取得了一定的效果。譬如：用铸造废砂制造下水管道的井盖，用收集的粉尘做建筑用砖的原料，用黏土旧砂对鄂西北的岗地红土进行改良以提高农作物收成等。对于中小型铸造厂比较集中的地区，可以建设一个废旧资源综合利用的企业，不仅解决了废弃物排放的问题，也会取得不错的经济效益。

习题与思考题

　　1. 什么是铸造工艺设计？

　　2. 为什么在进行铸造工艺设计之前，要弄清设计的依据？设计依据包含哪些内容？

　　3. 铸造工艺设计的内容是什么？

　　4. 铸造工艺卡和铸造工艺图有什么异同？

　　5. 绘制铸造工艺图的程序有哪些？

　　6. 如何认识铸造的环境问题？

第2章 铸造工艺方案的确定

砂型铸造工艺方案通常包括下列内容：造型、造芯方法和铸型种类的选择，浇注位置及分型面的确定等。要想定出最佳铸造工艺方案，首先应对零件的结构有详细的铸造工艺性分析。

2.1 零件结构及其技术条件的审查

零件结构的铸造工艺性指的是零件的结构应符合铸造生产的要求，易于保证铸件品质，简化铸造工艺过程和降低铸造成形成本。一个好的铸造零件需要经过以下设计步骤完成：

1）功用设计。

2）依铸造经验修改和简化设计。

3）冶金设计（铸件材质的选择和适用性）。

4）考虑经济性。

对产品零件图进行审查、分析有两方面的作用。第一，审查零件结构是否符合铸造工艺的要求。因为有些零件的设计并未经过上述 4 个步骤，设计者往往只顾及零件的功用，而忽视了铸造工艺要求。在审查中如发现结构设计有不合理之处，就应与有关方面进行协商研究，在保证使用要求的前提下予以改进。第二，在既定的零件结构条件下，考虑铸造过程中可能出现的主要缺陷，在工艺设计中采取措施予以防止。

2.1.1 从避免缺陷方面审查铸件结构

1）铸件应有合适的壁厚

为了避免浇不到、冷隔等缺陷，铸件不应太薄。在普通砂型铸造条件下，铸件最小允许壁厚如表 2-1 所示。

表 2-1 砂型铸造时铸件最小允许壁厚 δ　　　　　　单位：mm

合金种类	铸件轮廓尺寸					
	＜200	200～400	400～800	800～1250	1250～2000	＞2000
碳素铸钢	8	9	11	14	16～18	20
低合金钢	8～9	9～10	12	16	20	25
高锰钢	8～9	10	12	16	20	25
不锈钢、耐热钢	8～10	10～12	12～16	16～20	20～25	
灰铸铁	3～4	4～5	5～6	6～8	8～10	10～12
孕育铸铁(HT300 以上)	5～6	6～8	8～10	10～12	12～16	16～20
球墨铸铁	3～4	4～8	8～10	10～12	12～14	14～16
高磷铸铁	2	2				
可锻铸铁	2.5～3.5	3～4	3.5～4.5	4～5.5	5～7	6～8
铝合金	3	3	4～5	5～6	6～8	8～10

续表

合金种类	铸件轮廓尺寸					
	＜200	200～400	400～800	800～1250	1250～2000	＞2000
黄铜	6	6	7	7	8	8
锡青铜	3	5	6	7	8	8
无锡青铜	6	6	7	8		10
镁合金	4	4	5	6	8	10
锌合金	3	4				

注：1. 如特殊需要，在改善铸造条件的情况下，灰铸铁件的壁厚可小于3mm，其他合金最小壁厚亦可减小。

2. 在铸件结构复杂，合金流动性差的情况下，应取上限值。

铸件也不应设计得太厚，超过临界壁厚的铸件中心部分晶粒粗大，常出现缩孔、缩松等缺陷，导致力学性能降低。各种合金铸件的临界壁厚可按最小壁厚的 3 倍来考虑。铸件壁厚应随铸件尺寸增大而相应增大，在适宜壁厚的条件下，既方便铸造又能充分发挥材料的力学性能。设计受力铸件时，不可单纯用增厚的方法来增加铸件的强度（见图 2-1）。

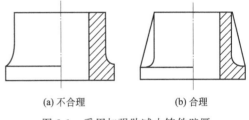

图 2-1　采用加强肋减小铸件壁厚

2）铸件结构不应造成严重的收缩阻碍，注意壁厚过渡和圆角。如图 2-2 所示为两种铸钢件结构。图 2-2（a）为两壁交接呈直角形构成热节，铸件收缩时阻力较大，故在此处经常出现热裂。图 2-2（b）为改进后的结构，热裂消除。

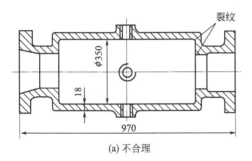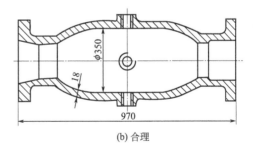

图 2-2　铸钢件结构的改进

厚薄不均的铸件在其壁的过渡和连接处因凝固和冷却速度不一致，会产生较大的内应力，热节处易产生缩孔、缩松，连接或过渡处易产生裂纹。因此，在设计允许的情况下，铸件壁厚应力求均匀。如结构不能变更则在不同壁厚的连接部分应逐渐过渡，防止突变，避免尖角，避免形成大热节点。相交壁的连接宜采用圆弧过渡或逐渐过渡的形式，如图 2-3 所示。

3）铸件内壁应薄于外壁。铸件的内壁和肋等，散热条件较差，应薄于外壁，以使内壁、外壁能均匀地冷却，减轻内应力和防止裂纹。内壁厚、外壁厚相差值如表 2-2 所示。

表 2-2　砂型铸造铸件的内外壁厚相差值

合金种类	铸铁件	铸钢件	铸铝件	铸钢件
内壁比外壁应减薄的值/%	10～20	20～30	10～20	15～20

4）壁厚力求均匀，减少肥厚部分，防止形成热节。壁厚不均的铸件在冷却过程中会形成较大的内应力，在热节处易于造成缩孔、缩松和热裂纹。因此应取消那些不必要的厚大部分。肋和壁的布置应尽量减少交叉，防止形成热节（见图 2-4）。

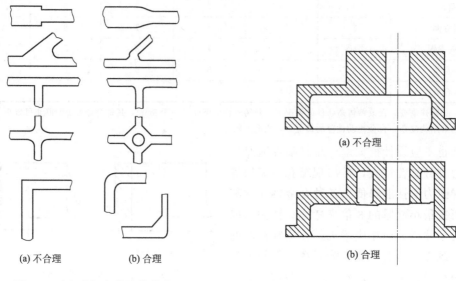

图 2-3　壁与壁相交的几种形式

图 2-4　壁厚力求均匀

5）利于补缩和实现顺序凝固。对于铸钢等体收缩大的合金铸件，易于形成收缩缺陷，应仔细审查零件结构实现顺序凝固的可能性。如图 2-5 为壳型铸造的合金钢壳体。图 2-5（a）铸出的件，在 A 点以下部分，因超出冒口补缩范围而有缩松，水压试验时出现渗漏；图 2-5（b）中，只在底部 76mm 范围内壁厚相等，由此向上，壁厚以 1°～3°角向上增厚，有利于顺序凝固和补缩，铸件品质良好。

6）防止铸件翘曲变形。生产经验表明：某些壁厚均匀的细长形铸件、较大的平板形铸件及壁厚不均的长形箱体件如机床床身等，会产生翘曲变形。前两种铸件发生变形的主要原因是结构刚度差，铸件各面冷却条件的差别引起不大的内应力，但却使铸件显著翘曲变形。后者变形原因是壁厚相差悬殊，冷却过程中引起较大的内应力，造成铸件变形。可通过改进铸件结构、铸件热处理时矫形、塑性铸件进行机械矫形和采用反变形模样等措施予以解决。如图 2-6 所示为合理与不合理的铸件结构。

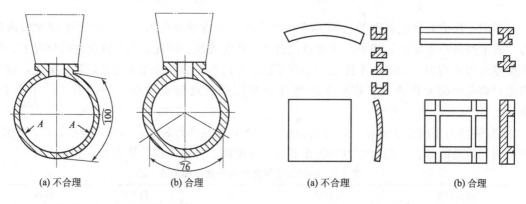

图 2-5　合金钢壳体结构改进

图 2-6　防止变形的铸件结构

7）避免浇注位置上有水平的大平面结构。在浇注时，如果型腔内有较大的水平面存在，当金属液上升到该位置时，由于断面突然扩大，金属液面上升速度变得非常小，灼热的金属液面较长时间地、近距离烘烤顶面型壁，极易造成夹砂、渣孔、砂孔或浇不到等缺陷。应尽可能把水平壁改进为稍带倾斜的壁或曲面壁，如图 2-7 所示。

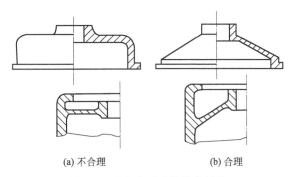

(a) 不合理　　　　　　　(b) 合理

图 2-7　避免水平壁的铸件结构

2.1.2　从简化铸造工艺方面改进零件结构

1）改进妨碍起模的凸台、凸缘和肋板的结构。铸件侧壁上的凸台（搭子）、凸缘和肋板等常妨碍起模。为此，机器造型中不得不增加砂芯；手工造型中也不得不把这些妨碍起模的凸台、凸缘和肋板等制成活动模样（活块）。无论哪种情况，都增加造型（制芯）和模具制造的工作量。如能改进结构，就可以避免这些缺点。图 2-8 为发动机油箱散热肋妨碍起模部分的改进。

2）取消铸件外表侧凹。铸件外侧壁上有凹入部分必然妨碍起模，需要增加砂芯才能形成铸件形状。常可稍加改进，即可避免凹入部分，如图 2-9 所示。

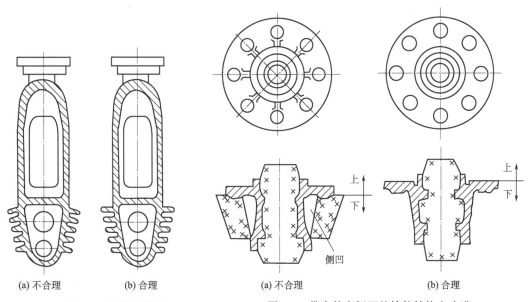

(a) 不合理　　(b) 合理

图 2-8　发动机油箱散热肋妨
　　碍起模部分的改进

(a) 不合理　　　　　　(b) 合理

图 2-9　带有外表侧凹的铸件结构之改进

3）改进铸件内腔结构以减少砂芯。铸件内腔的肋条、凸台和凸缘的结构欠妥，通常是造成砂芯多、工艺复杂的重要原因。图 2-10（a）为原设计的壳体结构，由于内腔两条肋板呈 120°分布，铸造时需要 6 个砂芯，工艺复杂，成本很高；图 2-10（b）为改进后的结构和铸造工艺方案。把肋板由 2 条改为 3 条、呈 90°分布，外壁凸台形状相应改进，只需要 3 个砂芯即可，工艺、工装都大为简化，铸件成本降低。

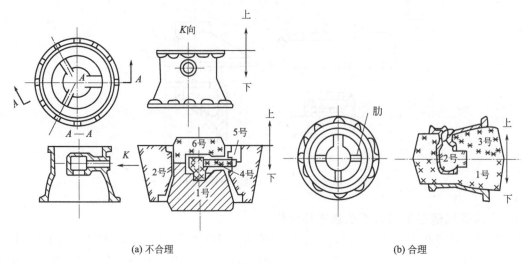

(a) 不合理   (b) 合理

图 2-10　铸件内腔结构的改进

4）减少和简化分型面。如图 2-11（a）所示结构的铸件必须采用不平分型面，增加了制造模样和模板的工作量；改进后如图 2-11（b），则可用一平直的分型面进行造型。

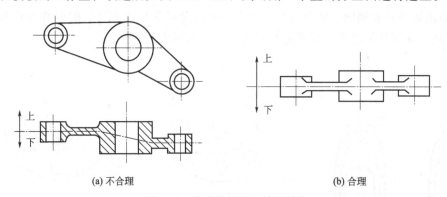

(a) 不合理   (b) 合理

图 2-11　简化分型面的铸件结构

如图 2-12 所示为一种铸件结构。原设计需采用三个分型面的四箱造型；结构改进后，只需要一个分型面，两箱造型即可。

5）有利于砂芯的固定和排气。图 2-13（a）为撑架铸件的原结构。2 号砂芯呈悬臂式，需用芯撑固定；改进后，悬臂砂芯 2 和轴孔砂芯 1 连成一体，变成一个砂芯，取消了芯撑〔图 2-13（b）〕。薄壁件和要承受气压或液压的铸件，不希望使用芯撑。若无法更改结构时，可在铸件上增加工艺孔，这样就增加了砂芯的芯头支撑点。铸件的工艺孔可用螺栓堵头封住，以满足适用要求，如图 2-14 所示。

6）减少清理铸件的工作量。铸件清理包括：清除表面粘砂、内部残留砂芯，去除浇注系统、冒口和飞翅等操作。这些操作劳动量且环境恶劣。铸件结构设计应注意减轻清理的工作量。如图 2-15 所示的铸钢箱体，结构改进后可减少切割冒口的困难。

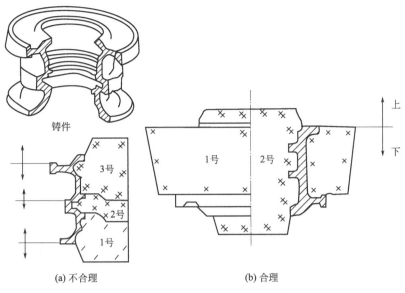

图 2-12 改进结构减少分型面

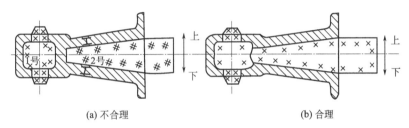

图 2-13 撑架结构的改进

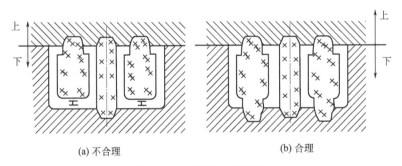

图 2-14 活塞结构的改进

7）简化模具的制造。单件、小批生产中，模样和芯盒的费用占铸件成本的很大比例。为节约模具制造工时和材料，铸件应设计成规则的、容易加工的形状。如图 2-16 所示为一阀体，原设计为非对称结构（实线所示），模样和芯盒难于制造；改进后（虚线所示）呈对称结构，可采用刮板造型法，大大减少了模具制造费用。

8）大型复杂件的分体铸造和简单小件的联合铸造。有些大而复杂的铸件可考虑分成几个简单的铸件，铸造后再用焊接方法或用螺栓将其连接起来。这种方法常能简化铸造过程，使本来受工厂条件限制无法生产的大型铸件成为可能。例如，在我国生产第一台 12000t 水压机的过程中，采用铸焊结构成功地做出长 17960mm、直径 1000mm、厚 300mm 的立柱

（每根 80t）等铸件。图 2-17 为铸铁床身的分体铸造结构，图 2-18 为轧钢机架的铸焊结构（255t）。与分体铸造相反，一些很小的零件，如小轴套，常可把许多小件毛坯连接成为一个较长的大铸件，这对铸造和机械加工都方便，这种方法称为联合铸造。

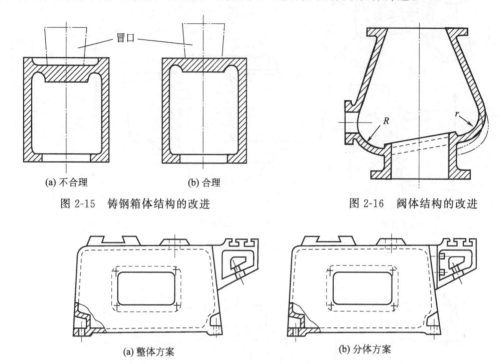

图 2-15　铸钢箱体结构的改进　　　　　　　图 2-16　阀体结构的改进

图 2-17　铸造床身的分体铸造结构

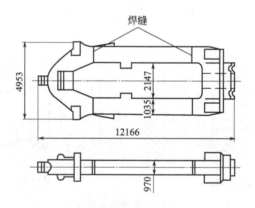

图 2-18　轧钢机架的铸焊结构（255t）

2.2　造型、造芯方法和浇注位置的确定

2.2.1　造型、造芯方法的选择

（1）优先采用湿型

砂型铸造优先选择湿砂型。砂型铸造较之其他铸造方法成本低、生产工艺简单、生产周期短、生产批量可大可小。湿型中由于水分蒸发带走热量导致金属凝固冷却快，铸件表面比

较光洁。而随着技术的进步，目前的湿型砂铸造基本上是高密度机械造型，生产批量大、铸件精度较高、节约了工时和能耗，降低了成本。黏土湿型砂铸造的铸件重量可从几千克到几十千克。所以像汽车的发动机气缸体、气缸盖、曲轴等铸件都是用黏土湿型砂工艺生产的。当湿型不能满足要求时再考虑使用树脂砂型、水玻璃砂型、消失模铸造、V 法铸造等。

在考虑选择砂型时应注意以下情况：

1）铸件过高，金属静压力超过湿型的抗压强度时，应考虑使用树脂自硬砂型或水玻璃砂型等。

2）浇注位置上铸件有较大水平壁时，用湿型容易引起夹砂缺陷，应考虑使用其他砂型。

3）造型过程长或需长时间等待浇注的砂型不宜用湿型。湿型放置过久会风干，使表面强度降低，易出现冲砂缺陷。因此，湿型一般应在当天浇注。如需次日浇注，应将造好的上、下半型空合箱，防止水分散失，于次日浇注前开箱、下芯，再合箱浇注。更长的过程应考虑用其他砂型。

4）型内放置冷铁较多时，应避免使用湿型。如果湿型内有冷铁时，冷铁应事先预热，放入型内要及时合箱浇注，以免冷铁生锈或变冷二凝结"水珠"，浇注后引起气孔缺陷。

认为湿型不可靠时，可考虑使用表干砂型，砂型只进行表面烘干，根据铸件大小及壁厚，烘干深度不小于 15mm。它具有湿型的许多优点，而在性能上却比湿型好，减少了产生气孔、冲砂、胀砂、夹砂的倾向，多用于手工或机械造型的中大件。

对于大型铸件，可以应用树脂自硬砂型、水玻璃砂型。用树脂自硬砂型可以获得尺寸精确、表面光洁的铸件，但成本较高。

（2）造型、造芯方法应和生产批量相适应

大量生产的工厂应创造条件采用技术先进的造型、造芯方法、老式的震击式或震压式造型机生产线生产率不够高，劳动强度大，噪声大，不适应大量生产的要求，应逐步加以改造。对于小型铸件，可以采用水平分型或垂直分型的无箱高压造型机生产线、实型造型线生产效率又高，占地面积也少；对于中型件可选用各种有箱高压造型机生产线、气冲造型线。为适应快速、高精度造型生产线的要求，可选用冷芯盒、热芯盒及壳芯等造芯方法。对于批量较大、精度要求较高、形状复杂的铸件也可以考虑采用消失模铸造。

中等批量的大型铸件可以考虑应用树脂自硬砂造型和造芯、抛砂造型或 V 法铸造等。

单件小批生产的重型铸件，手工造型仍是重要的方法，手工造型能适应各种复杂的要求，比较灵活，不要求很多工艺装备。单件小批量生产可以应用水玻璃砂型、VRH 法水玻璃砂型、有机酯-水玻璃自硬砂型、黏土干型、树脂自硬砂型及水泥砂型等；目前随着 3D 打印砂型的发展，对于单件小批量生产也可以考虑 3D 砂型或砂芯的生产方式。对于单件生产的重型铸件，采用地坑造型法成本低、投产快。批量生产或长期生产的定型产品采用多箱造型、劈箱造型法比较适宜。虽然模具、砂箱等开始投资高，但可从节约造型工时、提高产品质量方面得到补偿。

（3）造型方法应适合工厂条件

如有的工厂生产大型机床床身等铸件，多采用组芯造型法。着重考虑设计、制造芯盒的通用化问题，不制作模样和砂箱，在地坑中组芯；而另外的工厂则采用砂箱造型法，制作模样。不同的工厂生产条件、生产习惯及所积累的经验各不一样。如果车间内有吊车的吨位小、烘干炉也小，而需要制作大件时，用组芯造型法是行之有效的。

每个铸工车间只有很少的几种造型、造芯方法，所选择的方法应切合现场实际条件。

（4）要兼顾铸件的精度要求和成本

各种造型、造芯方法所获得的铸件精度不同，初投资和生产率也不一致，最终的经济效率也有差异。因此，要做到多、快、好、省，就应当兼顾到各个方面。应对所选用的造型方法进行初步的成本估算，以确定经济效率高又能保证铸件要求的造型、造芯方法。

（5）常用造型制芯方法及其特点

1）按铸型的种类分。有黏土湿型、黏土表干型、水玻璃砂型、有机树脂砂型等，其特点和主要应用场合如表 2-3 所示。

表 2-3　常用造型方法特点和应用

铸型种类	主要特点	应用情况
黏土湿型	不烘干，成本低，劳动条件好，机械化造型，手工造型均广泛应用。 采用膨润土活化砂及高压造型，可以得到强度高、透气性较好的铸型	多用于单件或大批量的中小件
水玻璃砂型	强度高，硬化快，效率高，粉尘少，可用 CO_2、酯硬化、烘干、VRH 法硬化	各种铸件均可应用，对大型铸件效率更高，以铸钢件应用最多
有机树脂砂型	强度高，可自硬，精度高，铸件易清理，生产效率高	大、中型钢、铁、铝、铜铸件的单件或批量生产
表面烘干型（黏土表干型）	只将表面层烘干（烘干层厚度约为 15～80mm），具有干型的一些优点，避免和克服了干型的某些缺点	同干型相比，生产效率高，成本低。适用于铸件结构较复杂、质量要求较高的单件、小批量生产的中、大型铸件
双快水泥砂型	利用快凝、快硬的双快水泥作黏结剂制作铸型，具有自硬、快硬的优点	生产效率高，劳动条件好，与水玻璃流态砂相比，铸铁件无缩沉和不粘砂，用于单件、成批量生产的铸铁件
3D 打印砂型	3d 打印砂型不需要模样，对于复杂内腔结构可以整体成形，铸件精度较高、不需要拔模斜度，降低铸件重量，生产周期短	目前主要应用于新产品开发、单件小批量生产中，对于复杂铸件尤其有优势

2）按紧实方式分。有手工造型和机器造型两大类。手工造型是传统的铸造工艺方法，以前仅限于黏土砂造型，现在已经发展到树脂砂、水玻璃砂等新型铸造型砂的造型，是单件小批量铸造生产不可或缺的造型手段，具体如表 2-4 所示。

表 2-4　手工造型分类

造型方法	主要特点	应用情况
组芯造型	铸件由砂芯组成，可在砂箱、地坑中或用夹具组装	用于单件或成批生产结构复杂的铸件
脱箱造型	造型后取走砂箱，在无箱或加套箱的条件下浇注	用于大量、成批或单件生产的小件
砂箱造型	在砂箱内造型，操作方便，劳动量小	大、中、小铸件，大量、成批和单件生产
刮板造型	用专制的刮板刮制，可节省制造模样的材料和工时，操作麻烦，生产率低	用于单件、外形简单的铸件
地坑造型	在地坑中造型，不用砂箱或只用一个盖箱，操作费时，生产周期长	用于单件生产的大、中型铸件

机器造型是目前铸造工艺常用的造型方法。随着科技的进步，铸造机械也得到了飞速发展，造型机械已经从单一的震击式造型机发展到了能够进行静压造型、气冲造型等先进的造型机器。不仅能够进行黏土砂造型，也能够进行树脂砂造型、水玻璃砂造型和其他黏结材料的型砂造型。因此，机器造型是铸造实现现代化的主要工具。机器造型的简述如表 2-5 所示。

表 2-5　机器造型的特点和分类

紧实方法		成型机理及铸型特征	适用范围
震击		靠机械震击赋予型砂动能和惯性，紧实成型。铸型上松下紧，常需补压	用于精度要求不高的中小铸件成批、大量生产
压实	单纯压实	型砂借助于压头或模样所传递的压力紧实成型，按比压大小可分为低压（0.15～0.4MPa）、中压（0.4～0.7MPa）、高压（>0.7MPa）三种造型方法	中、低压用于精度要求不高的简单铸件，中、小批量生产。高压用于精度要求高、较复杂铸件的大批量生产
	单向压实	直接受压面的铸型紧实度较高，但不均匀。若此压不足则紧实度低	用于精度要求不高、扁平铸件的中、小批量生产
	差动压实（双向压实）	首先用压头预压（上压），其次从模样面补压（下压），然后用压头终压，其紧实度及均匀性均优于单向压实	用于精度要求较高、较复杂铸件的大批量生产
震压	普通震压	振击加压实，其砂型密度的波动范围小，可获得紧实度较高的砂型	用于精度要求较高、较复杂铸件的大批量生产
	微震压实	振击频率 400～500Hz，振幅小，可同时微震、压实，也可先微震后压实，比单纯压实可获得较高的砂型紧实度，均匀性也较高	用于精度要求较高、较复杂铸件的大批量生产
射压		用压缩空气赋予型砂功能，预紧之后再用压头补压成型，紧实度及均匀性较高；有顶射、底射和侧射之分，顶射结构简单	用于精度要求不高，一般中、小件的大批量生产
抛砂		借旋转的叶片把砂团高速抛出，打在砂箱内的砂层上，使砂逐层紧实；砂团的速度越大，砂型紧实度越高；若供砂情况和抛头移动速度稳定，则各部分紧实度均匀	用来紧实中大件的砂型或砂芯，也可用于地坑造型，单件、小批、成批生产均可使用，但铸件精度较低
气流紧实	静压	其过程包括：①在砂箱内填砂（模板上有通气塞）；②对型砂施以压缩空气进行气流加压（一般 0.3s），通入的压缩空气穿过型砂经通气塞排出，此时越靠近模板处型砂密度越高；③用压实板在型砂上部压实，使其上下紧实度均匀，此法砂箱吃砂量较小，拔模斜度较小	可用于精度要求高的各种复杂铸件的大批量生产
	气流冲击	具有一定压力的气体瞬时膨胀释放出来的冲击波作用在型砂上使其紧实，且由于型砂受到急速的冲击产生触变（瞬时液化），克服了黏土膜引起的阻力，提高了型砂的流动性；在冲击力和触变作用下迅速成型，其砂型特点是紧实度均匀且分布合理，靠模样处的紧实度高于铸型背面	可用于精度要求高的各种复杂铸件的大批量生产，比静压造型具有更大的适用性
		空气冲击：采用普通压缩空气作为动力，通过调节压缩空气压力来调节砂型紧实度	用于砂箱平面积不大于 1.2～1.5m² 的条件下
		燃气冲击：用天然气、丙烷气、甲烷和乙烷按一定比例和空气混合后，点火引爆。可通过调节风机转速来调节砂型紧实度	用于砂箱平面积不大于 1.5m² 的条件下
		爆炸气流冲击：用高压电流的电弧放电，点燃液态或固态物质，使之爆炸，产生高压气体紧实砂型	尚未投入使用

　　3）有机树脂砂和水玻璃砂造型、制芯工艺，树脂砂和水玻璃砂是除了黏土砂之外，在铸造工艺中应用最为广泛的另外两大型砂类别是铸造工艺和造型材料的两大进步，有效提高了铸件的尺寸精度和内部质量，大大提高了铸件生产率。表 2-6 和表 2-7 是树脂砂和水玻璃砂的具体特点和应用范围。

表 2-6　树脂砂造型特点

树脂砂种类	配方		优缺点	适用范围
	黏结剂	固化剂		
呋喃树脂自硬砂	呋喃树脂,加入量为原砂质量分数的 0.8%~1.5%	对甲苯磺酸,加入量为树脂质量分数的 30%~50%	优点:①常温强度高,树脂加入量少,耗砂量少;②高温强度高,型砂耐热性好;③树脂黏度小,便于混砂;④树脂稳定性好,可存放 1~2 年;⑤树脂砂硬透性好(即每间隔 5min,测得型、芯内外各部分硬度均匀一致的特性);⑥旧砂再生率高(>90%),新砂用量很少。 缺点:①树脂含游离醛高(质量分数为 0.3%~0.5%),浇注时放出有害气体,污染环境;②树脂含氮和发气速度高,铸件易产生气孔;③固化剂含硫和树脂砂高温塑性低,铸钢件易出现热裂;④型砂吸湿性较大,雨季铸件废品增加;⑤对原砂质量要求较高;⑥冬季硬化速度慢,固化剂易结晶;⑦不能用于碱性原砂	适用于单件、小批量生产中、大型铸铁件、铸钢件及非铁合金铸件
碱性酚醛树脂自硬砂	碱性酚醛树脂加入量为原砂质量分数的 1.5%~2.0%	甘油醋酸酯,加入量为树脂质量分数的 30%~40%	优点:①树脂砂中不含硫、磷、氮等元素可防止由这些元素引起的铸造缺陷;②型、芯砂在浇注初期有一定热塑性,可减少铸钢件的热裂倾向;③树脂游离醛少,改善了劳动环境;④对原砂要求不高,碱性原砂也可使用;⑤硬化性能好,在较低温度下可固化;⑥抗吸湿性好;⑦溃散性好。 缺点:①树脂强度偏低,加入量较多;②树脂黏度大,混砂难均匀;③型、芯砂导热性较差;④旧砂再生率较低	适用于铸钢,特别是不锈钢、球墨铸铁件及非铁合金铸件
胺固化酚尿烷自硬砂	酚醛树脂∶聚异氰酸酯=1∶1,总加入量为原砂质量分数的 1.5%	有机胺加入量为酚醛树脂质量分数的 0.7%~0.8%	优点:①在可使用时间内,型、芯砂的流动性好;②树脂硬化速度快,可使用时间和起模时间之比可达 0.75∶1.0;③树脂聚合固化过程中没有其他副产物生成,型、芯砂硬透性好;④型、芯砂发气量低,落砂性能好。 缺点:①聚异氰酸酯活性大,遇水易水解,要求原砂含水量很低;②型、芯砂耐高温性差,芯子易被冲蚀,而且易产生脉纹类铸造缺陷;③聚异氰酸酯的价格较高;④树脂含氮,生产铸钢件易出现气孔;⑤容易黏模	由于硬化速度快,生产率较高,可用于批量生产小型铸钢件及其他复杂的铸铁件

表 2-7　水玻璃砂造型特点

硬化方法	水玻璃加入量（%，质量分数）	硬化剂	优缺点	使用范围
CO_2 法	≥6～8	CO_2	优点：工艺设备简单，投资少；操作方便，对原砂要求低；在混砂、造型、浇注和落砂过程中无毒、无味。 缺点：CO_2 硬化水玻璃砂强度低，导致水玻璃加入量高；浇注后型砂、芯砂溃散性很差，铸件清砂极其困难；CO_2 硬化时水玻璃砂易于过吹，而且硬化的水玻璃砂在存放过程中容易吸湿，表面形成白霜和粉化，表面安定性明显下降；水玻璃旧砂再生非常困难，我国基本上不回用，增加了新砂用量，也造成了环境污染	各种铸钢件，大型铸铁件
VRH（真空置换硬化)法	2.5～3.5	真空脱水＋CO_2	优点：CO_2 气体消耗少，水玻璃与 CO_2 气体的反应又快又充分；型砂具有硬化均匀、强度高、含水率低、存放性好，水玻璃加入量可降低到 2.5%（质量分数）；型、芯砂的残留强度低，容易清砂；旧砂可再生。 缺点：设备较复杂，一次性投资大；生产效率低，不适用于批量生产；受真空室尺寸的限制，不能用于中、大型铸件	各种小铸件
酯硬化法	2.5～3.5	液体有机酯：甘油醋酸酯，乙二醇醋酸酯、二甘醇醋酸酯和丙烯碳酸酯等，加入量为水玻璃质量分数的 8%～12.5%	优点：砂型、砂芯具有很高的强度、抗湿性和硬透性；水玻璃加入量小，浇注后型、芯砂溃散性好，铸件清砂容易；旧砂可再生，再生率 60%～80%，减轻了环境污染，酯硬化水玻璃砂型的硬化是渐进过程，铸件精度高。 缺点：有机酯价格高。对原砂和水玻璃要求高；应根据砂型、砂芯的大小和水玻璃的模数，正确选用不同型号（快酯、慢酯或混合酯）的有机酯；型、芯砂脆性大、表面安定性、流动性不很好	单件、批量生产的各种铸件

4）无黏结剂砂造型工艺，无黏结剂造型工艺有负压消失模铸造和 V 法铸造。它们和有黏结剂的砂型相比具有一些独特的优点。本书第 6 章专门讲述消失模铸造工艺的特点和工艺设计规范，第 7 章讲述 V 法铸造的工艺设计和规范。表 2-8 是大量生产条件下黏土砂和消失模铸造、V 法铸造的比较。

表 2-8　黏土砂铸造和无黏结剂砂铸造工艺特点比较

项目		传统砂型铸造	消失模铸造	V 法铸造
模型工艺	开边	分型开边	无分型	分型开边
	拔模斜度	有	无	有
	组成	外形、芯盒	单一模样	带孔模型
	应用次数	多次使用	一型一次	多次使用
	材质	金属或木材	泡沫塑料	金属或木材
造型工艺	型砂	黏结剂、水、原砂、附加物	干砂	干砂
	填砂方式	机械力填砂	自重微震填砂	自重微震填砂
	紧实方式	机械力紧实	微震、负压紧实	微震、负压紧实
	砂箱特点	根据零件特点制备砂箱	带负压结构的通用砂箱	带负压结构的通用砂箱
	铸型	型腔由型芯装配组成	负压干砂实型	负压干砂空腔
	涂料层	一般砂芯涂有涂料	模样必须涂刷涂料	型腔必须有涂料

项目		传统砂型铸造	消失模铸造	V 法铸造
浇注工艺	充型特点	金属液充填铸型空腔	金属液熔失模样、取代模样	金属液充填铸型空腔,熔失塑料薄膜
	影响充型的因素	浇注系统和浇注温度	浇注系统、浇注温度、泡沫模样热解过程、涂料	浇注系统、浇注温度、塑料薄膜和涂料
落砂清理	落砂	振动落砂	自动落砂	自动落砂
	清理	打磨飞边、浇冒口	浇冒口	打磨飞边、浇冒口
环境	污染程度	废砂多、粉尘多、噪声大、废气	废砂少、粉尘少、噪声小	废砂少、粉尘少、噪声小
铸件	尺寸精度	低	高	高
	表面粗糙度	粗糙	光洁	光洁

5）制芯方法。制芯方法有手工制芯和机器制芯，具体如表 2-9～表 2-11 所示。

表 2-9 机器制芯方法

制芯方法	主要特点	适用范围
震实式及翻台震实式	靠震击紧实芯砂。这种机器应用较普遍,噪声大,生产率低,对厂房基础要求高	适用于制造不填焦炭块的中、大砂芯的批量生产
微震压实式	在微震的同时加压紧实芯砂。生产率较高,但机器结构复杂,仍有噪声	可用于制造黏土砂、合脂砂、桐油砂的砂芯
挤压式（螺旋、柱塞）	利用机械传动,将芯砂从成形管连续挤压出而制造砂芯。螺旋挤压式是根据模孔大小,调节螺旋推砂器的速度来控制砂芯的紧实度,其生产率一般为每小时 150～300 芯	用于大量生产的截面形状、尺寸不变的小砂芯
射芯式	将混制好的芯砂以一定的压力射入芯盒内,通过化学作用或物理作用,使芯砂快速在芯盒内固化,硬化后取出,得到表面光洁、尺寸精确、强度高的砂芯。操作方便,生产率高,易于机械化。主要有热芯盒制芯、冷芯盒制芯和覆膜砂制芯	用于批量生产中、小型简单或复杂的砂芯

表 2-10 手工制芯方法

制芯方法	主要特点	适用范围
芯盒制芯	用芯盒内表面形成砂芯的形状,砂芯尺寸准确,可制造小而复杂的砂芯	各种形状、尺寸和批量的砂芯均可采用
刮板制芯	与刮板造型相似	单件、小批生产,形状简单或回转体砂芯
减皮制芯	以砂型为"芯盒",制芯后手工在砂芯表面减去铸件壁厚的砂层	用于单件生产

表 2-11 根据砂芯固化特点分类的制芯方法

固化特点	制芯方法	固化方法	适用范围
盒外固化	手工制芯 机器震击制芯 微震击压实制芯 挤压制芯 震压制芯 射（吹）砂制芯	多用烘干法、微波法	可用于制造黏土砂、合脂砂、桐油砂等烘干固化的各种批量生产的大、中、小型砂芯

续表

固化特点	制芯方法	固化方法	适用范围
盒内固化	热芯盒法	电、煤气、天然气加热芯盒	批量生产的中、小型砂芯
	覆膜砂法		
	冷芯盒法	三乙胺法、甲酸甲酯法，SO_2法、CO_2法	大量生产的中、小型砂芯
	自硬砂法(手工、机器)制芯	黏结剂和固化剂间化学反应使砂芯自行固化	单件、批量生产的大、中、小型砂芯
不固化	手工、机器制湿砂芯直接浇注	不烘干	中、小型简单砂芯

2.2.2　浇注位置的选择

铸件的浇注位置（pouring position of casting）是指浇注时铸件在铸型中的位置。须制订出几种方案加以分析、对比并择优选用。浇注位置与造型（合箱）位置、铸件冷却位置可以不同。生产中常以浇注时分型面是处于水平、垂直或倾斜位置，分别称为水平浇注、垂直浇注和倾斜浇注，但这不代表铸件的浇注位置的含义。

浇注位置一般于选择造型方法之后确定。先确定出铸件中品质要求高的部位（如重要加工面、受力较大的部位、承受压力的部位等）。结合生产条件估计主要废品倾向和容易发生缺陷的部位（如厚大部位容易出现收缩缺陷。大平面上容易产生夹渣结疤。薄壁部位容易发生浇不到、冷隔。薄厚相差悬殊的部位应力集中，容易发生裂纹等）。这样在确定浇注位置时，就应使重要部位处于有利的状态，并针对容易出现的缺陷，采取相应的工艺措施予以防止。

应指出，确定浇注位置在很大程度上着眼于控制铸件的凝固。实现顺序凝固的铸件，可消除缩孔、缩松，保证获得致密的铸件。在这种条件下，浇注位置的确定应有利于安放冒口；实现同时凝固的铸件，内应力小、变形小，金相组织比较均匀一致，不用或很少采用冒口，节约金属，减小热裂倾向。但铸件内部可能有缩孔或轴线缩松存在，因此多应用于薄壁铸件或内部出现轻微轴线缩松不影响使用的情况下。

铸造浇注位置的选择决定于合金种类、合金成分、铸件结构和轮廓尺寸、铸件表面质量要求以及现有的生产条件。选择铸件浇注位置时，主要以保证铸件质量为前提，同时尽量做到简化造型和浇注工艺。确定浇注位置应考虑以下主要原则。

（1）铸件的重要部位、重要加工面应朝下或呈直立状态

铸件下部金属在上部金属的静压力作用下凝固并得到补缩，组织致密。铸件在浇注时，朝下或垂直安放部位的质量比朝上安放的高。经验表明，气孔、非金属夹杂物等缺陷多出现在朝上的表面，而朝下的表面或侧立面通常比较光洁，出现缺陷的可能性小。个别加工表面必须朝上时，应适当放大加工余量，以保证加工后不出现缺陷。

各种机床床身的导轨面是关键表面，不允许有砂眼、气孔、渣孔、裂纹和缩松等缺陷，而且要求组织致密、均匀，以保证硬度值在规定范围内。因此，尽管导轨面比较肥厚，对于灰铸件而言，床身的最佳浇注位置是导轨面朝下（见图 2-19）。圆锥齿轮铸件的齿坯部分质量要求较高，因此其齿坯表面应朝下（见图 2-20）。而圆筒零件，内外表面要求较高，一般采用立浇（见图 2-21）。

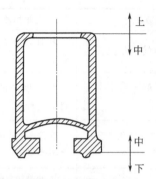

图 2-19　车床床身的浇注位置

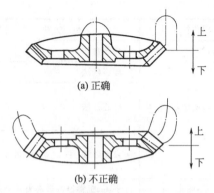

(a) 正确

(b) 不正确

图 2-20　圆锥齿轮铸件的浇注位置

（2）使铸件的大平面应朝下

铸件大平面朝下既可避免气孔和夹渣，又可以防止在大平面上形成砂眼缺陷。在图 2-22 中，如果将铸件的平面朝上，操作上也有其方便之外，如铸件全部在下型，上型是平的又没有吊砂，但铸件平面部分的质量难以保证。因此，应选用铸件平面朝下的方案，而浇注时可采用倾斜浇注的方法。

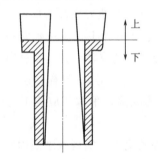

图 2-21　圆筒类铸件的浇注位置

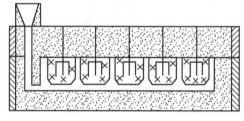

图 2-22　平板铸件

（3）应保证铸件能充满

较大而壁薄的铸件部分应朝下、侧立或倾斜以保证金属液的充填。浇柱薄壁件时要求金属液到达薄壁处所经过的路程或所需的时间越短越好，使金属液在静压力的作用下平稳地充填好铸型的各部分。如图 2-23 所示为曲轴箱的浇注位置。

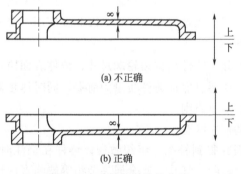

(a) 不正确

(b) 正确

图 2-23　曲轴箱的浇注位置

（4）应有利于铸件的补缩

对于因合金体收缩率大或铸件结构厚薄不均匀而易于出现缩孔、缩松的铸件，浇注位置的选择应优先考虑实现顺序凝固的条件，要便于安放冒口和发挥冒口的补缩作用。厚大部分尽可能安放在上部位置，而对于中、下位置的局部厚大处采用冷铁或侧冒口等工艺措施解决其补缩问题。双排链轮铸钢件的正确浇注位置如图 2-24 所示。

（5）避免用吊砂、吊芯或悬臂式砂芯，便于下芯、合箱及检验

应尽量少用或不用砂芯，若需要使用砂芯时，应注意保证砂芯定位稳固、排气通畅和下芯及检验方便，应尽量避免用吊砂、吊芯或悬臂式砂芯。经验表明，吊砂在合型、浇注时容

易塌箱。向上半型上安放吊芯很不方便。悬臂砂芯不稳固,在熔融金属液浮力作用下易偏斜,故应尽力避免。此外要照顾到下芯、合型和检验的方便(见图 2-25)。

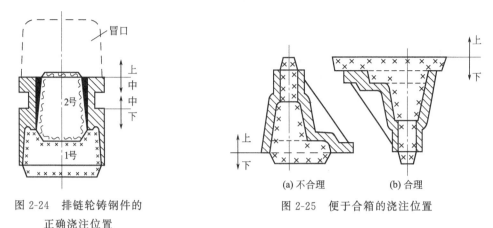

图 2-24 排链轮铸钢件的
正确浇注位置

图 2-25 便于合箱的浇注位置

(6)应使合箱位置、浇注位置和铸件冷却位置相一致

这样可避免在合箱后或于浇注后再次翻转铸型。翻转铸型不仅劳动量大,而且易引起砂芯移动、掉砂,甚至跑火等缺陷。

只在个别情况下,如单件、小批量生产较大的球墨铸铁曲轴时,为了造型方便和加强冒口的补缩效果,常采用横浇竖冷方案。在浇注后将铸型竖立起来,让冒口在最上端进行补缩。当浇注位置和冷却位置不一致时,应在铸造工艺图上注明。

此外,应注意浇注位置、冷却位置与生产批量密切相关。同一个铸件,例如,球铁曲轴,在单件小批量生产的条件下,采用横浇竖冷是合理的;而当大批量生产时,则应采用造型、合箱、浇注和冷却位置相一致的卧浇、卧冷方案。

2.3 分型面的选择

分型面(parting plan)是指两半铸型相互接触的表面。除了地面软床造型、明浇的小件和实型铸造法以外,都要选择分型面。选择分型面时,应注意做到"四少两便",即:少用砂芯、少用活块、少用三箱、少用分型面、便于清理、便于合箱。

选择分型面的基本原则如下所述。

2.3.1 铸件全部或大部分置于同一半型内

为了保证铸件精度,如果做不到上述要求,也应尽可能把铸件的加工面和加工基准面放在同一半型内。

分型面主要是为了取出模样而设置的,但对铸件精度会造成损害。一方面,它使铸件产生错偏,这是因合箱对准误差引起的;另一方面,由于合箱不严,在垂直分型面方面总会保持一定"厚度",在最小的情况下,约为 0.38mm。这个分型厚度加大了铸件的偏差。因此,凡是铸件上要求严格的尺寸部分,尽量不为分型面所穿越。

图 2-26 为某牌汽车后轮毂的铸造方案,加工内孔时以 $\phi 350$ 的外圆周定位(基准面)。图 2-27 为管子堵头的分型方案,铸件加工时,以四方头中心线为定位基准,加工外圆螺纹。

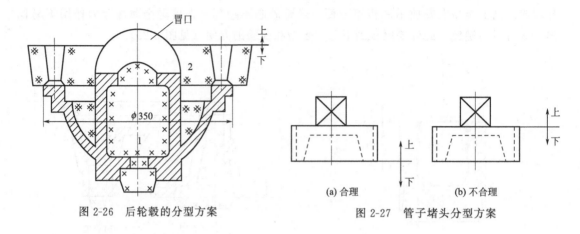

图 2-26　后轮毂的分型方案

图 2-27　管子堵头分型方案

(a) 合理　　　　(b) 不合理

2.3.2　尽量减少分型面的数目

分型面少，铸件精度容易保证，且砂箱数目少。但应考虑以下具体条件。

机器造型的中小件，一般只许可一个分型面，以便充分发挥造型机的生产率。凡不能出砂的部位均采用砂芯，而不允许用活块或多分型面 [图 2-28 (a)]。但对于大型复杂件，如磨床床身等，采用多分型面的劈箱造型，这对于造型、下芯及保证铸件精度等方面是有益的。这种情况多属于：铸件高大而复杂。

采用单分型面使模样很高，起模斜度使铸件形状有较大的改变；砂箱很深，造型不方便；砂芯多而型腔深窄，下芯困难。采用了多分型面的劈箱造型，就可避免这些缺点。虽然总的原则是应尽

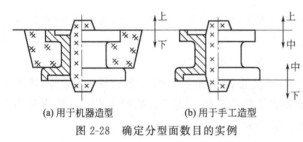

(a) 用于机器造型　　　(b) 用于手工造型

图 2-28　确定分型面数目的实例

量减少分型面，但针对具体条件，有时采用多分型面也是有利的。如图 2-28 (b) 所示，采用两个分型面，但单件生产的手工造型是合理的，因为能省去一个大芯盒的花费。

2.3.3　分型面应尽量选用平面

平直分型面可简化造型过程和模底板制造，易于保证铸件精度 [见图 2-29 (b)]。机器造型中，铸件形状需采用不平分型面，应尽量选用规则的曲面，如圆柱面（见图 2-30）或折面。这是因为上、下模底板表面曲度必须精确一致，才能合箱严密，这会给模底板加工带来困难。而手工造型时，曲面分型面是用手工切挖型砂来实现的，只是增加了切挖手续。常

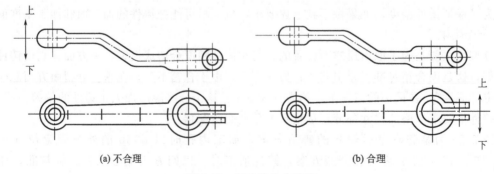

(a) 不合理　　　　　　　(b) 合理

图 2-29　起重臂的分型面

用此法减少砂芯数目。因此，手工造型中有时采用挖砂造型形成的不平分型面。

2.3.4　便于下芯、合箱和检查型腔尺寸

在手工造型中，模样及芯盒尺寸精度不高。在下芯、合箱时，造型工需要检查型腔尺寸，再调整砂芯位置，才能保证壁厚均匀。为此，应尽量把主要砂芯放在下半型中。图 2-31 所示为中心距大于 700mm 的减速箱盖的手工造型方案，采用两个分型面的目的就是便于合箱时检查尺寸。

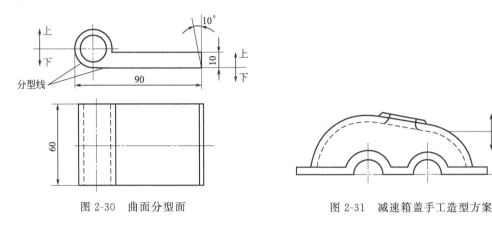

图 2-30　曲面分型面　　　　　　　　图 2-31　减速箱盖手工造型方案

2.3.5　不使砂箱过高

分型面通常选在铸件最大截面上，以使砂箱不致过高。高砂箱造型困难，填砂、紧实、起模、下芯都不方便。几乎所有造型机都对砂箱高度有限制。手工造型时，对于大型铸件，一般选用多分型面，即用多箱造型以控制每节砂箱高度，使之不致过高。如图 2-32 所示其中的方案 2 为大型铸件托架所选用的分型面。

2.3.6　受力件的分型面的选择不应削弱铸件结构强度

如图 2-33（b）所示的分型面，合箱时如产生微小偏差将改变工字梁的截面积分布，因而有一边的强度会削弱，故不合理。而图 2-33（a）则没有这种缺点。

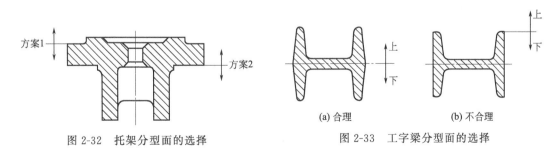

图 2-32　托架分型面的选择　　　　　　　图 2-33　工字梁分型面的选择

2.3.7　注意减轻铸件清理和机械加工量

如图 2-34 所示是考虑到打磨飞翅的难易而选用分型面的实例。摇臂是小铸件，当砂轮厚度大时，如图 2-34（a）铸件的中部飞翅将无法打磨。即使改用薄砂轮，因飞翅周长较大也不方便。

以上简要介绍了选择分型面的原则，这些原则有的相互矛盾和相互制约，一个铸件应以哪几项原则为主来选择分型面，这需要进行多方案的对比，根据实际生产条件，并结合经验

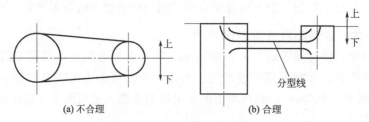

(a) 不合理　　　　　　　　　(b) 合理

图 2-34　摇臂铸件的分型面

来作出正确的判断，最后选出最佳方案，付诸实施。

2.4　砂芯设计

砂芯的功用是形成铸件的内腔、孔和铸件外形不能出砂的部位。砂型局部要求特殊性能的部分，有时也使用砂芯。

砂芯应满足以下要求：砂芯的形状、尺寸及在砂型中的位置应符合铸件要求，具有足够的强度和刚度，在铸件形成过程中砂芯所产生的气体能及时排出型外，铸件收缩时阻力小和容易清砂。

2.4.1　确定砂芯形状（分块）及分盒面选择的基本原则

总的原则是：使砂芯到下芯的整个过程方便，铸件内腔尺寸精确，不致造成气孔等缺陷，使芯盒结构简单。

1）保证铸件内腔尺寸精度。凡铸件内腔尺寸要求较严的部分应由同一半砂芯形成，避免为分盒面所分割，更不宜划分为几个砂芯。但手工造型中大的砂芯，为保证某一部位精度（如图 2-35 所示，要求 500mm×400mm 方孔四周壁厚均匀），有时需将砂芯分块。

2）保证操作方便。复杂的大砂芯、细而很长的砂芯可分为几个小而简单的砂芯。如图 2-36 所示为空气压缩机大活塞的砂芯，为了操作方便将砂芯分为 3 块，这样可简化造芯和芯盒结构，便于烘干。细而很长的砂芯易变形，应分为数段，并设法使芯盒通用。在划分砂芯时要防止液体金属钻入砂芯分割面的缝隙，堵塞砂芯通气道。

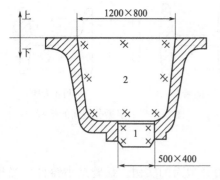

图 2-35　为保证铸件精度而将砂芯分块的实例

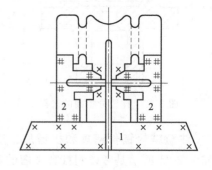

图 2-36　空气压缩机大活塞的砂芯

3）保证铸件壁厚均匀。使砂芯的起模斜度和模样的起模斜度大小、方向一致，保证铸件壁厚均匀（见图 2-37）。

4）应尽量减少砂芯数目。用砂胎（自带砂芯）或吊砂常可减少砂芯，如图 2-39 所示为

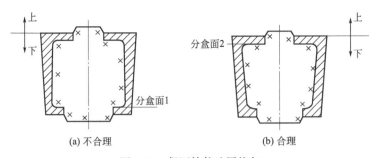

(a) 不合理　　　　　　　　　　(b) 合理

图 2-37　保证铸件壁厚均匀

12VB 柴油机曲轴定位套的机器造型方案。吊砂不能过高。其高度 $H \leqslant D$（D 为吊砂或砂胎直径），用于下半型；$H \leqslant 0.3D$，用于上半型。若手工造型时，H 值取上述数据的一半。造芯中 H 值可取上限值。手工造型中，遇有难于出模的地方，一般尽量用模样"活块"，即用"活块"取代砂芯。这样，虽然增加了造型工时，但却节省了芯盒、制芯工时及费用（见图 2-38 和图 2-39）。

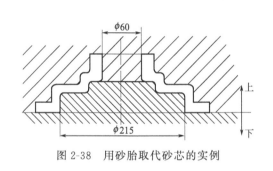

图 2-38　用砂胎取代砂芯的实例　　　　　图 2-39　用活块减少砂芯的实例

5）填砂面应宽敞，烘干支撑面是平面。为此，需要进炉烘干的大砂芯（图 2-40），常被沿最大截面切分为两半制作。

普通黏土砂芯、油砂芯及合脂砂芯，入炉烘干时的支撑方法如图 2-40 所示。平面烘干板结构简单，通气性好且价廉［见图 2-40（a）］。砂胎烘干法不精确也不方便［见图 2-40（b）］。用成型烘干器［见图 2-40（c）］虽精确、简便，但结构复杂、昂贵且维修量大。

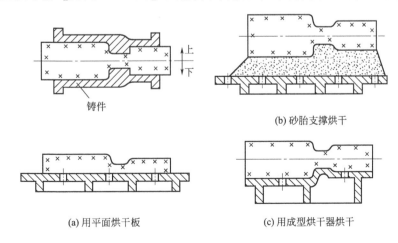

(a) 用平面烘干板　　　　　　　(c) 用成型烘干器烘干

图 2-40　烘干砂芯的几种方法

6）分型面选择应优先保证铸件质量、并方便造型下芯。选择分型面时，根据浇注位置及技术要求的不同，可允许有多种不同铸造工艺方案（见图 2-41）。以优先保证铸件质量（内在质量，表面质量及几何尺寸精度等）为主，兼顾造型、下芯、合箱及清理等操作便利为辅。

7）砂芯形状适应造型、制芯方法。高速造型线限制下芯时间，对一型多铸的小铸件，常不允许逐一下芯。因此，划分砂芯形状时，常把几个到十几个小砂芯连成一个大砂芯，以便节约下芯、制芯时间，以适应机器造型节拍的要求（见图 2-42）。对壳芯、热芯和冷芯盒砂芯要从便于射紧砂芯方面来考虑改进砂芯形状。

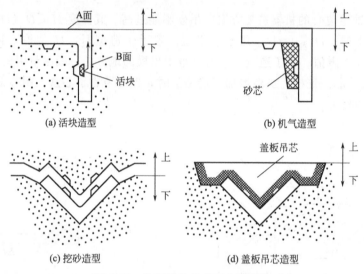

(a) 活块造型 (b) 机气造型

(c) 挖砂造型 (d) 盖板吊芯造型

图 2-41　角架铸件的多种分型方案

除上述原则外，还应使每块砂芯有足够的断面，保证有一定的强度和刚度，并能顺利排出砂芯中的气体；使芯盒结构简单，便于制造和使用等。

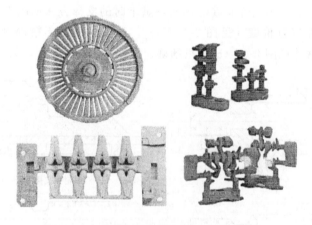

图 2-42　垂直分型无箱造型用的几种砂芯

2.4.2　芯头设计

芯头（core print）是指伸出铸件以外不与金属接触的砂芯部分。对芯头的要求是：固定砂芯，使砂芯在铸型中有准确的位置，并能承受砂芯重力及浇注时液体金属对砂芯的浮力，使之不致破坏；芯头应能及时排出浇注后砂芯所产生的气体至型外；上下芯头及芯号容易识别，不致下错方向或芯号；下芯、合型方便，芯头应有适当斜度和间隙。间隙量要考虑到砂芯、铸型的制作误差，又要少出飞翅、毛刺，并使砂芯堆放、搬运方便，重心平稳；避免砂芯上有细小突出的芯头部分，以免损坏。

芯头可分为垂直芯头和水平芯头（包括悬臂式芯头）两大类（见图 2-43）。

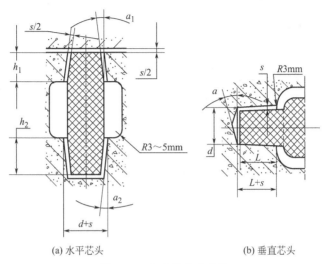

(a) 水平芯头　　　　　　　　　(b) 垂直芯头

图 2-43　典型的芯头结构

（1）芯头的组成

典型的芯头结构如图 2-43 所示，它包括芯头长度、斜度、间隙、压环、防压环和积砂槽等结构。具体尺寸依据 JB/T 5106—1991《铸件模样型芯头　基本尺寸》，它适用于砂型铸造用的金属模、塑料模和木模。

1）芯头长度。芯头长度指的是砂芯伸入铸型部分的长度如图 2-43（b）所示的尺寸 L。垂直芯头长度通常称为芯头高度如图 2-44 所示的尺寸 h、h_1。

只要满足基本要求，芯头不要太长。过长的芯头会增加砂箱的尺寸，增加填砂量。芯头过高，不便于扣箱。对于水平芯头，砂芯越大，所受浮力也大，因此芯头长度也应越大，以使芯头和铸型之间有更大的承压面积。但垂直芯头的高度和砂芯体积之间并不存在上述关系，砂芯的重量或浮力由垂直芯头的底面积来承受。依据 JB/T 5106—1991 中所列数据，对于直径小于 160mm 和长度小于 1.0m 的中型、小型砂芯，水平芯头长度一般在 20～100mm 之间，特大型砂芯的水平芯头有长达 300mm 的。水平芯头长度可通过计算求得。由于湿型的抗压强度低，因此用于湿型的芯头长度大于干砂型、自硬砂型的芯头长度。垂直芯头的高度根据砂芯的总高度和横截面的大小确定，一般取 15～150mm。

决定芯头高度有以下几点值得注意。

a. 对于细而高的砂芯，上下都应留有芯头，以免在

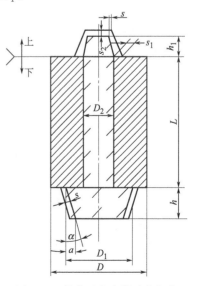

图 2-44　扩大下芯头的垂直芯头
$[D_1=(1.5～2)D_2,D_1\leqslant 0.8D]$

液体金属冲击下发生偏斜，而且下芯头应当取高一些。对于湿型可不留间隙，以便下芯后能使砂芯保持直立，便于合箱。对于 L/D（L 为砂芯高度，D 为直径）$\geqslant 2.5$ 的细高砂芯，采用扩大下芯头直径的办法，增加下芯时的稳定性（见图 2-44）。

b. 对于粗而矮的砂芯，常可不用上芯头（高度为零），这可使造型、合箱方便。

c. 对于等截面的或上下对称的砂芯，为下芯方便，上下芯头可用相同的高度和斜度。而对需要区分上、下芯头的砂芯，一般应使下芯头高度高于上芯头。

2）芯头斜度　对垂直芯头，上、下芯头都应设有斜度，如图 2-45 所示的 α、a 所示。为合箱方便，避免上下芯头和铸型相碰，上芯头和上芯头座的斜度应大些。对水平芯头，如果造芯时芯头不留斜度就能顺利从芯盒中取出，那么芯头可以不留斜度。芯座-模样的芯头总是留有斜度的，至少在端面上要留有斜度，上箱斜度比下箱的大，以免合箱时和砂芯相碰，如图中的 α、α_1、a、a_1 等。

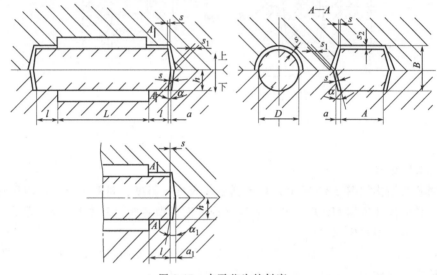

图 2-45　水平芯头的斜度

3）芯头间隙　为了下芯方便，通常在芯头和芯座之间留有间隙，如图 2-45 中的 s、s_1、s_2。间隙的大小取决于铸型种类、砂芯的大小、精度和芯座本身的精度。因此，机器造型、制芯时间隙一般较小，而手工造型、制芯则间隙较大，湿型的间隙小，干砂型、自硬型的间隙大；芯头尺寸大，间隙大，一般为 0.2～6mm。

4）压环、防压环和积砂槽（见图 2-46）

a. 压环（压紧环）。在上模样芯头上车削一道半圆凹沟（$r=2\sim5$mm），造型后在上芯座上凸起一环型砂，合箱后它能把砂芯压紧，避免液体金属沿间隙钻入芯头，堵塞通气道，这种方法只适用于机器造型的湿型。

b. 防压环。在水平芯头靠近模样的根部，设置凸起圆环，高度为 0.5～2mm，宽 5～12mm，谓之防压环。造型后，相应部位形成下凹的一环状缝隙，下芯、合箱时，它可防止此处砂型被压塌，因而可防止掉砂缺陷。

c. 积砂槽。常因为有砂粒存于下芯座中而使砂芯不放到底面上。手工造型时可用人工仔细清除这些砂粒，但机器造型中就不可能这样做。为此，造下芯座模样的边缘上设一道凸环，造型后砂型内形成一环凹槽，谓之积砂槽，用来存放个别的散落砂粒。这样就可大大加

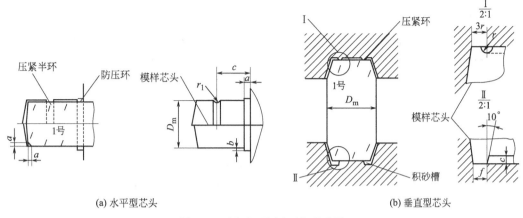

(a) 水平型芯头　　　　　　　　　　　　　　　(b) 垂直型芯头

图 2-46　压环、防压环和积砂槽

快下芯速度。积砂槽一般深 2～5mm，宽 3～6mm。

（2）芯头承压面积的核算

芯头的承压面积应足够大，以保证在金属液的最大浮力作用下不超过铸型的许用压应力。由于砂芯的强度通常都大于铸型的强度，故只核算铸型的许用压力即可。芯头的承压面积 A 应满足式（2-1）。

$$A \geqslant kF_c/[\sigma_{压}] \tag{2-1}$$

式中　F_c——计算的最大芯浮力；

　　　k——安全系数，$k=1.3\sim1.5$；

　　$[\sigma_{压}]$——铸型的许用应力。

此值应根据工厂中所使用的型砂的抗压强度来决定。一般湿型，$[\sigma_{压}]$ 可取 40～60kPa；活化膨润土砂型可取 60～100kPa；干砂型可取 0.6～0.8MPa。

如果实际承压面积不能满足式（2-1）要求则说明芯头尺寸过小，应适当放大芯头。若受砂箱等条件限制，不能增加芯头尺寸，可采用提高芯座抗压强度（许用压应力）的方法，如在芯座部分附加砂芯、铁片、耐火砖等。在许可的情况下，附加芯撑，也等于增加了承压

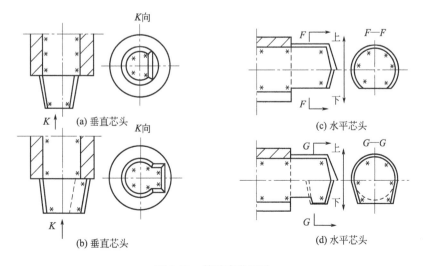

图 2-47　特殊定位芯头

面积。

（3）特殊定位芯头

有的砂芯有特殊的定位要求，如防止砂芯在型内绕轴线转动，不许可轴向位移偏差过大或下芯时搞错方位，避免下错芯头。图 2-47 为特殊定位芯头的实例，这些芯头结构都可防止砂芯转动和下错方位。水平芯头兼有防止沿轴线移动的作用。

2.5 铸造工艺设计参数

铸造工艺设计参数（简称工艺参数）通常是指铸造工艺设计时需要确定的某些数据。这些参数是：铸造收缩率（缩尺）、机械加工余量、起模斜度、最小铸出孔的尺寸、工艺补正量、分型负数、反变形量、非加工壁厚的负余量、砂芯负数（砂芯减量）及分芯负数等。工艺参数选取得准确、合适，才能保证铸件尺寸（形状）精确，使造型、制芯、下芯、合箱方便，提高生产率，降低成本。工艺参数选取不准确，则铸件精度降低，甚至因尺寸超过公差要求而报废。由于工艺参数的选取与铸件尺寸、重量、验收条件有关，把铸件的尺寸和重量公差也在此讨论。

这些工艺参数，除铸造收缩率、机械加工余量和起模斜度以外，其余的都只用于特定的条件下。下面着重介绍这些工艺参数的概念和应用条件。

2.5.1 铸件尺寸公差

铸件尺寸公差是指铸件公称尺寸的两个允许极限尺寸之差。在这个允许极限尺寸之内铸件可满足加工、装配和使用的要求。

铸件的尺寸精度取决于工艺设计及工艺过程控制的严格程度，铸件尺寸精度要求越高，对因素的控制应越严格，铸件生产成本相应地也要有所提高。必须有科学的标准来协调供、需双方的要求。

我国 GB/T 6414—2017《铸件　尺寸公差和机械加工余量系统》等效采用 ISO 8062—1994《铸件　尺寸公差和机加工余量系统》。它是设计和检验铸件尺寸的依据，具体规定了砂型铸造、金属型铸造、低压铸造、压力铸造、熔模铸造等方法生产的各种铸造金属及合金的铸件尺寸公差，包括铸件基本尺寸公差值，所规定的公差是指正常生产条件下通常能达到的公差，由精到粗分为 16 级，命名为 CT1～CT16（Casting Tolerances, CT）。铸件尺寸公差等级比例系数：CT3～CT13，采用 $\sqrt{2}$；CT13～CT16，采用 $\sqrt[3]{2}$。铸件尺寸公差数值如表 2-12 所示。

表 2-12　铸件尺寸公差数值（GB/T 6414—2017）　　　　单位：mm

基本尺寸		铸件尺寸公差等级 CT														
大于	至	1	2	3	4	5	6	7	8	9	10	11	12	13	14	15	16
—	10	0.09	0.13	0.18	0.26	0.36	0.52	0.74	1	1.5	2	2.8	4.2				
10	16	0.1	0.14	0.2	0.28	0.38	0.54	0.78	1.1	1.6	2.2	3.0	4.4				
16	25	0.11	0.15	0.22	0.30	0.42	0.58	0.82	1.2	1.7	2.4	3.2	4.6	6	8	10	12
25	40	0.12	0.17	0.24	0.32	0.46	0.64	0.9	1.3	1.8	2.6	3.6	5	7	9	11	14
40	63	0.13	0.18	0.26	0.36	0.50	0.70	1	1.4	2	2.8	4	5.6	8	10	12	16
63	100	0.14	0.20	0.28	0.40	0.56	0.78	1.1	1.6	2.2	3.2	4.4	6	9	11	14	18

基本尺寸		铸件尺寸公差等级 CT															
大于	至	1	2	3	4	5	6	7	8	9	10	11	12	13	14	15	16
100	160	0.15	0.22	0.30	0.44	0.62	0.88	1.2	1.8	2.5	3.6	5	7	10	12	16	20
160	250		0.24	0.34	0.50	0.72	1	1.4	2	2.8	4	5.6	8	11	14	18	22
250	400			0.40	0.56	0.78	1.1	1.6	2.2	3.2	4.4	6	9	12	16	20	25
400	630				0.64	0.9	1.2	1.8	2.6	3.6	5	7	10	14	18	22	28
630	1000				0.72	1	1.4	2	2.8	4	6	8	11	16	20	25	32
1000	1600				0.80	1.1	1.6	2.2	3.2	4.6	7	9	13	18	23	29	37
1600	2500							2.6	3.8	5.4	8	10	15	21	26	33	42
2500	4000								4.4	6.2	9	12	17	24	30	38	49
4000	6300									7	10	14	20	28	35	44	56
6300	10000										11	16	23	32	40	50	64

注：1. 在等级 CT1～CT15 中对壁厚采用粗一级公差。

2. 对于不超过 16mm 的尺寸，不采用 CT13～CT16 的一般公差，对于这些尺寸应标注个别公差。

3. 等级 CT16 仅适用于一般公差规定为 CT15 的壁厚。

GB/T 6414—2017 中规定了成批和大量生产、小批和单件生产铸件的尺寸公差等级以便选用。对成批大量生产的铸件，可以通过对设备和工装的改进、调整和维修，严格工艺过程的管理，提高操作水平等措施，得到更高的公差等级；对小批和单件生产的铸件，不适当地采用过高的工艺要求来提高公差等级，通常是不经济的。

铸件基本尺寸即铸件图上给定的尺寸，应包括机械加工余量。公差带应对称分布（见图 2-48）。

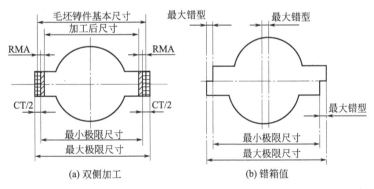

(a) 双侧加工   (b) 错箱值

图 2-48 加工余量和尺寸公差的关系

RMA—要求的机械加工余量

有特殊要求时，也可非对称布置，并应在图样上注明或技术文件中规定。壁厚尺寸公差一般可降一级。例如，图样上一般尺寸公差为 CT10 级，则壁厚尺寸公差为 CT11 级。在图样上采用公差等级代号标注，如 GB/T 6414—2017，当要限制错箱值时，应标出最大错箱值。如 GB/T 6414—2017 中最大错箱值为 1.0。

2.5.2 铸件重量公差

铸件重量公差定义为以占铸件公称重量的百分率为单位的铸件重量变动的允许值。所谓公称重量是包括加工余量和其他工艺余量，作为衡量被检验铸件轻重的基准重量。GB/T

11351—2017《铸件重量公差》规定了铸件重量公差的数值、确定方法及检验规则，与 GB/T 6414—2017 配套使用。重量公差代号用字母 MT 表示。重量公差等级和尺寸公差等级相对应，由精到粗也分为 16 级，从 MT1～MT16 铸件重量公差数值如表 2-13 所示。

表 2-13　铸件重量公差数值　　　　　　　　　　　单位:%

公称重量/kg		重量公差等级 MT															
大于	至	1	2	3	4	5	6	7	8	9	10	11	12	13	14	15	16
—	0.4	—	5	6	8	10	12	14	16	18	20	24					
0.4	1	—	4	5	6	8	10	12	14	16	18	20	24				
1	4	—	3	4	5	6	8	10	12	14	16	18	20	24			
4	10	—	2	3	4	5	6	8	10	12	14	16	18	20	24		
10	40	—	—	2	3	4	5	6	8	10	12	14	16	18	20	24	
40	100	—	—	—	2	3	4	5	6	8	10	12	14	16	18	20	24
100	400	—	—	—	—	2	3	4	5	6	8	10	12	14	16	18	20
400	1000	—	—	—	—	—	2	3	4	5	6	8	10	12	14	16	18
1000	4000							2	3	4	5	6	8	10	12	14	16
4000	10000								2	3	4	5	6	8	10	12	14
10000	40000									2	3	4	5	6	8	10	12

注：表中重量公差数值为上、下偏差之和，即一半为上偏差，一半为下偏差。

　　铸件公称重量可用如下方法确定：成批和大量生产时，从供需双方共同认定的首批合格铸件中随即抽取不少于 10 件，以实称重量的平均值作为公称重量；小批和单件生产时，以计算重量或供需双方共同认定的任一合格铸件的实称重量作为公称重量。

　　GB/T 11351—2017 所适用的铸造方法和重量公差等级的选用，与 GB/T 6414—2017 的要求相一致，即尺寸公差按 CT10 级，则重量公差按 MT10 级要求。一般情况下，重量公差的上下偏差相同。特殊要求由供需双方商定，但应在图样或技术文件中注明。标注方法如 GB/T 11351—2017 中的 MT10、MT10/8（斜线左边数字标识上偏差等级，右边数字标识下偏差等级）。

2.5.3　机械加工余量

　　铸件为保证其加工面尺寸和零件精度，应有加工余量，即在铸件工艺设计时预先增加的，而后在机械加工时又被切去的金属层厚度，称为机械加工余量，简称加工余量。加工余量过大，浪费金属和加工工时；过小，降低刀具寿命，不能完全去除铸件表面缺陷，达不到设计要求。如图 2-48 示出：RMA 为要求的加工余量等于铸件最小极限尺寸减去加工后尺寸。因此，铸件尺寸公差越小（精度高），加工余量可越小。影响加工余量大小的主要因素有：铸造合金种类、铸造工艺方法、生产批量、设备及工装的水平等与铸件尺寸精度有关的因素；加工表面所处的浇注位置（顶面、底面、侧面）；铸件基本尺寸的大小和结构等。

　　GB/T 6414—2017 中规定：要求的机械加工余量 RMA 适用于整个毛坯铸件，且该值应根据最终机械加工后成品铸件的最大轮廓尺寸和相应的尺寸范围来选取。要求的加工余量代号用字母 RMA 表示。等级由精到粗分为 A、B、C、D、E、F、G、H、J 和 K 共 10 个等级。要求的加工余量的数值列在表 2-14 中，推荐用于各种铸造合金和铸造方法，仅作为参考资料用。要求的加工余量的等级推荐从表 2-15 和表 2-16 中选用。

表 2-14　要求的铸件机械加工余量（RMA）（GB/T 6414—2017）　　单位：mm

最大尺寸[1]		要求的机械加工余量等级									
大于	至	A[2]	B[2]	C	D	E	F	G	H	J	K
—	40	0.1	0.1	0.2	0.3	0.4	0.5	0.5	0.7	1	1.4
40	63	0.1	0.2	0.3	0.3	0.4	0.5	0.7	1	1.4	2
63	100	0.2	0.3	0.4	0.5	0.7	1	1.4	2	2.8	4
100	160	0.3	0.4	0.5	0.8	1.1	1.5	2.2	3	4	6
160	250	0.3	0.5	0.7	1	1.4	2	2.8	4	5.5	8
250	400	0.4	0.7	0.9	1.3	1.4	2.5	3.5	5	7	10
400	630	0.5	0.8	1.1	1.5	2.2	3	4	6	9	12
630	1000	0.6	0.9	1.2	1.8	2.5	3.5	5	7	10	14
1000	1600	0.7	1	1.4	2	2.8	4	5.5	8	11	16
1600	2500	0.8	1.1	1.6	2.2	3.2	4.5	6	9	14	18
2500	4000	0.9	1.3	1.8	2.5	3.5	5	7	10	14	20
4000	6300	1	1.4	2	2.8	4	5.5	8	11	16	22
6300	10000	1.1	1.5	2.2	3	4.5	6	9	12	17	24

① 最终机械加工后铸件的最大轮廓尺寸。

② 等级 A 和 B 仅用于特殊场合，例如，在采购方与铸造厂已就夹持面和基准面或基准目标商定模样装备、铸造工艺和机械加工工艺的成批生产的情况下。

表 2-15　用于成批和大量生产与铸件尺寸公差配套使用的铸件要求的机械加工余量（RMA）等级

工艺方法		加工余量等级								
		铸钢	灰铸铁	球墨铸铁	可锻铸铁	铜合金	锌合金	轻金属合金	镍基合金	钴基合金
砂型铸造手工造型		$\frac{11\sim14}{G\sim K}$	$\frac{11\sim14}{F\sim H}$	$\frac{11\sim14}{F\sim H}$	$\frac{10\sim14}{F\sim H}$	$\frac{10\sim13}{F\sim H}$	$\frac{10\sim13}{F\sim H}$	$\frac{9\sim12}{F\sim H}$	$\frac{11\sim14}{G\sim K}$	$\frac{11\sim14}{G\sim K}$
砂型机器造型及型壳		$\frac{8\sim12}{E\sim H}$	$\frac{8\sim12}{E\sim G}$	$\frac{8\sim12}{E\sim G}$	$\frac{8\sim12}{E\sim G}$	$\frac{8\sim10}{E\sim G}$	$\frac{8\sim10}{E\sim G}$	$\frac{7\sim9}{E\sim G}$	$\frac{8\sim12}{F\sim H}$	$\frac{8\sim12}{F\sim H}$
金属型（低压、重力）铸造			$\frac{8\sim10}{D\sim F}$	$\frac{8\sim10}{D\sim F}$	$\frac{8\sim10}{D\sim F}$	$\frac{8\sim10}{D\sim F}$	$\frac{7\sim9}{D\sim F}$	$\frac{7\sim9}{D\sim F}$		
压力铸造						$\frac{6\sim8}{B\sim D}$	$\frac{4\sim6}{B\sim D}$	$\frac{4\sim7}{B\sim D}$		
熔模铸造	水玻璃	$\frac{7\sim9}{E}$	$\frac{7\sim9}{E}$	$\frac{7\sim9}{E}$		$\frac{5\sim8}{E}$		$\frac{5\sim8}{E}$	$\frac{7\sim9}{E}$	$\frac{7\sim9}{E}$
	硅溶胶	$\frac{4\sim6}{E}$	$\frac{4\sim6}{E}$	$\frac{4\sim6}{E}$		$\frac{4\sim6}{E}$		$\frac{4\sim6}{E}$	$\frac{4\sim6}{E}$	$\frac{4\sim6}{E}$

此外，根据生产经验，相对于浇注位置铸件顶面的加工余量应比底面、侧面的加工余量大。孔的加工余量与顶面的等级相同。一般情况下，一种铸件只选用一个尺寸公差等级和一个加工余量等级。特殊需要时，需由供需双方商定。

标注方法：例如，要求的加工余量按 GB/T 6414—2017 相关内容进行。

表 2-16　用于小批和单件生产与铸件尺寸公差配套使用的铸件要求的机械加工余量（RMA）等级

造型材料	加工余量等级					
	铸钢	灰铸铁	球墨铸铁	可锻铸铁	铜合金	轻金属合金
干、湿砂型	$\dfrac{13\sim15}{J}$	$\dfrac{13\sim15}{H}$	$\dfrac{13\sim15}{H}$	$\dfrac{13\sim15}{H}$	$\dfrac{13\sim15}{H}$	$\dfrac{11\sim13}{H}$
自硬型	$\dfrac{12\sim14}{J}$	$\dfrac{11\sim13}{H}$	$\dfrac{11\sim13}{H}$	$\dfrac{11\sim13}{H}$	$\dfrac{10\sim12}{H}$	$\dfrac{10\sim12}{H}$

注：1. 表中的数字（分子），表示铸件尺寸公差等级和铸件重量公差等级数；字母（英文）则表示要求的加工余量等级。例如，（11～13）/H，表示铸件尺寸公差、铸件重量公差为 11～13 级，要求的加工余量为 H 级。

2. 表中所给的铸件公差等级，适用于大于 25mm 基本尺寸。对于小于 25mm 的基本尺寸，通常采用下述公差等级：对小于 10mm 的尺寸，精度可提高 1～3 级；对 10～16mm 的尺寸，精度可提高 1～2 级；对 16～25mm 的尺寸，精度提高 1 级。

2.5.4　铸造收缩率（模样放大率）

铸造收缩率 K 的定义如式（2-2）。

$$K=\frac{L_M-L_J}{L_J}\times100\%　\qquad(2-2)$$

式中　L_M——模样（或芯盒）工作面的尺寸；

L_J——铸件尺寸。

铸造收缩率受许多因素的影响。例如，合金的种类及成分、铸件冷却、收缩时受到阻力的大小、冷却条件的差异等。因此，要十分准确地给出铸造收缩率是很困难的。

铸造工艺设计时，通过铸造收缩率 K 来确定模样和芯盒的工作尺寸。例如，某铸件图样尺寸为 1000mm，若 K 值选定为 1%，则模样尺寸为 1010mm。但是，如果由于铸件结构、砂芯、砂型等因素使得铸件实际收缩率为 0.8%，则用 1010mm 模样所铸出的铸件尺寸实际约为 1001.9mm，比图样要求尺寸大 1.9mm，因此，必须正确地选定铸造收缩率。对于大量生产的铸件，一般应在试生产过程中，对铸件多次划线，测定铸件各部位的实际收缩率。反复修改木模，直至铸件尺寸符合铸件图样要求。然后再依实际铸造收缩率设计制造金属模。对于单件、小批生产的大型铸件，铸造收缩率的选取必须有丰富的经验，同时要结合使用工艺补正量，适当放大加工余量等措施来保证铸件尺寸达到合格。

表 2-17 列出各种铸造合金铸件的铸造收缩率值，可供选用时参考（表左栏为中国机械工程学会资料，表右栏为美国铸造学会资料）。

2.5.5　起模斜度

为了方便起模，在模样、芯盒的出模方向留有一定斜度，以免损坏砂型或砂芯。这个斜度称为起模斜度。

起模斜度应在铸件上没有结构斜度的、垂直于分型面（分盒面）的表面上使用。其大小依模样的起模高度、表面粗糙度以及造型（芯）方法而定。关于起模斜度的大小的具体数值详见 JB/T 5105—1991 中的规定。使用时尚应注意以下几点。

起模斜度应小于或等于产品图上所规定的起模斜度值，以防止零件在装配或工作中与其他零件相妨碍。尽量使铸件内、外壁的模样和芯盒斜度取值相同，方向一致，以使铸件壁厚均匀。在非加工面上留起模斜度时，要注意与相配零件的外形一致，保持整台机器的美观。同一铸件的起模斜度应尽可能只选用一种或两种斜度，以免加工金属模时频繁地更换刀具。

非加工的装配面上留斜度时，最好用减小厚度法，以免安装困难。手工制造木模，起模斜度应标出数值（mm），机械加工的金属模应标明角度，以利于操作。

在铸件加工面上采用增加铸件尺寸法［见图 2-49（a）］；在铸件不与其他零件配合的非加工表面上，可采用增加、增加和减少［见图 2-49（b）］或减少铸件尺寸法；在铸件与其他零件配合的非加工表面上，采用减少［见图 2-49（c）］或增加和减少铸件尺寸方法。原则上，在铸件上加放起模斜度不应超出铸件的壁厚公差。

表 2-17　列出各种铸造合金铸件的铸造收缩率

合金		收缩率/%		合金	模样尺寸 L/mm	结构形式	收缩率/%
		自由收缩	受阻收缩				
灰铸铁	中小型件	1.0	0.9	灰铸铁 （见注6）	<610	无芯	1.04
	中大型件	0.9	0.8		635~1220	无芯	0.83
	特大型件	0.8	0.7		>1220	无芯	0.69
筒形件	长度方向	0.9	0.8		<610	有芯	1.04
	直径方向	0.7	0.5		635~910	有芯	0.83
孕育铸铁	HT250	1.0	0.8		>910	有芯	0.69
	HT300	1.0	0.8	（见注7）	1.6		1.43
	HT350	1.5	1.0		3.17		1.30
黑心可锻铸铁	壁厚大于25mm	0.75	0.5		4.76		1.23
					6.35		1.18
	壁厚小于25mm	1.0	0.75		9.52		1.04
					12.7		0.91
白心可锻铸铁		1.75	1.5		15.87		0.78
球墨铸铁	珠光体	0.9~1.1	0.6~0.8		19.5		0.65
	铁素体	0.8~1.0	0.4~0.6		22.2		0.39
铸钢	碳钢及低合金钢	1.6~2.0	1.3~1.7		25.4		0.26
	含铬高合金钢	1.3~1.7	1.0~1.4	珠光体铸态球墨铸铁			0.83~1.25
	铁素体-奥氏体钢	1.8~2.2	1.5~1.9	珠光体球铁	<610		0.83~1.04
	奥氏体钢	2.0~2.3	1.7~2.0	热处理为铁素体	<305		0
非铁合金	铝-硅合金	1.0~1.2	0.8~1.0	薄壁球铁	退火前有碳化物		收缩 0.83~0.42
	铝-镁合金	1.3	1.0		退火后		膨胀
	铝-镁合金（w_{Cu}=12%~75%）	1.6	1.4	碳、铸钢	<610	无芯	2.08
					635~1830	无芯	1.56
	镁合金	1.6	1.2		>1830	无芯	1.30
锌黄铜		1.8~2.0	1.5~1.7		<460	有芯	2.08
硅黄铜		1.7~1.8	1.6~1.7		480~1220	有芯	1.56
锰黄铜		2.0~2.3	1.8~2.0		1245~1680	有芯	1.30
锡青铜		1.4	1.2		>1680	有芯	1.04
无锡青铜		2.0~2.2	1.6~1.8				

续表

合金	模样尺寸 L/mm	结构形式	收缩率/%	合金	模样尺寸 L/mm	结构形式	收缩率/%
铝合金	<1220	无芯	1.30	黄铜			1.56
	1245~1830	无芯	1.18	青铜			1.04~2.08
	>1830	无芯	1.04	硅青铜			1.04~1.56
	<610	有芯	1.30	锰青铜 (高强黄铜)			0.83~1.56
	635~1220	有芯	1.18~1.04				
	>1220	有芯	1.04~0.52				
镁合金 (见注8)	<1220	无芯	1.43				
	>1220	无芯	1.30	铝青铜			2.34
	<610	有芯	1.30	锌青铜			1.18
	>610	有芯	1.30~1.04				

注：1. 通常简单的厚实铸件可视为自由收缩。其余均视为受阻收缩。视其受阻程度，选用适宜的铸造收缩率。

2. 同一铸件由于结构上的原因，其局部与整体，长、宽、高三个方向的收缩率可能不一致，对重要铸件应给予不同铸造收缩率。

3. 铸型种类和紧实度，对球墨铸铁的收缩率有很大影响。有的工厂在用湿型生产小件时，有时不留缩尺（铸造收缩率为零）。

4. 湿型、水玻璃砂型的铸件，其铸造收缩率应比干砂型大。

5. 铸造收缩率随铸件结构、合金种类、浇注温度及型（芯）的阻力不同而变化。对于一个简单模样上的不同尺寸，必须使用几种不同的铸造收缩率。

6. 普通灰铸铁的标准模样缩尺为1.04%。对于高强度合金铸铁和白口铸铁，铸造收缩率约为1.30%。

7. 所给出的可锻铸铁件铸造收缩率算法如下：例如，当铸态时，白口铸铁收缩2.08%。退火期间又膨胀约1.04%，最后净剩铸造收缩率1.04%。

8. 随合金不同，铸造收缩率在变化。

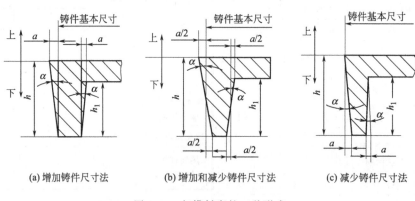

(a) 增加铸件尺寸法   (b) 增加和减少铸件尺寸法   (c) 减少铸件尺寸法

图 2-49 起模斜度的三种形式

2.5.6 最小铸出孔及槽

零件上的孔、槽、台阶等，究竟是铸出来好，还是靠机械加工出来好，这应从品质及经济角度等方面全面考虑。一般来说，较大的孔、槽等，应铸出来，以便节约金属和加工工时，同时还可以避免铸件局部过厚所造成的热节，提高铸件质量。较小的孔、槽，或者铸件壁很厚，则不宜铸出孔，直接依靠加工反而方便。有些特殊要求的孔，如弯曲孔，无法实行机械加工，则一定要铸出。可用钻头加工的受制孔（有中心线位置精度要求）最好不铸，铸出后很难保证铸孔中心位置准确，再用钻头扩孔也无法纠正中心位置。表 2-18 所示为最小铸出孔直径，供参考。

表 2-18 铸件的最小铸出孔

生产批量	最小铸出孔直径 d/mm		生产批量	最小铸出孔直径 d/mm	
	灰铸铁件	铸钢件		灰铸铁件	铸钢件
大量生产	12～15		单件、小批生产	30～50	50
成批生产	15～30	30～50			

注：最小铸出孔直径指的是毛坯孔直径。

2.5.7 工艺补正量

在单件、小批生产中，由于选用的缩尺与铸件的实际收缩率不符，或由于铸件产生了变形、操作中的不可避免的误差（如工艺上允许的错型偏差、偏芯误差）等原因，使得加工后的铸件某些部分的厚度小于图样要求尺寸，严重时会因强度太弱而报废。因工艺需要在铸件相应非加工面上增加的金属层厚度称为工艺补正量（见图 2-50）。

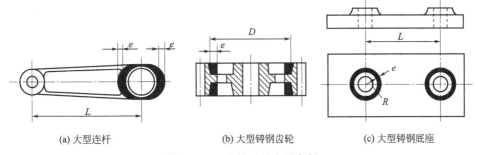

(a) 大型连杆　　　　　　　(b) 大型铸钢齿轮　　　　　　　(c) 大型铸钢底座

图 2-50 工艺补正量应用实例

由于单件生产不能在取得该产品的经验数据后再设计，为了确保铸件成品而采用工艺补正量。对于成批、大量生产的铸件或永久性产品，不应使用工艺补正量，而应修改模具尺寸。使用工艺补正量要求有丰富的经验，各种大型铸件的工艺补正量的经验数据都是在一定生产条件下取得的，在使用时应仔细分析。

2.5.8 分型负数

干砂型、表面烘干型以及尺寸很大的湿型，分型面由于烘烤、修整等原因一般都不很平整，上下型接触面很不严密。为了防止浇注时跑火，合箱前需要在分型面之间垫以石棉绳、泥条或油灰条等，这样在分型面处明显地增大了铸件的尺寸。为了保证铸件尺寸精确，在拟定工艺时，为抵消铸件在分型面部位的增厚（垂直于分型面的方向），在模样上相应减去的尺寸，称为分型负数（见图 2-51 和表 2-19）。

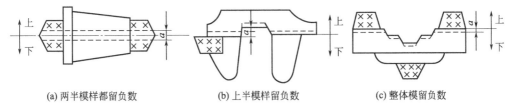

(a) 两半模样都留负数　　　　(b) 上半模样留负数　　　　(c) 整体模留负数

图 2-51 模样的分型负数的几种留法（图中打叉部分为芯头模样）

分型负数的大小和砂箱尺寸、铸件大小有关。一般大件，起模后分型面容易损坏，修型烘干后变形量大，所以合型时垫的石棉绳等也厚度大些，故分型负数也应增大。此外，还和工厂习惯、垫用材料有关。一般在 0.5～6mm 之间。

表 2-19 模样的分型负数

砂箱平均轮廓尺寸 [(长＋宽)/2]/mm	分型负数 a/mm		砂箱平均轮廓尺寸 [(长＋宽)/2]/mm	分型负数 a/mm	
	Ⅰ	Ⅱ		Ⅰ	Ⅱ
≤800	1	2	2001～3000	4	5
801～1500	2	3	＞3000	5	6
1501～2000	3	4			

　　干砂型、表面烘干型、自硬砂型以及砂箱尺寸超过 2m 以上的湿型才应用分型负数。湿型分型负数一般较小。

2.5.9 反变形量

　　铸造较大的平板类、床身类铸件时，由于冷却速度的不均匀性，铸件冷却后常出现变形。为了解决挠曲变形问题，在制造模样时，按铸件可能产生变形的相反方向做出反变形模样，使铸件冷却后变形的结果正好将反变形抵消，得到符合设计要求的铸件。这种在模样上做出的预变形量称为反变形量（又称反挠度、反弯势、假曲率）。

　　影响铸件变形的因素很多，例如，合金性能、铸件结构和尺寸大小、浇冒口系统的布局、浇注温度、速度、打箱清理温度、造型方法、砂型刚度等。但归纳起来不外乎两方面：

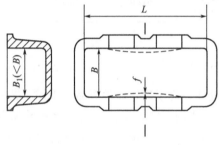

图 2-52 箱体件反变形量方向

一是铸件冷却时的温度场的变化；二是导致铸件变形的残余应力的分布。因此，应判明铸件的变形方向：铸件冷却缓慢的一侧必定受拉应力而产生内凹变形；冷却较快的一侧必定受压应力而发生外凸变形。例如，各种床身导轨处都较厚大，因此导轨面总是产生下凹变形。如图 2-52 所示箱体，壁厚虽均匀，但内部冷却慢，外部冷却快，因此壁发生向外凸出变形，模样反变形量应向内侧凸起。

　　一般中小铸件壁厚差别不大且结构上刚度较大时，不必留反变形量。以下铸件，如大的床身类、平台类、大型铸钢箱体类、细长的纺织零件（如龙肋、胸梁等）多使用反变形量。反变形量的形式如图 2-53 所示。

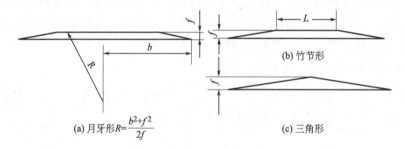

(a) 月牙形 $R=\dfrac{b^2+f^2}{2f}$　　(b) 竹节形　　(c) 三角形

图 2-53 反变形量的几种形式

　　反变形量的大小可依工厂实际经验确定。例如，某地区，当床身类铸件长度 5m 时，留反变形量 1～2mm/m；长度小于 5m 时，留反变形量 1.5～2.5mm/m。生产条件多为雨淋式浇注系统、表面干型。而采用两端浇注的阶梯式浇注系统、干砂型的地区，留反变形量达 3mm/m。

对于长度 2m 以下的床身等铸件，一般用加大加工余量的方法补偿变形，不留反变形量。

2.5.10　砂芯负数（砂芯减量）

大型黏土砂芯在舂砂过程中砂芯向四周涨开，刷涂料及在烘干过程中发生的变形，使砂芯四周尺寸增大。为了保证铸件尺寸准确，将芯盒的长、宽尺寸减去一定量，这个被减去的尺寸称为砂芯负数。

砂芯负数只应用于大型黏土砂芯，其数值依工厂实际经验确定。流态砂芯、自硬砂芯、壳芯、热芯盒砂芯及小的黏土砂芯均不采用砂芯负数。表 2-20 为某厂对铸钢件的砂芯负数的规定。

表 2-20　铸钢件的砂芯负数

砂芯尺寸/mm	300～500	500～800	800～1200	1200～1500	1500～2000	2000～2500	>2500
砂芯负数/mm	1.5～2	2～3	3～4	4～5	5～6	6～7	7

注：1. 砂芯尺寸是指与舂砂方向垂直的最大轮廓尺寸。

2. 当砂芯高度（指舂砂方向）大于宽度 2 倍时，可取下限，当砂芯高度与宽度相近时采用上限。

3. 圆柱形砂芯应较表中数值减少 1/3～1/2。

2.5.11　非加工壁厚的负余量

在手工黏土砂造型、制芯过程中，为了取出（如芯盒中的肋板）木模，要进行敲模，木模受潮时将发生膨胀，这些情况均会使型腔尺寸扩大，从而造成非加工壁厚的增加，使铸件尺寸和重量超过公差要求。为了保证铸件尺寸的准确性，凡形成非加工壁厚的木模或芯盒内的肋板厚度尺寸应该减小，即小于图样尺寸。所减小的厚度尺寸称为非加工壁厚的负余量。

表 2-21 中非加工壁厚的负余量经验数据，适用于手工造型、制芯。

表 2-21　非加工壁厚的负余量

铸件质量/kg	铸件壁厚/mm									
	≤7	8～10	11～15	16～20	21～30	31～40	41～50	51～60	61～80	81～100
≤50	−0.5	−0.5	−0.5		−1.5					
51～100	−1.0	−1.0	−1.0	−1.0	−1.5	−2.0				
101～250		−1.0	−1.5	−1.5	−2.0	−2.0	−2.5			
251～500			−1.5	−1.5	−2.0	−2.5	−2.5	−3.0		
501～1000				−2.0	−2.5	−2.5	−3.0	−3.5	−4.0	−4.5
1000～3000				−2.0	−2.5	−3.0	−3.5	−4.0	−4.5	−4.5
3000～5000					−3.0	−3.0	−3.5	−4.0	−4.5	−5.0
5000～10000					−3.0	−3.5	−4.0	−4.5	−5.0	−5.5
>10000						−4.0	−4.5	−5.0	−5.5	−6.0

2.5.12　分芯负数

对于分段制造的长砂芯或分开制造的大砂芯，在接缝处应留出分芯间隙量，即在砂芯的分开面处，将砂芯尺寸减去间隙尺寸，被减去的尺寸，称为分芯负数。分芯负数是为了砂芯拼合及下芯方便而采用的。不留分芯负数，就必须用手工磨出间隙量，这将延长工时并恶化劳动条件。分芯负数可以留在相邻的两个砂芯上，每个砂芯各留一半；也可留在指定的一侧的砂芯上。根据砂芯接合面的大小一般留 1～3mm。砂芯负数的选取与砂芯尺寸、芯砂种类、芯盒结构和制芯方式等因素有关。表 2-22 所列为砂芯负数参考数值。图 2-54 为不同砂芯负数选择的示意图。

表 2-22 砂芯负数

砂芯尺寸/mm		各面负数/mm		砂芯尺寸/mm		各面负数/mm	
平均轮廓尺寸	高度	沿长度	沿宽度	平均轮廓尺寸	高度	沿长度	沿宽度
250~500	≤300	0	1	1500~2000	≤300	2	3
	300~500	1	2		300~500	3	3
	>500	2	3		>500	4	4
500~1000	≤300	1	2	>2000	≤300	3	3
	300~500	2	3		300~500	4	4
	>500	3	4		>500	5	5
1000~1500	≤300	2	3				
	300~500	3	3				
	>500	4	4				

注：1. 表中所列为参考数值，选择时可根据具体工艺条件酌情增减。

2. 平均轮廓尺寸＝（轮廓长度＋轮廓宽度）/2。

3. 表中所列各面负数值，是该方向负数值的总和。

4. 表中所指长、宽、高的区分，以下芯位置为准。

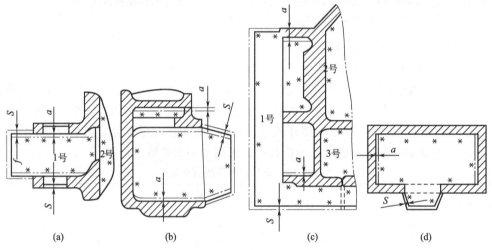

图 2-54 不同砂芯负数选择示意图

S—间隙；a—砂芯负数

习题与思考题

1. 怎样确定砂芯数目？

2. 芯头长些好，还是短些好？间隙留大些好，还是不留间隙好？请举例说明。

3. 压环、防压环、积砂槽各起什么作用？什么条件下应用？不用它们行不行？

4. 怎样才能使生产的铸件尺寸精确？具体说明应怎样做？

5. 要想使单件生产的大铸件不报废，你认为应使用哪些铸造工艺参数？

6. 什么是铸造工艺方案？

7. 怎样审查铸造零件图样？其意义何在？

8. 选择造型方法时应考虑哪些原则？

9. 浇注位置的选择或确定为何受到铸造工艺人员的重视？应遵循哪些原则？

10. 为什么要设分型面？怎样选择分型面？

第3章 浇注系统设计

浇注系统是铸型中液态金属流入型腔的通道。通常由浇口杯、直浇道、横浇道、内浇道等单元组成，如图3-1所示。液态金属平稳而又合理地充满型腔，对保证铸件质量起着很重要的作用，尤其在铝镁合金铸件生产中，正确设计浇注系统是提高铸件质量的关键之一。

（1）浇注系统的设计原则

1）第一股金属液不要进入型腔（提高金属液纯净度）；

2）直浇道底部增设缓冲槽；

3）内浇口初始速度要控制在 $0.4 \sim 1.0 \mathrm{m/s}$，$\leqslant 0.5 \mathrm{m/s}$ 较好，防止冲砂；

4）尽快充满浇注系统（防止氧化渣）；

5）出气孔截面积大于截流面积（排气通畅）；

6）自补缩条件下，浇注系统在膨胀前要封闭；

7）金属液尽可能从铸件底部进入型腔；

8）尽可能采用过滤系统（使用发泡过滤网为佳）。

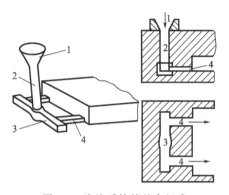

图 3-1　浇注系统的基本组成

1—浇口杯；2—直浇道；3—横浇道；4—内浇道

（2）对浇注系统的基本要求

1）应在一定的浇注时间和合适的浇注温度下，保证充满铸型，保证铸件轮廓清晰，防止出现浇不足缺陷；

2）应能控制液体金属流入型腔的速度和方向，尽可能使金属液平稳流入型腔，防止发生冲击、飞溅和旋涡等不良现象，以免铸件产生氧化夹渣、气孔和砂眼等缺陷；

3）应能把混入金属液中的熔渣和气体挡在浇注系统里，防止产生夹渣和气孔缺陷；

4）应能控制铸件凝固时的温度分布，减少或消除铸件产生缩孔、缩松、裂纹和变形等缺陷；

5）浇注系统结构应力求简单，简化造型、减少清理工作量和液体金属的消耗。

上述要求是概括了铸件生产工艺而提出来的，但对于某一种结构形式的浇注系统而言，不一定能全部满足上述要求。所以，一定要在充分认识和掌握浇注系统的普遍规律的基础上，针对铸件的具体条件，分析生产工艺的主要矛盾和矛盾的主要方面，设计出正确的浇注系统。

3.1　浇注系统基本组元中的水力学特点

3.1.1　液态金属流动的水力学特性

目前，生产中砂型铸造占很大的比重，而液态金属在砂型中流动时呈现出如下的水力学特性。

1）黏性流体流动　水力学研究的对象通常是无黏性的理想流体，而液态金属则是有黏性的流体。液态金属的黏性与其成分有关，在流动过程中又随液态金属温度的降低而不断增大，当液态金属中出现晶体时，液体的黏度急剧增加，其流动速度和流动形态也会发生急剧变化，液态金属流动过程中若有氧化夹渣混入，液流的黏度还会进一步增加。

2）**不稳定流动**　在充型过程中由于液态金属温度不断降低，铸型温度不断增高，使两者之间的热交换呈不稳定状态。随着液流温度下降，黏度增加，流动阻力也随之增加；加之充型过程中液流压头的增加和减少，液态金属的流速和流态也在不断地变化着，所以液态金属在充填铸型过程中的流动属于不稳定流动。

3）**多孔管中流动**　由于砂型具有一定的孔隙，可以把砂型中的浇注系统和型腔看作是多孔的管道和容器。液态金属在"多孔管"中流动时，往往不能很好地贴附于管壁，此时可能将外界气体卷入液流，形成气孔或引起金属液的氧化，形成氧化夹渣。

4）**紊流流动**　生产实践中的测试和计算证明，液态金属在浇注系统中流动时，其雷诺数 Re 一般大于临界雷诺数 $Re_{临}$，属于紊流流动；对一些水平浇注的薄壁铸件或厚大铸件的充型，液流上升速度很慢，也有可能得到层流流动。

综上分析，液态金属的水力学特性与理想液体相比较，有明显的差别。但是实验研究和生产实践表明，由于液态金属浇注时有一定的过热度，加之浇注系统长度不大，充型时间很短，因此在浇注过程中浇道壁上不发生结晶现象，其黏度变化对流动影响并不显著，所以对液态金属的充型过程和浇注系统的设计可以用水力学的基本公式进行分析和计算。

3.1.2　液态金属在浇口杯中的流动

浇口杯的作用是承接来自浇包的金属液，防止金属液飞溅和溢出，便于浇注；减轻液流对型腔的冲击；分离渣滓和气泡，阻止其进入型腔；增加充型压力头。只有浇口杯的结构正确，并配合恰当的浇注操作，才能实现上述功能。

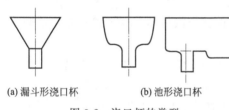

(a) 漏斗形浇口杯　　　(b) 池形浇口杯

图 3-2　浇口杯的类型

浇口杯按结构形状可分为漏斗形和池形两大类，如图 3-2 所示。漏斗形浇口杯结构简单，挡渣作用差，由于金属液易产生绕垂直轴旋转的涡流，易于卷入气体和熔渣，因此这种浇口杯仅适用于对挡渣要求不高的砂型铸造及金属型铸造的小型铸件。池形浇口杯效果较好，底部设置凸起有利于浇注操作，使金属液的达到适宜的高度后再流入直浇道。这样浇口杯内液体深度大，可阻止绕垂直轴旋转的水平旋涡的形成，从而有利于分离渣滓和气泡。

水力模拟试验表明，影响浇口杯内水平旋涡的主要因素是浇口杯内液面的深度，其次是浇注高度、浇注方向及浇口杯的结构等。浇口杯内合金液面深度和浇注高度的影响如图 3-3 所示。液面深度大时不易出现水平旋涡，如图 3-3（a）所示；液面浅时易出现水平旋涡，如图 3-3（b）所示；浇包嘴距浇口杯越高，水平旋涡越易于产生，如图 3-3（c）所示。液面浅和浇注高度大时，偏离直浇道中心的水平流

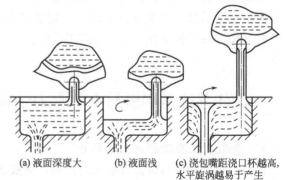

(a) 液面深度大　　(b) 液面浅　　(c) 浇包嘴距浇口杯越高，水平旋涡越易于产生

图 3-3　液面深度和浇注高度的影响

速较高，因而易出现水平漩涡。

为了减轻和消除水平旋涡，使合金液流动平稳和防止最初浇入的合金液还来不及使熔渣浮起就进入直浇道，对于重要的中、大型铸件，常用带浇口塞的浇口杯。先用浇口塞堵住浇口杯的流出口，然后进行浇注，当浇口杯被充填到一定高度时，便于熔渣上浮，拔起浇口塞，使合金液开始流入直浇道。浇口塞通常使用耐火材料制成，有时也用 1~2mm 金属薄片（其厚度根据直浇口大小和浇注温度确定）盖住浇口杯的流出口，以代替浇口塞，当浇口杯被充填到一定高度时，金属薄片受热熔化，铁液进入直浇道，这种方法操作简便，但浇口杯与直浇道连接处需做出 1~2mm 凹坑，大小匹配铁片，保证铁片在使用前干燥，清洁，不得有涂料。

此外，在浇口杯中设置堤坝，降低浇注高度等工艺措施，都可减小或消除水平旋涡，并促使形成垂直旋涡。浇口杯的流出口应作出圆角，以避免液流引起冲砂，并有利于消除液流离壁和吸入气体的现象。

3.1.3　液态金属在直浇道中的流动

直浇道的功用是从浇口杯引导金属向下进入横浇道、内浇道或直接导入型腔；提供足够的压力头，使金属液在重力作用下能克服各种流动阻力，在规定时间内充满型腔。金属液在直浇道内充满的高度愈高，则流入型腔的速度愈快，铸型的填充性就得到改善。直浇道一般不具有除渣能力，但可能吸入气体。

实际生产中立直浇道一般都做成由上向下横截面逐渐缩小的倒锥形，其一般锥度为 1：50 或 1：25，这样不但可以防止吸气，而且便于造型（目前大部分直浇道采用瓷管搭接，可采用变径接头实现缩小防止吸气）。在特殊情况下，例如铝镁合金铸造中有时采用的蛇形直绕道，使金属液在其中的流动阻力增大来保证直浇道各个截面上皆为正压。

此外，浇口杯与直浇道连接处若做成直角，由于截面的突变，增加该处的流速，常导致非充满式流动。要使直浇道呈充满状态，应将入口处以圆角相连，其圆角半径 $R \geqslant D/4$（D 为直浇道上口直径）。

金属液的速度在直浇道底部达到最高值，转而流向横浇道，这也是一个急剧的转弯，会引起金属液的紊流和搅动的加剧，因而也应将直浇道与横浇道以圆角相连接。为了减少液流的冲击，一般应在直浇道底部设置浇口窝，如图 3-4 所示。根据对水

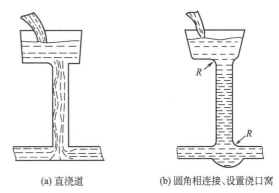

(a) 直浇道　　　　(b) 圆角相连接、设置浇口窝

图 3-4　直浇道与其他浇注组元的连接

和铝合金浇注系统的模拟实验，直浇道窝的直径应为直浇道底部直径的 2~2.5 倍，其深度不小于横浇道的深度。

3.1.4　液态金属在横浇道中的流动

将金属液从直浇道引入内浇道所经过的通道是横浇道，它是浇注系统中一个重要的组成部分，除了向内浇道分配液流之外，同时起挡渣作用。

金属液进入横浇道后，起初以较大的速度沿着它的长度方向往前流动，直到横浇道的末端处，并冲击该处的型壁，使液流的动能变为位能，在横浇道末端处附近的金属液面就升

高，形成金属浪并开始返回移动，直到退回的金属浪与从直浇道流出的液流相遇后，横浇道中的液面将同时上升到充满为止。

在横浇道未充满情况下，各内浇道的流量是不同的，往往远离直浇道的流量大，近直浇道的流量小。各内浇道的流量主要取决于合金液柱的高度、横浇道的长度、内浇道在横浇道上的位置以及各浇道截面积之比。一般情况下，当合金液柱高、横浇道不十分长时，从直浇道流入横浇道的合金液，大部分流入距直浇道较远的内浇道；如果直浇道高度不大、横浇道很长，则大部分液流将通过某几个处于中间位置或靠近直浇道的内浇道。

内浇道流量不均匀现象对铸件质量有显著影响，对大型复杂铸件和薄壁铸件易出现浇不足和冷隔缺陷，在流量大的内浇道附近会引起局部过热、破坏原来所预计的铸件凝固次序，使铸件产生氧化、缩松、缩孔和裂纹等缺陷。为了克服内浇道流量不均匀带来的弊病，通常采用充满横浇道，横浇道位于铸件最低位置。

横浇道的另一个作用是挡渣，避免金属液渣滓、砂粒等杂质进入型内。通常，杂质的密度比金属液轻，可以逐渐上浮。实践表明横浇道起挡渣作用应具备的条件：横浇道必须呈充满状态；液流的流动速度宜低于渣粒的悬浮速度；液流的紊流搅拌作用要尽量小；应使夹杂物有足够的时间上浮到金属液顶面，横浇道的顶面应高出内浇道吸动区一定距离，末端应加长；内浇道和横浇道应有正确的相对位置。

但在生产中往往难以全面满足上述诸项。例如，砂箱面积常会限制横浇道应有的长度，有的铸件不允许使用扁平内浇道，以及靠横浇道的沿程阻力来降低金属液的流动速度往往不够等。在这样的情况下，为了保证横浇道能良好挡渣又不浪费金属，就需要在横浇道结构上采取措施。

提高横浇道挡渣能力的主要途径是改变横浇道的结构以增加流程中的阻力，减慢金属液的流速，减少紊流搅拌作用。常见的方法有以下几种。

（1）缓流式浇注系统

实践表明相同金属液压头情况下在横浇道中设置拐弯，可使液流速度明显降低，如图3-5所示。它利用液态金属在横浇道中转弯（横浇道是曲折的，二段在上箱，一段在下箱），改变液流方向，以增大局部阻力，降低流动速度。

（2）阻流式（节流式）浇注系统

在大部分浇注期内，控制金属液充型速度的最小断面称阻流断面。

液流运动边界有急剧改变的地方，例如横浇道断面突然扩大处会产生局部阻力，造成液流很大的减速。图3-6所示的阻流式浇注系统，无论是垂直式还是水平式，都在靠近直浇道的横浇道段上，有一节断面狭小的阻流部分（称阻流片），液流通过阻流断面之后进入断面突然扩大部分，流股也突然扩大，但流量并未改变，因此流速减小，有利于杂质上浮。

（3）设置筛网芯的浇注系统

安放筛网芯的浇注系统如图3-7所示。金属流过筛网芯时，由于断面突然扩大，因此在孔眼出口处出现涡流，使渣团上浮并黏附在筛网芯的底部，所以筛网芯的作用并非"过滤金属"。为了使筛网芯底部能黏附渣团，其下部空间应被金属液充满，安放筛网芯时应使孔眼呈上小下大的状态。这种带有锥孔的筛网芯，可制成圆形或矩形，安放在浇口杯内、直浇道下端或横浇道内。

以过滤金属为目的的过滤网具有更小的孔眼。铝合金用的过滤网常用薄铁皮钻孔制成（孔径为 $\phi 2 \sim 4$），也可应用钢丝或玻璃纤维编织成的过滤网，一般孔径越小过滤效果越好。轻合金浇注系统中过滤网安装方式如图3-8所示。

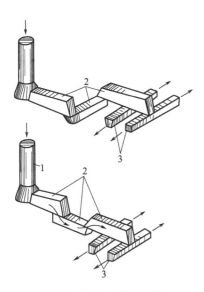

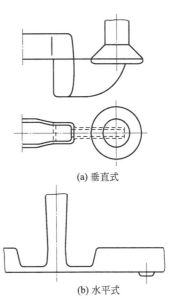

(a) 垂直式

(b) 水平式

图 3-5 缓流式浇注系统

1—直浇道；2—横浇道；3—内浇道

图 3-6 阻流式浇注系统

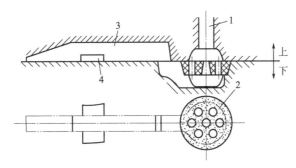

图 3-7 安放筛网芯的浇注系统

1—直浇道；2—筛网芯；3—横浇道；4—内浇道

近年来，金属过滤技术的发展已能提供用于黑色和非铁金属铸件的各种更小孔径的过滤网，如陶瓷网格过滤板、泡沫陶瓷或其他高熔点的纤维网，使金属净化效果大为提高。

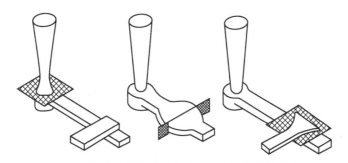

图 3-8 轻合金浇注系统中过滤网安装的几种方式

（4）设置集渣包的浇注系统

横浇道上被局部加高、加大的部分称为集渣包。当金属液流入集渣包时，因截面积突然增大，流速降低并在集渣包内产生旋涡，使密度较小的渣团向旋涡中心集中、浮起而留滞在顶部。当金属液以切线方向进入圆形的集渣包时，称为离心集渣包。离心集渣包的出口截面积应小于入口，方向须和液流旋转方向相反（见图 3-9），以保证金属液流充满集渣包且使浮起的渣团不致流出集渣包。如果离心集渣包兼起冒口作用时，其结构与尺寸应依补缩需要来设计，出口截面积应按冒口颈的大小来确定。

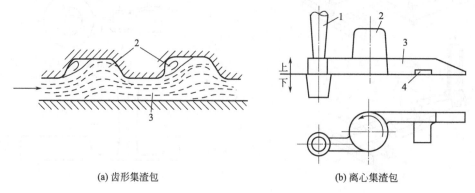

(a) 齿形集渣包　　　　　　　　　　(b) 离心集渣包

图 3-9　设置集渣包的浇注系统

1—直浇道；2—集渣包；3—横浇道；4—内浇道

3.1.5　液态金属在内浇道中的流动

内浇道是把金属液直接导入型腔的通道，由于比较短，也就不再有挡渣的能力。因此，应尽力避免杂质进入内浇道。图 3-10 为内浇道在横浇道上合理的位置及方向。内浇道应该设置的方向以与铁水流向逆方向倾斜为最好 ［见图 3-10（a）］；内浇道的位置以底面与横浇道底面平为最好 ［见图 3-10（d）］；内浇道不应开在直浇道下和横浇道的尽头 ［见图 3-10（h）］。

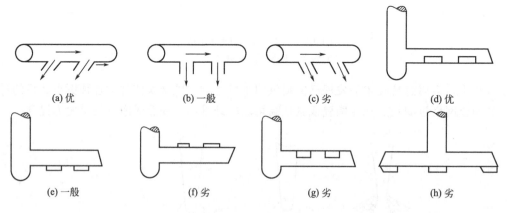

(a) 优　　　　　　(b) 一般　　　　　　(c) 劣　　　　　　(d) 优

(e) 一般　　　　　(f) 劣　　　　　　(g) 劣　　　　　　(h) 劣

图 3-10　内浇道在横浇道上的位置及方向

进行内浇道设计时要注意内浇道与横浇道的连接。对于封闭式浇注系统，内浇道应在横浇道底部，内浇道和横浇道的底面最好在同一平面上，否则浇注之初内浇道不能很好地保持空位而过早地起作用，如图 3-11（a）所示。对于开放式浇注系统，内浇道开在横浇道顶部，内浇道的顶面不能和横浇道顶面在同一平面上，而要置于横浇道的顶上，以防止整个（或大部分）浇注期中，当横浇道还未充满时杂质就进入内浇道而不滞留在横浇道顶部，如

图 3-11（b）所示。

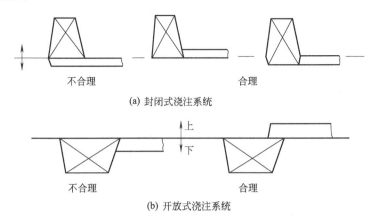

(a) 封闭式浇注系统

(b) 开放式浇注系统

图 3-11 内浇道和横浇道的搭接方式

如果充填型腔的高温金属液集中通过一个内浇道，常会使内浇道附近的铸型局部过热，引起铸件局部晶粒粗大、粘砂、缩孔、缩松等缺陷。所以除小铸件外，一般多采用二个或更多的内浇道，分散均匀地浇入。铸钢时为避免钢液过度冷却及氧化，内浇道数量则不宜多；而浇注铝合金时，要求充型平稳，内浇道一般个数较多。

内浇道的断面形状如图 3-12 所示的几种，具体的形状、大小随铸件情况而变。其中以扁平梯形内浇道最为常用，它具有撇渣作用好、不易产生缩松（在与铸件连接处）和易于清除等优点；虽然散热较快，但由于内浇道长度较短（一般为 20～50mm），对金属液流动影响不大。

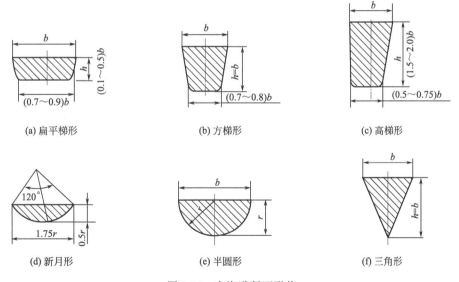

(a) 扁平梯形   (b) 方梯形   (c) 高梯形

(d) 新月形   (e) 半圆形   (f) 三角形

图 3-12 内浇道断面形状

三角形和新月形内浇道的特点和扁平梯形相似。方梯形、半圆形内浇道的优点是散热慢，可起一定的补缩作用，常用于厚壁铸件；高梯形内浇道则常用在从铸件的垂直壁上注入金属液。圆形内浇道常用于铸钢件上，一般用浇口耐火瓷管形成。

内浇道的横截面积尺寸在整个长度上一般是不变化的，但有时为了缓流也可将其横截面积向型腔方向逐渐扩大；为使内浇道能适应铸件的形状或易于清除等原因，也可以做成向型腔方向逐渐缩小的；有时内浇道长度过长，也可以做成向型腔方向高度逐渐减薄的形式。如果连接内浇道处的铸件壁厚与内浇道横截面积高度之比小于 1.5 时，则应设法使其在清理时容易打掉，如把内浇道离铸件 2~4mm 处作成蜂腰状。

3.2 浇注系统的基本分类

浇注系统类型的选择对铸件质量的影响很大，它将影响到液体金属充填铸件型腔的优劣和铸件凝固时的温度分布情况。浇注系统的分类方法有两种：根据浇注系统各单元截面积的比例关系和内浇道在铸件上的相对位置（引入位置）。

3.2.1 按浇注系统各单元截面积的比例分类

按浇注系统各单元的截面积比例关系分类，可分为封闭式、半封闭式、开放式和封闭开放式等 4 种类型，如表 3-1 所示。

表 3-1　浇注系统按各单元截面比例分类

类型	截面积比例关系	特点及应用
封闭式	$F_{杯} > F_{直} > F_{横} > F_{内}$	阻流截面在内浇道上。浇注开始后,金属液容易充满浇注系统。 挡渣能力较强。但充型液流的速度较快,冲刷力大,易产生喷溅。 一般地说,金属液消耗少,且清理方便,适用于铸铁的湿型小件及干型中、大件
开放式	$F_{直上} < F_{直下} < F_{横} < F_{内}$	阻流截面在直浇道上口(或浇口杯底孔)。当各单元开放比例较大时,金属液不易充满浇注系统,呈无压流动状态。 充型平稳,对型腔冲刷力小,但挡渣能力较差。 一般地说,金属液消耗多,不利于清理,常用于非铁合金、球墨铸铁及铸钢等易氧化金属铸件,灰铸铁件上很少应用
半封闭式	$F_{直} < F_{横}$ $F_{横} > F_{内}$ $F_{直} > F_{内}$	阻流截面在内浇道上,横浇道截面为最大。浇注中,浇注系统能充满,但较封闭式晚。 具有一定的挡渣能力。由于横浇道截面积大,金属液在横浇道中流速减小,故又称缓流封闭式。充型的平稳性及对型腔的冲刷力都优于封闭式。 适用于各类灰铸铁件及球铁件
封闭开放式	$F_{杯} > F_{直} < F_{横} < F_{内}$ $F_{杯} > F_{直} > F_{集渣包出口}$ $F_{直} > F_{阻} < F_{横后} < F_{内}$ $F_{直} > F_{阻} < F_{内} < F_{横后}$	阻流截面设在直浇道下端,或在横浇道中,或在集渣包出口处,或在内浇道之前设置的阻流挡渣装置处。 阻流截面之前封闭,其后开放,故既有利于挡渣,又使充型平稳,兼有封闭式与开放式的优点。 适用于各类铸铁件,在中小件上应用较多,特别是在一箱多件时应用广泛。目前铸造中过滤器的使用,使这种浇注系统应用更为广泛

注：表中 $F_{杯}$、$F_{直}$、$F_{横}$、$F_{阻}$、$F_{内}$ 等分别指浇口杯、直浇道、横浇道、阻流片、内浇道等各单元最小处的总截面面积。

传统理论把金属液视为理想流体，因此封闭式就是充满式，开放式就是不充满式浇注系统。而液体金属是实际流体，有黏度和阻力，浇道截面积比值只是表征了浇注系统的一个特征：或者朝着铸件方向总的截面积缩小，产生一种阻流效应，使浇注系统易于充满；或者朝着铸件方向总的截面积增加，使浇注系统中的金属液流动趋于平缓。

在封闭式浇注系统中，金属液进入型腔，易产生喷射效应，而在开放式浇注系统中，易于形成非充满流动及吸入气体。因此应按照被浇注的合金种类、铸件的具体情况来选择浇注系统各单元的比例关系。理想的浇注系统应刚好建立起保证金属液充满全部浇道的压力，又能避免吸气。

3.2.2　按金属液导入铸件型腔的位置分类

在铸型内开设浇注系统时，内浇道总是要处于铸件浇注位置高度方向的某一位置，按照金属液引入部位所在铸件的高度情况，可分为顶注式、中注式、底注式和阶梯注入等 4 种类型。浇注系统的形式、典型图例、特点及应用，如表 3-2 所示。

表 3-2　按内浇道在铸件上的位置浇注系统的分类

类型	形式	图例	特点及应用
顶注式	基本形式	1—浇口杯；2—直浇道；3—排气孔；4—铸件	内浇道设在铸件顶部，金属液由顶面流入型腔，易于充满，有利于铸件形成自下而上的凝固顺序，补缩效果好。 浇注系统简单，造型及清理方便，金属液消耗少。 对砂型的冲击力较大，金属液易产生喷溅、氧化，会造成砂眼、气孔、铁豆、氧化夹渣等缺陷。 适用于结构简单的小件及补缩要求高的厚壁铸件
顶注式	雨淋式	1—内浇道；2—浇口杯；3—横浇道；4—冒口；5—铸件	横浇道（又称雨淋环）是截面最大单元，金属液由铸件顶部许多小孔（内浇道）流入型腔。 金属液分成多股细流连续地注入型腔，对型腔冲击力小，液面活跃，排气方便，挡渣效果好，又能防止型腔内夹杂物因上浮而黏附在型、芯壁上。 能形成自下而上的顺序凝固和良好的补缩能力，有利于获得组织致密的铸件。 适用于均匀壁厚的圆筒类铸件，如缸套。在板状、箱体、床身等类铸件方面也有广泛应用
顶注式	压边式	1—压连冒口；2—铸件	结构简单，无横、内浇道，易于清理。 关键在压边尺寸。金属液经压边窄缝流入型腔，充型慢而平稳，对型腔冲击力小，边浇注、边补缩，有利于顺序凝固，补缩效果好。 一般采用封闭式，对高牌号铸铁件，可采用封闭开放式。 适用于中、小型厚壁铸铁件及非铁合金铸。可从压边浇口直接浇注。对重要铸件，用直浇道、横浇道引入压边浇口浇注

类型	形式	图例	特点及应用
顶注式	楔形式	1—楔形浇口；2—缝隙内浇道；3—铸件	楔形式俗称刀片式。内浇道呈缝隙状、根部窄而长，金属液流程短，能迅速充满型腔。 结构简单，造型、清理方便，但内浇道与铸件连接处的型砂应较紧实。 适应于薄壁容器类铸件
	搭边式	1—浇口杯；2—直浇道；3—横浇道；4—内浇道	金属液沿型壁注入，充型快而平稳，可减少冲砂。 内浇道残余清理较困难。 适用于薄壁中空铸件
中注式	基本形式	1—浇口杯；2—排气孔；3—直浇道；4—横浇道；5—内浇道；6—铸件	内浇道开设在铸件中部某一高度上，一般从分型面注入，造型比较方便。 兼有顶注式和底注式的优缺点。 生产中应用广泛，适用壁厚较均匀，高度不太大的各类中、小型铸件
	阻流式	(a) 垂直阻流式 (b) 水平阻流式 1—直浇道；2—横浇道；3—阻流片	分水平阻流式和垂直阻流式两类。由于阻流片很窄（4～7mm），从浇口杯到阻流片这一段封闭性强，有利于挡渣。从阻流片流出的金属液进入宽大的横浇道，流速减慢，有利于夹杂物上浮，所以挡渣性能好。 水平阻流式结构简单，制作方便，适于小批手工造型，但挡渣效果差些。 垂直阻流式结构复杂，制作困难，对型砂质量要求较高，适于机器造型挡渣要求高的中、小铸件

类型	形式	图例	特点及应用
中注式	稳流式 （缓流式）	 1—直浇道；2—内浇道	利用在分型面上、下安置的多级横浇道增加金属在流动过程中的阻力，使之充型平稳。 $F_直 > F_内$，能挡渣，如同时使用过滤器，可增强挡渣能力。 与阻流式相比，对型砂质量要求较低，适用于成批或大量生产的较重要的及复杂的中、小铸件。 上、下安置的多级横浇道中，棱角砂过多，易造成冲砂
	集渣包式	 1—集渣包	一般做成离心式，使金属液在集渣包内做旋转运动，使夹杂物聚集在集渣包中心，液流出口方向应与旋转方向相反。 集渣包入口截面积应大于出口截面积，以满足封闭条件。 当集渣包尺寸足够大时，可以起到暗冒口补缩作用。 集渣包式主要用于重要的大、中型铸件，在可锻铸铁及球铁件上应用较多
	锯齿式	 (a) 逆齿式 (b) 顺齿式 1—直浇道；2—锯齿形横浇道	有一定的挡渣作用，分顺齿和逆齿两种。在挡渣效果上，逆齿更好些。 可用于成批生产的中、小型铸件。 棱角砂过多，易造成冲砂
	过滤网式	 1—滤渣网；2—直浇道； 3—横浇道；4—内浇道	过滤网由油砂、树脂砂、玻璃纤维或多孔陶瓷等材料制成，一般设置在直浇道上端或下端，也可设在横浇道中，使夹杂物留存在浇口杯或黏附在过滤网的上面。 过滤网前应满足封闭要求，当过滤网在直浇道顶部时，要求 $F_网 = (1.2 \sim 1.3) F_直$。 使用油砂制作的过滤网时，金属液压力头高度不宜过高，以免冲垮过滤网。 适用于成批生产的中、小型铸件

类型	形式	图例	特点及应用
底注式	基本形式	1—直浇道；2—横浇道； 3—内浇道；4—冒口；5—冷铁	内浇道位于铸件底部，金属液充型平稳，对型芯冲击力小，金属氧化小，有利于型腔内气体排出；由于铸件下部温度高，不利于补缩，且金属液消耗多。 如果充型时间过长，金属液在型腔上升中长时间与空气接触，表面易生成氧化皮。 有利于由浇注系统及金属液带来的气体的排除。 适用于非铁合金及铸钢件，也应用于较高或形状复杂的铸铁件
底注式	底雨淋式	1—浇口杯；2—直浇道； 3—铸件；4—内浇道；5—横浇道	充型均匀平稳，可减少金属液氧化。 金属液在型腔中不旋转，可避免熔渣黏附在型、芯壁上。 适用于要求高的缸套、外形及内腔复杂的套筒及大型机床床身等铸件
底注式	牛角式	(a) 正牛角 (b) 反牛角 1—浇口杯；2—直浇道； 3—横浇道；4—牛角浇道	随着浇注的进行，充型很快趋于平稳，对砂芯冲击力小，浇注系统内常设置过滤网。 反牛角式可避免出现喷泉现象，能减少冲击和氧化。 适用于各种带齿牙轮及各种有砂芯的圆柱形铸件，在非铁金属铸件上应用广泛
分层注入式	阶梯式	1—冒口；2—浇口杯； 3—直浇道；4—分层内浇道	金属液进入型腔是分层自下而上进行的，直浇道不能封闭，内浇道分散分层注入，金属液冲击力小，充型平稳。 高温金属液在型腔上部，有利于补缩、排气，兼有顶注和底注的优点。 砂型不易局部热热，但造型复杂，金属消耗大，清理难度大。 适用于要求高、难度大的铸件。如汽缸体、机床床身、平台及各种底座类大型铸件

类型	形式	图例	特点及应用
分层注入式	垂直缝隙式	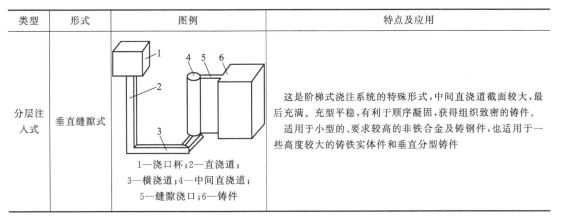 1—浇口杯；2—直浇道； 3—横浇道；4—中间直浇道； 5—缝隙浇口；6—铸件	这是阶梯式浇注系统的特殊形式，中间直浇道截面较大，最后充满。充型平稳，有利于顺序凝固，获得组织致密的铸件。 适用于小型的、要求较高的非铁合金及铸钢件，也适用于一些高度较大的铸铁实体件和垂直分型铸件

3.3 浇注系统设计

设计浇注系统，首先应该正确地选择浇注系统的类型及其开设位置，要根据具体情况认真研究，对各种可能方案进行反复比较，要能保证有足够的空间开设浇口和冒口系统。在此基础上还要确定浇注系统各组元的合理尺寸及其之间的比例关系，这两方面相互依存，某一方失误将带来不良的结果。

3.3.1 浇注系统位置的选择

浇注系统位置的选择就是选择将金属液引进入型腔的位置和考虑怎样安排浇冒口系统以达到有效的充满型腔和控制铸件的凝固过程，从而获得合格铸件。根据铸件结构和合金的特点，对浇注系统开设位置的选择有如下法则可供参考。

1) 从铸件薄壁处引入。这种方法适用于壁薄而轮廓尺寸又大的铸件。因为最先进入型腔的金属液处在其进口的对面、散热条件比薄壁处慢的地区，最后进入型腔的金属液则处在已被加热但相对的散热条件比较好的铸件薄壁、边角地区。这样既有利于充填，又有利于铸件的自身补缩，也容易达到同时凝固的目的，有利于减少铸件因内应力而引起的挠曲变形。但对于铸件结构复杂、局部孤立的厚壁部分，难免有补缩困难的问题，此时要采取其他措施解决。

这种方法适用于凝固时收缩不大的合金，如灰铸铁等。它也可用于壁较薄、壁厚相差不大的铸钢件。应用铸件薄壁处引入时，常在铸件一侧或周围开设多条内浇道以分散引入金属。但要注意型腔内气体的排出问题和液流的充填速度，以免出现气孔和浇不到等问题。

2) 从铸件厚壁处引入。这是一种为铸件创造方向性（顺序）凝固、有利于补缩铸件、达到消除缩孔、获得致密铸件的方法。其设想是最初进入型腔的金属液到达浇口对面的薄壁处时，温度已比较低，加上薄壁处的相对散热条件较好，使金属液能较快地凝固。相反，厚壁处的金属液就凝固得慢些。这样就造成了有利于给铸件补缩的条件。但铸件内温度梯度的形成将有利于热应力的产生和发展，甚至可能使铸件产生裂纹。也由于铸件结构的复杂性，厚壁部分的补缩问题常常是划区分开考虑。此法适合于有一定的壁厚差而凝固时合金的收缩量较大的铸件，如铸钢件、球墨铸铁件及可锻铸铁件等。

3) 内浇道尽可能不开设在铸件重要部分。流入型腔的金属液都经过内浇口，容易造成内浇口附近的铸型局部过热，造成该部分铸件晶粒粗大，并可能出现疏松，影响其质量。

图 3-13　浇注系统不妨碍
铸件收缩实例

4）内浇道要引导液流不正面冲击铸型型壁及砂芯或型腔中薄弱的突出部分。对于薄而复杂的件更应注意不使内浇道正对型壁开设。

5）浇注系统位置的选择，应该使金属液在型腔内流动的路程尽可能地短，避免因浇道过长、金属液的温度降得过低而造成浇不到现象。同时，还应考虑浇注系统不妨碍铸件收缩（见图 3-13），以避免铸件发生变形或出现裂纹。

6）内浇道开在非加工面上时，要尽可能开在隐蔽的、不易看到的或容易打磨的地方，尽可能地保持铸件外表美观。此外，开设浇注系统时要注意使之容易脱箱。图 3-14（a）是将浇注系统设在铸件的砂芯内，这样看起来是紧凑的，但去掉内浇道和随后的清理打磨工作却很难进行。一般情况下，应把内浇道设在铸件外部的表面上。图 3-14（b）中是在上箱箱挡间设两个直浇道，它们还与一个浇口杯联结在一起，这样的设计使铸件脱箱困难。此外，选择浇注系统位置时，要尽可能地使铸型的尺寸小，以减少耗砂量及造型劳动量等。

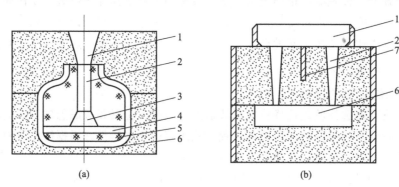

（a）　　　　　　　　　　　　（b）

图 3-14　不正确的浇注系统位置
1—浇口杯；2—直浇道；3—横浇道；4—内浇道；5—砂芯；6—铸件；7—箱挡

3.3.2　浇注系统的浇道设计

（1）内浇道的设计

1）内浇道开设位置有利于铸件凝固补缩，有利于减少铸件收缩应力和防止裂纹。

2）内浇道的开设应有利于充型平稳、排气和除渣。

3）决不能把内浇道开在横浇道底部。

4）应避免内浇道直冲芯撑、砂芯、型壁或型腔中其他薄弱部位。

5）热冒口必须得到最后的铁水（热的）铁水。

6）内浇道不得开设在铸件质量要求较高的部位和有耐压要求的部位上，以防止内浇道附近组织粗大。

7）从各个内浇口注入型腔的铁水流向应尽可能一致，避免相互冲撞。

8）内浇口流速应该尽可能低，使得充型更平稳，对于球墨铸铁件这个值要求小于 1m/s。计算由下式得

$$V_内 = 10 \times W / \rho \times t \times S_内$$

式中　$V_内$——内浇口流速，m/s；

　　　W——铸件浇注重量，kg；

　　　ρ——液态金属密度，kg/dm³，一般灰铁取 7.0，球铁取 6.9；

　　　t——浇注时间，s；

　　　$S_内$——内浇口截面积，cm²。

（2）横浇道设计

1）横浇道设计要降低铁水流速以使夹杂物能从铁水中上浮而停留在横浇道顶部。

2）横浇道要在铁水进入内浇道之前快速充满。

3）填砂方向应有利于浇注系统的充分紧实。

4）当横浇道设置在砂芯上时，若芯子高度大于 500mm，横浇道外侧与砂芯的吃砂量不应小于 80mm。

5）应防止披缝浇注，中大型铸件横浇道与型腔最小吃砂量不应小于 80mm。

6）直浇道底部的缓冲窝和横浇道端头的集渣坑如果设计正确的话可以很好地集渣，具体如图 3-15 所示。

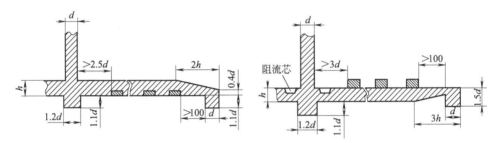

图 3-15　直浇道底部的缓冲窝和横浇道端头的集渣坑

（3）直浇道设计

1）为了避免铁水在横浇道内飞溅，收集铁液前端的部分冷铁水，应该在直浇道下面设置缓冲窝。

2）在铁水下落 10mm 就可以获得临界速度 0.5m/s。这就意味着所有的铁水到达直浇道底部时将获得太高的速度，横浇道就必须要使铁水在进入的内浇道和型腔之前减低铁水的流速。

3）降低直浇道的高度是非常重要的。可以采用分级直浇道或阶梯直浇道。

4）直浇道的最大高度与直径有关，根据实践建议如表 3-3 所示。

表 3-3　直浇道的最大高度与直径的关系

直径/mm	30	40	50	60	70	80	90	100
最大高度/mm	400	500	650	700	900	900	1000	1250

3.3.3　浇注系统的计算

在浇注系统的类型和引入位置确定以后，就可进一步确定浇注系统各基本单元的尺寸和结构。浇注系统的计算包括确定浇注时间、阻流基元（或阻流截面）面积和浇注系统各基元的比例等内容。有关浇注系统计算的方法很多，但都是经验公式或选取经验系数按近似的公式运算的，至今还没有精确、统一的理论计算方法。这些计算公式都有局限性，在使用时要有一定的经验，注意与生产实践结合，才能获得满意的结果。

（1）浇注时间的计算

液态金属从开始进入铸型到充满铸型所经历的时间叫浇注时间（用 τ 表示）。合适的浇注时间与铸件结构、铸型工艺条件、合金种类及选用的浇注系统类型等有关，对于每个铸件在已经确定的铸造工艺条件下都应有其适宜的浇注时间（又称最佳浇注时间）。

计算 10t 以下各类铸铁件的浇注时间，常用公式如下

$$\tau = s_1 \sqrt[3]{\delta G} \tag{3-1}$$

式中　τ——浇注时间，s；

　　　G——包括冒口在内的铸件总重量，kg；

　　　δ——铸件壁厚，mm，对于宽度大于厚度 4 倍的铸件，δ 即为壁厚，对于圆形或正方形的铸件，δ 取其直径或边长的一半，对壁厚不均匀的铸件，δ 可取平均壁厚、主要壁厚或最小壁厚；

　　　s_1——系数，对普通灰铸铁一般取 2.0，需快浇时可取 1.7～1.9，对于需要慢浇小浇口（如压边冒口、某些雨淋式浇口等）可取 3～4，铸钢件可取 1.3～1.5。

计算所得的浇注时间是否合适，通常以型内金属液面上升速度来验证，以免在金属液面上产生较厚的氧化层，造成气孔、夹渣等缺陷。铸铁件允许的最小液面上升速度如表 3-4 所示。

表 3-4　型内铁液液面允许的最小上升速度

铸件壁厚 δ/mm	>40mm，水平浇注大平板铸件	>40mm，上箱有大平面	10～40	4～10	<4
最小上升速度值 v/(mm/s)	8～10	20～30	10～20	20～30	31～100

型内铁液液面上升速度可按式（3-2）计算

$$v = \frac{C}{\tau} \tag{3-2}$$

式中　C——铸件最低点到最高点的距离，按浇注时的位置确定，mm；

　　　τ——浇注时间，s。

按上式求得的上升速度如低于允许的最小上升速度时，就要强行缩短浇注时间或调整铸件浇注位置，使上升速度达到或高于规定值。对于易氧化的轻合金铸件，还要注意限制最大上升速度，以免高度紊流而造成大量的氧化夹杂，具体可参考相关手册。

举例：工具磨床上台面，长度 1160mm，高度 55mm，壁厚 15mm，属于平板类铸件，包括浇注系统，铁液总重量 65kg，水平浇注，按式（3-1）计算浇注时间。

将有关数值代入式（3-1）可得：$\tau = s_1 \sqrt[3]{\delta m} = 2.0 \times \sqrt[3]{15 \times 65} \approx 20$（s）

按式（3-2）可求得 $v \approx 2.8$mm/s，低于允许的最小上升速度 8～10mm/s。由于此件快浇有困难，工装条件又不允许直立或侧立浇注，便将铸型倾斜 10° 浇注，如图 3-16 所示。

验证倾斜浇注时的金属液面上升速度。此时铸件高度由 C（55mm）变为 C_1，C_1 值可作近似计算：$C_1 = 55 + 1160\sin10° = 257$（mm），并可求出 $v \approx 12$mm/s。基本上满足了对上升速度的要求。

将板状铸件倾斜浇注，不但可以提高了金属液面的上升速度，而且还由于减少了对铸型表面的大面积热辐射，从而成为防止夹砂的一种有效措施。

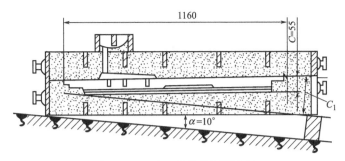

图 3-16　上台面铸件的倾斜浇注

（2）阻流组元（或内浇道）截面积的计算及各组元之间的比例关系的确定

阻流组元截面（简称阻流截面）的大小实际上反映了浇注时间的长短。在一定的压头下阻流截面积大，浇注时间就短，所以阻流截面积的大小对铸件质量的影响与浇注时间长短的影响基本一致。生产中有各种确定阻流截面积尺寸的方法和实用的图、表，大多都是以水力学原理为基础的，此处着重介绍水力学计算法。

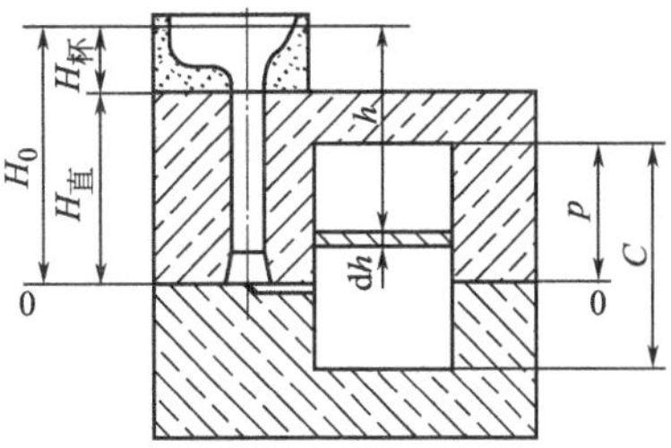

图 3-17 为以内浇道为阻流的浇注系统计算原理图。

图 3-17　浇注系统计算原理

1）水力学计算法。把金属液看作普通流体，浇注系统视为充满流动金属液的管道，根据流量方程和伯努利方程可推导出铸铁件浇注系统阻流截面积的计算公式。

$$F_{阻} = \frac{G}{0.31 \mu \tau \sqrt{H_{均}}} \tag{3-3}$$

式中　$F_{阻}$——内浇道截面积，cm^2；

　　　G——流经阻流面积的金属液的总重量，kg；

　　　μ——流量系数，其值可按表 3-5 确定，修正值如表 3-6 所示；

　　　τ——充满型腔的总时间，s；

　　　$H_{均}$——充填型腔时的平均计算静压头，cm。

表 3-5　铸铁及铸钢的流量系数 μ 值

种类		铸型阻力		
		大	中	小
湿型	铸铁	0.35	0.42	0.5
	铸钢	0.25	0.32	0.42
干型	铸铁	0.41	0.48	0.6
	铸钢	0.30	0.38	0.5

表 3-6　流量系数 μ 的修正值

影响 μ 值的因素	μ 的修正值
浇注温度升高使 μ 值增大，每提高浇注温度50℃	+0.05 以下
有出气口和冒口，减小型腔内气体的压力，使 μ 值大。当（$\sum F_{出气口}$ + $\sum F_{明冒口}$）/$\sum F_{内}$=1~1.5	+0.05~0.20

影响 μ 值的因素	μ 的修正值
直浇道和横浇道的截面积比内浇道大得多时，阻力小，并缩短封闭前的时间，使 μ 值增大，当 $F_直/F_内>1.6$，$F_横/F_内>1.3$ 时	＋0.05～0.20
阻流后浇注系统截面积有较大扩大时，阻力减小，使 μ 值增大	＋0.05～0.20
阻流设在内浇道，当总面积一定，而内浇道数目增多时，μ 值减小 2 个内浇道时 4 个内浇道时	 －0.05 0.10
型砂透气性差，且无出气口和明冒口时，μ 值减小	－0.05 以下
顶注式（相对于中间注入式）能使 μ 值增大	＋0.10～0.20
底注式（相对于中间注入式）能使 μ 值减小	－0.10～0.20

注：封闭式浇注系统中 μ 的最大值为 0.75，如计算大于此值，仍取 $\mu=0.75$。

假定铸件（型腔）的横截面积 F_x 沿高度方向不变，则有

$$H_均=H_0-\frac{P^2}{2C} \tag{3-4}$$

式中　H_0——阻流截面以上的金属液压头，即阻流截面至浇口杯液面高度，cm；

　　　C——铸件（型腔）总高度，cm；

　　　P——阻流截面以上（严格说，是阻流截面重心以上）的型腔高度，cm。

对于封闭式浇注系统，在不同注入位置时公式有以下形式

顶注式：$P=0$，则 $H_均=H_0$

底注式：$P=C$，则 $H_均=H_0-\dfrac{C}{2}$

中间注入：$P=\dfrac{C}{2}$，则 $H_均=H_0-\dfrac{C}{8}$

平均静压头的计算实例如图 3-18 所示。

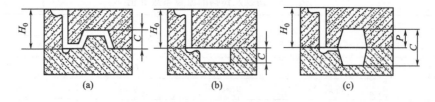

图 3-18　平均静压头的计算实例

按水力学计算法，求出铸件重量 G，选出 μ 值，计算出时间 τ 和平均压力头 $H_均$，即可得出阻流截面积。

2）浇注系统其他各组元的截面积。求得阻流组元的截面积之后，根据合金和铸件的特点，选定浇注系统各组元截面积比例关系的类型，即可得出其他组元的截面积，然后再按选定的形状确定具体尺寸如表 3-7 所示。

表 3-7　浇注系统各单元截面积比例及其应用

截面积比例			应用
$F_直$	$F_横$	$F_内$	
2	1.5	1	大型灰铸铁件砂型铸造
1.4	1.2	1	中、大型灰铸铁件砂型铸造
1.15	1.1	1	中、小型灰铸铁件砂型铸造
1.11	1.06	1	薄壁灰铸铁件砂型铸造
1.5	1.1	1	可锻铸铁件
1.1~1.2	1.3~1.5	1	表面干燥型中、小型铸铁件
1.2	1.4	1	表面干燥型重型机械铸铁件
1.2~1.25	1.1~1.5	1	干型中、小型铸铁件
1.2	1.1	1	干型中型铸铁件
1	2~4	1.1~4	球墨铸铁件
1	2	4	铝合金、镁合金铸件
1.2~3	1.2~2	1	青铜合金铸件
1	1~2	1~2	铸钢件漏包浇注
1.5	0.8~1	1	薄壁球墨铸铁小件底注式

3）图表法。在水力学公式中使用了许多经验数据，在导出计算公式的过程中，又进行了不少简化，还有不少影响因素没能一一考虑，所以计算结果往往只能与一定的生产条件相适应。但该公式从理论上定性地指出各种工艺因素对浇注系统的影响，大致定出尺寸范围，再通过试生产进行修正（这一步对大批量生产是不可少的）。水力学公式计算过程比较费时，不少生产单位根据不同的产品类型、铸件特点、合金种类和生产条件制订了各种各样确定浇注系统最小截面积的简易图表，如下列的索伯列夫图表和根据铸件重量、铸件壁厚确定最小断面积的表。

a. 索伯列夫图表。索伯列夫图表（见图 3-19）是根据水力学公式计算结果绘制的。使用方法如下：由铸件重量坐标向上引直线交于铸件壁厚的斜线，然后向左作水平线与已知平均压头的斜线相交，再从交点向下引垂线，就可以得到所求内浇道的断面积。内浇道断面积按铸型阻力大小（决定于铸件的复杂程度）分为三档，可按具体情况选定。

此图表适用于一般机械制造类的大、中型铸铁件（大于 200kg）的湿型铸造。当用于干型时，可将查得的最小断面积减小 15％~20％。

b. 确定小型灰口铸铁件 $\sum F_内$ 表格。表 3-8 是某机床厂用以确定小于 100kg 灰口铸铁小件封闭式浇注系统内浇道断面积的经验表格。用于非封闭式浇注系统时，则为阻流断面积。表中数值适用于干型和湿型，简单件取下限，复杂件取上限。浇注系统各组元断面比例为：$\sum F_内 : \sum F_横 : \sum F_直 = 1 : 1.1 : 1.5$。

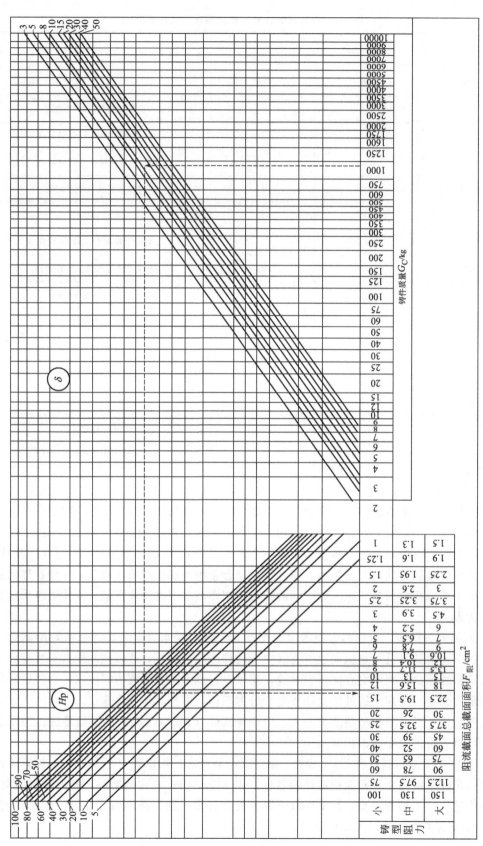

图 3-19　索伯列夫图表

表 3-8　灰铸铁小件（＜100kg）内浇道总断面积　　　　　　　　单位：cm²

铸件质量/kg	铸件壁厚/mm					内浇道长度/mm
	3～5	5～8	8～10	10～15	15～20	
1	0.5～0.8	0.5～0.8	0.5～0.8	0.5～0.8	0.5～0.8	10～15
1～2	0.7～1.0	0.7～1.0	0.7～1.0	0.7～1.0	0.7～1.0	20～25
2～3	0.8～1.2	0.8～1.2	0.8～1.2	0.8～1.2	0.8～1.2	20～25
3～5	2.0～3.0	2.0～3.0	1.0～1.5	1.0～1.5	1.0～1.5	25～30
5～10	3.0～4.5	3.0～4.5	2.0～3.0	2.0～3.0	2.0～3.0	25～30
10～15		3.0～4.5	2.0～3.0	2.0～3.0	2.0～3.0	25～30
15～20		4.0～6.0	4.0～6.0	3.0～4.5	3.0～4.5	25～30
20～30		4.5～6.0	4.0～6.0	3.0～4.5	3.0～4.5	30～35
30～40		5.0～7.5	4.0～6.0	3.0～4.5	3.0～4.5	30～35
40～60		5.0～7.5	4.0～6.0	3.0～6.0	3.0～4.5	30～35
60～100		5.0～9.0	5.0～7.5	4.0～7.5	4.0～6.0	30～35

（3）计算举例。如图 3-20 所示的灰铸铁端盖件。浇注总重（包括浇冒口）为 114kg，壁厚为 20mm，浇注温度 1330℃、湿型，直浇道高度为 350mm，两个内浇道开在分型面上，切向引入，型内没有出气冒口，计算其内浇道截面积及尺寸。已知：$G=114$kg，$\delta=20$mm，$H_0=35$cm，$C=28$cm，$P=12.5$cm。

计算步骤：

1）求浇注时间：$\tau=2.0\times\sqrt[3]{20\times114}=26$（s）；

2）验算液面上升速度：$v=280/26=10.76$（mm/s），由表 3-4 可知，基本满足要求。

3）求流量系数 μ 值按表 3-5 查得 $\mu=0.5$，再按表 3-6 修正：

a. 浇注温度升高，$\mu+0.05$；

b. 有出气冒口，$\mu+0.05$；

c. 有两个内浇道，阻力增大，$\mu-0.05$。因此，

$$\mu=0.5+0.05+0.05-0.05=0.55$$

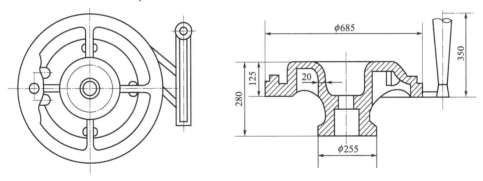

图 3-20　端盖铸件工艺

4）确定平均压头（$H_{均}$）

$$H_{均}=35-\frac{(12.5)^2}{2\times28}\approx32\text{（cm）}$$

5）求内浇道总面积 $\sum F_{内}$

$$\sum F_{内}=\frac{114}{0.31\times0.55\times26\times\sqrt{32}}=4.5\text{（cm}^2\text{）}$$

6）求单个内浇道形状尺寸，选取图 3-11（b）所示的方梯形截面，求 b 值：

$$\frac{0.8b+1.0b}{2}b=\frac{450}{2}$$

$$b=\sqrt{250}\approx16 \text{（mm）}$$

3.4 各种合金铸件浇注系统特点

3.4.1 可锻铸铁件的浇注系统

可锻铸铁件多是薄壁、受力较大的中、小型铸件，其碳、硅含量低，熔点较高而流动性差，所以浇道尺寸一般大于灰铸铁浇道尺寸；铁液收缩量大、氧化性强，易产生缩孔、缩松、裂纹等缺陷。可锻铸铁件一般采用封闭式浇注系统，要求按顺序凝固原则设计，常使用铁液通过冒口从厚壁处注入铸件，如图 3-21 所示。

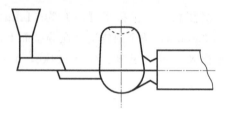

图 3-21 可锻铸铁件浇注系统示意

内浇道的截面积应小于冒口颈的截面积，冒口颈要短，一般为 5~10mm，这样可保证暗冒口只对铸件补缩。各浇道之间的比例关系一般是封闭式的。应注意的是，如果要使内浇道或横浇道最先凝固，使它们不致从侧暗冒口内倒抽吸金属液，造成反缩，它们的横截面积应尽可能小一些。一般 $F_直$: $F_横$: $F_内=(2.0~2.5):(1.5~2.5):1$；若铁水直接从横浇道注入侧冒口，则 $F_直$: $F_横=1.3:1$。远离内浇道的热节，可使用冷铁或另加侧冒口补缩。

此外，由于熔炼时加入废钢较多，铁水中氧化物渣滓较多，所以对浇注系统要求有较好的挡渣能力，除了采用封闭式浇注系统或加大横浇道的横截面积之外，常常采用离心集渣包等措施。

典型的浇注系统组成如图 3-22 所示卡车后桥壳体铸件的浇冒系统，铁水从直浇道经过横浇道进入暗冒口，然后引入型腔，为加强撇渣作用，横浇道中设离心式撇渣包和水封装置，冒口颈代替了内浇道。

3.4.2 球墨铸铁件的浇注系统

球墨铸铁的特点是体收缩值较大，缩孔、缩松倾向大，浇注温度比较低，并易于产生夹渣和皮下气孔。因此，对壁厚不均的球铁件，浇注系统一般按顺序凝固原则开设，并增设补缩冒口，图 3-23 所示球铁曲轴浇冒口系统图即为一例，为了保证铁水平稳流动，一般采用开放式或半封闭式浇注系统，采用开放式浇注系统时，为能挡渣，往往使用大容量拔塞式浇口杯，把整个铸型所需要的铁水全部注入，经过镇静浮渣之后，再拔塞浇注，这种浇口杯不仅除渣效果好，而且也为在浇口杯进行孕育处理创造了条件。

球铁件的浇注系统尺寸一般比灰铁件大一些，内浇道或直浇道的横截面积可采用水力学公式计算法计算，其中 μ 值可取 $0.35~0.5$，$\tau=2.5~3.5\sqrt[3]{G}$。浇注系统各单元横截面积比例如下。

一般件用封闭式：$F_内$: $F_横$: $F_直=1:2:4$；

薄壁小件用半封闭式：$F_内$: $F_横$: $F_直=0.8:(1.2~1.5):1$；

厚壁件用开放式：$F_内$: $F_横$: $F_直=(1.1~4):(2~4):1$。

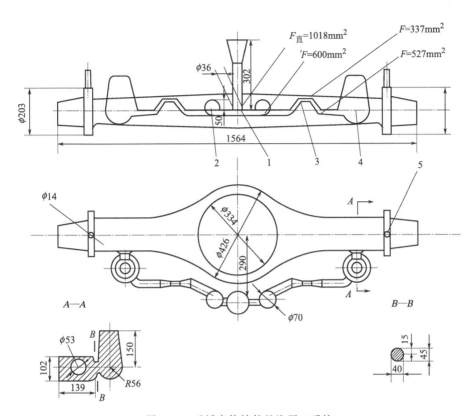

图 3-22 后桥壳体铸件的浇冒口系统

1—直浇道；2—撇渣包；3—水封装置；4—暗冒口；5—出气孔

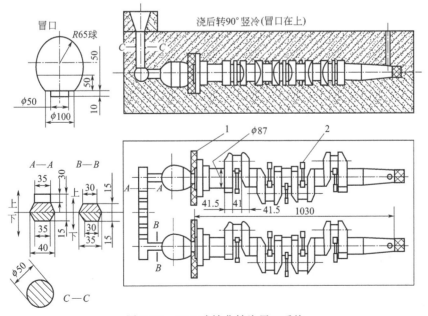

图 3-23 4110 球铁曲轴浇冒口系统

1—易割片；2—冷铁

3.4.3 铸钢件的浇注系统

（1）铸钢件浇注系统的特点

1）铸钢的熔点高，浇注温度高，钢液对砂型的热作用大，且冷却快，流动性差，所以要求用较短的时间以较低的流率浇注。

2）钢液容易氧化，应避免流股分散、激溅和涡流，保证钢液平稳地充满砂型。

3）铸钢件体收缩大，易产生缩孔，需按定向凝固的原则设计浇注系统，并用冒口补缩（壁厚均匀的薄壁件除外）。

4）铸钢件线收缩约为铸铁的 2 倍，收缩时内应力大，产生热裂，变形的倾向也大，故浇冒口的设置应尽量减小对铸件收缩的阻碍。

（2）设计铸钢件浇注系统的原则

1）保证钢液在型腔内有适宜的上升速度，钢液上升速度适宜是获得优质铸件的重要因素之一，在浇注过程中，应以最适宜的钢液流量，使其均匀而又迅速地注满型腔。使得钢液平稳地注入铸型，避免钢液流互相撞击或乱流。表 3-9 表示的是钢液在砂型铸造中的最小允许上升速度。

表 3-9　钢液在砂型中的最小允许上升速度

铸件重量/t		≤5	5～15	15～35	35～65	65～100	＞100
		上升速度/（mm/s）					
铸件结构	复杂、薄壁	25	20	16	14	12	10
	中等	20	15	12	10	8	7
	简单、实体	15	10	8	6	5	4

2）内浇道的位置应尽量缩短钢液在型内流动的路程，以避免铸件产生冷隔等缺陷。

3）形状复杂的薄壁铸件内浇口的设置，应避免钢液直接冲击型壁或砂芯。如果必须对正型壁或砂芯开设内浇道，则应使钢液沿切线方向进入型内或使内浇道向铸件方向扩大以减小钢液进入型腔时的冲击作用。

4）内浇道应避免开在芯头边界及靠近内冷铁、外冷铁、芯撑的地方。

5）圆筒形铸件的内浇道应沿切线方向开设，使钢液在型内旋转，以利于将钢液内的夹杂浮进冒口。

6）需要补缩的铸件，内浇道应促使其定向凝固。薄壁均匀、不设冒口的铸件，内浇道应促使其同时凝固。选择内浇道位置时应尽量避免使铸件因产生内应力而导致变形或开裂。

7）对高度超过 600mm 的铸件，需采用多层内浇道以防止浇不到、冷隔、裂纹和粘砂等缺陷，多层内浇道的设置应保证钢液自下而上地进入型腔。下层内浇道距铸件底面一般为 200～300mm，如型腔下部放有内冷铁，距离还可增大。相邻两层内浇道距离一般在 400～600mm 之间。

8）为了防止钢液过早地从上层内浇道进入型腔，可使上层内浇道上倾斜。

（3）铸钢件浇注系统的形式　大批量生产小型铸钢件时，常用转包浇注。多采用封闭-开放式浇注系统，既加强挡渣能力，又能减轻喷射，常用的浇注系统截面积比为：

$$\sum A_内 : \sum A_横 : \sum A_直 = 1.0 : (0.8～0.9) : (1.1～1.2)$$

一般情况下以底注包浇注的铸钢件，铸钢采用开放式浇注系统，以包孔面积作为控流面积。根据上升速度所选用包孔的大小，计算出包孔的总截面积，依此总截面积，确定内浇口、横浇口和直浇口的总截面积，其比例关系：

$$\sum F_{包} : \sum F_{直} : \sum F_{横} : \sum F_{内} = 1 : 1.8 \sim 2 : 1.8 \sim 2 : 2$$

3.4.4 轻合金铸件浇注系统

轻合金是铝、镁合金的统称，其特点是密度小、有非金属夹杂物（由泡沫、熔渣和氧化物组成）、浇不到和冷隔、气孔、缩孔、缩松以及裂纹、变形等。根据上述特点，轻合金铸件对浇注系统的要求是保证充型过程平稳，不发生涡流、飞溅和冲击现象，以近乎层流的方式充型；尽可能缩短充型时间，撇渣能力要强，并有利于补缩。实际在设计轻合金铸件的浇注系统时，除了应根据各个牌号合金的特点合理地选择浇注位置，恰当的设置冒口和使用冷铁，建立有利的温度梯度以避免产生因收缩而引起的缺陷外，对浇注系统本身也有其具体要求。

首先，由于轻金属易氧化生成氧化膜，这种氧化膜的密度及熔点大多高于金属母液，在紊流情况下这些氧化膜极易卷入液流内使铸件产生夹杂缺陷。因此，要求金属液在浇注系统各组元中流动时，其紊流程度要尽可能的低，要使金属液平稳地、无涡流、无飞溅地充满型腔。为此，一般是采用各组元逐渐扩大的开放式浇注系统（各组元常用的截面比可参阅相关设计手册），而且多为底注式或缝隙式浇注系统，如图 3-24 所示。

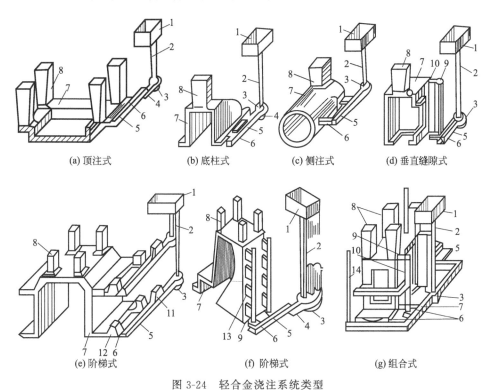

(a) 顶注式   (b) 底柱式   (c) 侧注式   (d) 垂直缝隙式

(e) 阶梯式   (f) 阶梯式   (g) 组合式

图 3-24 轻合金浇注系统类型

1—浇口杯；2—直浇道；3—直浇道窝；4—下横浇道；5—上横浇道；6—内浇道；7—铸件；
8—冒口；9—集渣窝；10—垂直缝隙；11—集渣包；12—输液包；13—垂直内浇道；14—出气孔

底注虽然有许多优点，是广泛采用的浇注系统形式，但它不能保证充满表面较大、薄而高的铸件。因此，当铸件的自身高度 $h_{件}$ 与铸件平均壁厚 $\delta_{件}$ 的比 $h_{件}/\delta_{件}$ 大于 50 时，为了保证充满型腔，多采用垂直缝隙式或由多种形式组合成的组合式浇注系统。高大的和大型薄壁铸件可采用阶梯式浇注系统。

其次，由于轻合金的容积热容量小，热导率大，为了防止铸件中出现浇不到或未浇满（尤其是薄壁或突块处），浇注时间宜短，但浇注系统的结构必须保证金属液及时充满型腔各处。

此外，浇注系统要有强的撇渣能力以滤去泡沫、氧化物和熔痘等，以防止铸件出现夹渣缺陷。因此，除了高度小于 100mm 的不重要的小件以外，一般不采用顶注式浇注系统。

轻合金铸造中，对于壁薄而高度较大的铸件多采用垂直缝隙式浇注系统，如图 3-25 和图 3-26 所示。该系统中的垂直缝隙部分通常是与底注式浇注系统相联结的，可以把该垂直缝隙的部分当作铸件的一部分，进行底注式浇注系统的设计。大型圆筒形镁合金铸件采用的底注、双横浇道、垂直缝隙式浇注系统顶部有辅助浇注系统。虚线表示冒口，铸件尺寸 $\phi500mm \times 800mm$，壁厚为 $40 \sim 50mm$。

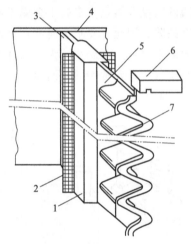

图 3-25　使用蛇形直浇道的垂直缝隙浇注系统

1—垂直集渣筒；2—滤网；3—垂直缝隙；

4—铸件；5—异形浇道；

6—浇口杯；7—蛇形直浇道

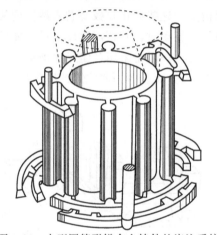

图 3-26　大型圆筒形镁合金铸件的浇注系统

3.4.5　铜合金的浇注系统

砂型铸造中常见的铜合金有锡青铜、铝青铜和锰铁黄铜。铜合金因成分不同而有很多牌号，也因此在性能上有某些差异。锡青铜及磷青铜氧化倾向小，要求不高的铸件可以不用滤网或滤片。对于大中型复杂件，可考虑用带滤网或滤片的浇注系统。长的套筒铸件可用雨淋式浇注系统。短小的圆筒、圆盘及铀瓦类铸件可采用压边浇口。锡青铜的结晶范围较宽，铸件的厚部易产生分段缩孔或缩松，一般锡青铜铸件不采用大的补缩冒口，而对于厚薄不均的铸件，应在厚壁处设冷铁，铸件的加工余量尽可能地小以减少或防止出现分散缩孔甚至缩裂。有的生产经验介绍说，厚度大于 40mm 的齿轮圈最好在铸件外周放冷铁，壁厚小于 15mm 而高度为 200mm 的铸件以及壁厚大于 20mm 而高度在 300mm 以上的铸件，最好采用垂直缝隙式浇口。

铝青铜的流动性好，体收缩大，结晶范围窄，易产生集中缩孔，故需采用较大的补缩冒口。又由于它的氧化能力强，易形成氧化渣（铸件中心出现夹渣缺陷是常见的问题），因此通常用设置离心集渣包和滤网的方法进行撇渣，采用开放式牛角形底注式浇注系统（见

图 3-27），直浇道也可以用蛇形的。

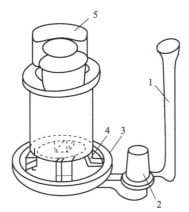

图 3-27　圆筒形铝青铜铸件的浇注系统
1—直浇道；2—离心集渣包；3—横浇道；4—内浇道；5—冒口

　　锰黄铜的结晶范围小，体收缩大，易产生集中缩孔，需设置大的补缩冒口。由于锰黄铜中含有大量的锌，容易产生锌的氧化夹渣，为了防止它进入型腔，常采用底注式浇注系统。可以采用阻流式横浇道进行撇渣。此外，有资料报道，要对铸型的排气予以足够的重视，以防止锌蒸发时产生的白烟影响合金液对铸型的充填而导致铸件产生未浇满的缺陷。

习题与思考题

　　1. 砂型铸造常用浇注系统类型有哪些？其特点和应用情况如何？

　　2. 铸件的浇注位置指的是什么意思？选定铸件浇注位置的原则是什么？

　　3. 灰铸铁铸件的浇注系统如何确定？

　　4. 可锻铸铁件的浇注系统与灰铸铁有什么不同？

　　5. 球墨铸铁件的浇注系统与灰铸铁有什么不同？

　　6. 设计铸钢件浇注系统时应注意什么？

　　7. 铝、镁等轻合金铸件的浇注系统有何特点？

　　8. 铜合金铸件浇注系统应该如何设计？

　　9. 优良的浇注系统能起到哪些作用？

　　10. 怎样才能发挥横浇道的挡渣作用？

　　11. 在浇注系统中金属过滤网的应用方法有几种？

第4章　铸件的凝固与补缩

合金从液态转变为固态的过程称为凝固过程，铸件的凝固规律是铸造工艺的理论基础之一，许多铸造缺陷如缩孔、缩松、热裂、偏析、气孔、夹杂等都是在凝固过程中产生的，所以认识铸件的凝固规律，研究凝固过程的控制途径，对于防止产生铸造缺陷，改善铸件组织，提高铸件性能，从而获得健全优质的铸件，有着十分重要的意义。

4.1　铸件的凝固

4.1.1　铸件的凝固特性及其影响因素

铸件在凝固过程中存在的凝固区域大小及其向铸件中心迁移情况对铸件质量有很大的影响，凝固区域已成为研究铸件凝固过程的重点。以往常把铸件的凝固方式分逐层凝固、糊状凝固（或称体积凝固）及中间凝固三种，现在则趋向于按结晶过程分为外生生长和内生生长两类。

外生凝固方式的特点：首先在型壁处开始结晶，晶体向熔液中心生长。当固-液界面（即凝固前沿）为理想的平面时，称为平滑壁（光滑界面）凝固［见图4-1（a）］；当固-液界面以树枝状生长，其界面呈锯齿状，称为粗糙壁凝固［见图4-1（b）］；当树枝结晶强烈分支，在熔液中形成网状并贯穿铸件的整个断面，称为网状（海面状）凝固［见图4-1（c）］。

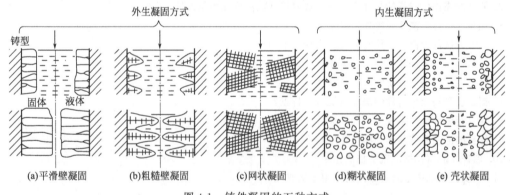

图 4-1　铸件凝固的五种方式

内生凝固方式的特点：结晶在熔液内部进行，几乎同时形核又以同样快的速度生长，形成由固体和液体组成的糊状混合物，称为糊状凝固［见图4-1（d）］；如果铸件表面层的凝固比溶液内部早开始或先结束，那么在内生凝固条件下也可能形成固体壳，称为壳状凝固［见图4-1（e）］。在三种外生的和两种内生的凝固方式之间，甚至在内生和外生凝固方式之间，都有过渡形式。

综上所述，外生式：平滑壁凝固；粗糙壁凝固；网状凝固。内生式：糊状凝固；壳状凝固。

根据有关资料合金的结晶温度范围仅与它的化学成分有关，但铸件截面上的温度场却与合金、铸型的热物理特性、浇注条件和铸件结构等因素密切相关。下面对影响凝固方式的一些主要因素进行讨论。

1) 合金的结晶温度范围。当温度场不变时，随着结晶温度范围由窄变宽，凝固区域亦由窄变宽，凝固方式则由逐层凝固逐渐向糊状凝固转变。

图 4-2 是三种不同含碳量的碳钢在砂型和金属型中铸造时测得的凝固动态曲线。其中图 4-2（a）是含碳量为 0.05％～0.10％的低碳钢，其结晶温度范围约 22℃，凝固方式近于逐层凝固；图 4-2（b）是含碳量为 0.25％～0.30％的中碳钢，其结晶温度范围约 42℃，凝固方式为中间凝固，图 4-2（c）是含碳量为 0.55％～0.6％的高碳钢，其结晶温度范围约 70℃，凝固方式较近于糊状凝固。

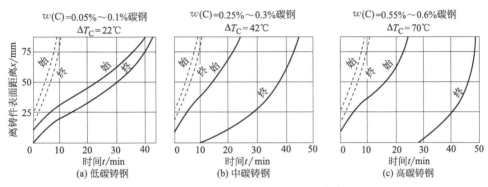

图 4-2　不同含碳量的碳钢的凝固动态曲线

实线-砂型；虚线-金属型

2) 合金的导温系数（又称热扩散率）。铸件截面积上温度场的形态与合金的导温系数有关，合金的导温系数大，铸件内部的温度均匀化能力就大，因而其温度分布曲线就比较平坦，温度梯度就小；反之，导温系数小，温度分布曲线就比较陡，温度梯度就大。

3) 合金的结晶温度和结晶潜热。铸件与铸型界面上温差愈大，单位时间内铸型传递的热量愈多，即铸型的冷却作用增强，铸件上温度梯度变大；反之，则冷却作用减弱，温度梯度减小。因此，结晶温度高的合金，在凝固时铸件与铸型界面上温差比结晶温度低的合金要大，前者铸件上的温度梯度要比后者大。

合金结晶潜热的不断释放，使铸型内表面温度逐渐升高，铸件与铸型界面的温差将逐渐减少，结果使得铸件上的温度梯度逐渐减小，而凝固区域宽度自铸件表面向中心推进的过程中将相应地逐渐扩大。合金的结晶潜热越大，所产生的影响就愈显著。

所以一些轻合金易产生糊状凝固，如：工业用铝，除了导温系数高，显然还与铝的结晶温度（659℃）比低碳钢（约 1500℃）低，结晶潜热比较高有着密切的关系。

4) 铸型材料的蓄热系数。铸件的凝固是由于铸型的吸热、冷却作用的结果，而铸型的冷却作用通常表现在两个方面：铸型的蓄热和铸型向周围介质散热。对于砂型和普通金属型（不包括水冷金属型）铸造而言，铸型的蓄热作用则是主要的，显然铸型材料蓄热能力越大，对铸件的冷却作用越强，铸件中的温度梯度就越大；反之，则冷却作用减弱，温度梯度就较小。

铸型的蓄热能力对合金的凝固方式有显著的影响，从前述几种合金在砂型中和金属型中的凝固动态的比较中可以看出，在金属型中浇注的两条曲线之间距离比在砂型中要窄得多，以致使原来在砂型中呈现中间凝固方式的中碳钢和近于糊状凝固方式的高碳钢，在金属型中都明显地变成逐层凝固方式，这正是由于金属材料的蓄热系数比砂型大很多的缘故。

5) 铸型预热温度和金属液浇注温度。这两个因素对铸件凝固区域宽窄度的影响规律是完全相似的。铸型预热温度和浇注温度较高，均促使凝固时铸件与铸型界面的温差较小，铸型冷却作用减弱，于是铸件上的凝固区域宽度随之增大；反之，则铸件上的凝固区域宽度随之缩小。但铸型预热温度只对于分析金属型铸造和熔模铸造的凝固过程有实际意义，而金属液的浇注温度则对于铸造有普遍意义。

6）铸件壁厚。铸件壁厚对凝固区域宽度的影响，与合金结晶潜热有着相似的规律。厚壁件比薄壁件含有更多的热量，当厚壁件凝固层逐渐向中心推进，铸件与铸型界面的温差比薄壁件的愈来愈小，结果使得厚壁件截面上的温度梯度也随之减小，而凝固区域宽度则相应的增大。在实践中，常会遇到这种情况，壁厚较大的铸件，尽管靠近其表面区域可能显示出逐层的凝固方式，而其中心区域则可能呈现出糊状的凝固方式，其原因就在于此。

以上的讨论，对于分析铸件的凝固方式和正确控制它的凝固过程具有重要的意义。当铸件的合金成分和结构形状经确定之后，合金的结晶温度范围、热导率，结晶温度、结晶潜热和铸件壁厚等因素也就基本确定；而铸型材料的蓄热系数、浇注温度和铸型的预热温度等工艺因素则在生产中常被用来控制凝固过程。

4.1.2　凝固方式与铸件质量的关系

铸件的致密性和健全性与合金的凝固方式密切相关。逐层凝固的凝固前沿与熔液直接接触，金属由液态转变为固态时发生的体积收缩，直接得到熔液的补给，因此，产生缩松的倾向性很小，而在最后凝固的部位形成缩孔；如果设置合理的冒口，可使缩孔移至冒口。但在壁的拐弯及壁与壁的连接处仍易出现小缩孔；在长条或板状的中心处，易产生轴线缩松。在凝固过程中，由于收缩受阻而产生晶间裂纹时，容易得到熔液的补充，使裂纹愈合，所以热裂倾向小。逐层凝固方式具有良好的补缩特性。

糊状凝固的晶体在熔液内部形核和生长，易发展成树枝发达的等轴晶，并且很快就连成一片（形成结晶骨架）。在连成一片之前，液体和固体可以一起流动，从冒口可以得到整体补缩；当形成结晶骨架后，熔液被分割成一个个互不沟通的小熔池，难以得到补缩，最后形成缩松，所以糊状凝固时缩松倾向较大。结晶骨架的形成，使固态线收缩提早开始，出现晶间裂纹时得不到熔液的补充，因而糊状凝固时热裂倾向较大，糊状凝固方式使铸件的补缩特性变差。

中间方式凝固过程在凝固初期，晶体也是从铸件表面向熔液内部生长成柱状晶，但表面尚未结壳，凝固区域较逐层凝固时宽；凝固区域继续加宽到一定程度后，表面开始结壳；在后期，柱状晶前方熔液中出现晶核并生长成等轴晶。

上述凝固方式对补缩特性、热裂倾向性和充型性能的影响规律，都是在固相以树枝晶生长为前提条件下得到的。如果固相析出时是孤立的块状或片状，即没有形成结晶骨架的能力，则它们对补缩特性、热裂倾向性和充型性能的影响较小。例如，过共晶 Al-Si 合金结晶时，初晶硅是块状，过共晶灰铸铁的初生相是石墨，这些都没有连接成骨架的能力。

4.2　铸件的缩孔和缩松

铸件在凝固过程中，由于合金的液态收缩和凝固收缩，在铸件最后凝固的部位若得不到金属液的补偿，则会容易出现孔洞，称为缩孔。缩孔的形状不规则，表面也不光滑，可以看到发达的树枝晶末梢，与气孔有明显区别。缩孔以不同形式存在于铸件中，根据其大小及在铸件截面中分布的特点可分为以下两类。

1）宏观缩孔。在铸件表面或截面上可用肉眼直接观察到的缩孔。宏观缩孔又有集中缩孔和分散性缩孔两种，容积较大而且集中在铸件上部或最后凝固部位的孔洞称为集中缩孔，一般简称为缩孔。容积细小，常分布在铸件壁的轴线区域、厚大部位、冒口根部及内浇道附近的分散性细孔洞,称为分散性缩孔,简称缩松。

2)微观缩孔。在铸件截面上需要借助显微镜才能观察到的微细孔洞,故称显微缩孔。这种微观缩孔存在于晶粒之间或树枝晶又之间,与微观气孔很难区分,且往往同时发生。

铸件中缩孔或缩松不但使铸件的有效承载面积减小,而且在缩孔、缩松处是产生应力集中,使铸件的力学性能下降,同时使铸件的气密性等性能降低。对于有耐压要求的铸件,如果内部有缩松,则容易产生渗漏或不能保证气密性,从而导致铸件报废。所以,缩孔、缩松是铸件的主要缺陷之一,必须加以防止。

4.2.1 缩孔

(1)缩孔形成

以图 4-3 圆柱体铸件为例来分析缩孔的形成过程。假定所浇注的合金其结晶温度范围不大,铸件是由表及里进行逐层凝固的。

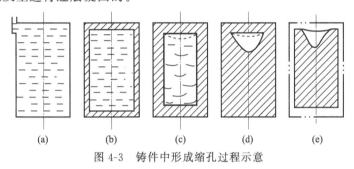

(a) (b) (c) (d) (e)

图 4-3 铸件中形成缩孔过程示意

图 4-3 (a)表示液态合金充满了型腔,因铸型吸热,金属液温度下降,发生液态收缩,但此时可从浇注系统中得到补充,因此,此期间型腔内总是充满着金属液。

当铸件壁表面的温度下降到凝固温度时即开始形成一层硬壳。若内浇口已冻结,形成的硬壳就像一个封闭的容器紧紧地包住内部的合金液,如图 4-3 (b)所示。

进一步冷却时,金属液一方面继续发生液态收缩,另一方面要对硬壳增厚的凝固收缩进行补偿,因而液面降低。与此同时,硬壳因温度下降发生固态收缩使铸件尺寸减小。若硬壳的体积缩减量恰好等于金属液体积的缩减量,则硬壳仍与合金液紧密地接触而不会产生缩孔。但是,一般合金的液态和凝固收缩都超过固态收缩,因此在重力作用下,液面就与硬壳顶面脱离,如图 4-3 (c)所示。随着凝固继续进行,硬壳层不断增厚,液面不停地下降,待全部凝固完毕后,在铸件内上部就形成了一个倒锥形的缩孔,如图 4-3 (d)所示。如果硬壳内的合金液含气量甚小,那么当液面与硬壳顶面脱离时,缩孔内就会形成一定的真空度,壳顶面在大气压力作用下可能向缩孔方向凹陷进去,如图 4-3 (c)、(d)所示。因此,缩孔的体积大小应包括外部的缩凹和内部缩孔两部分。

综上所述,金属液态收缩和凝固收缩大于固态收缩值是铸件内产生缩孔的基本原因,合金由表及里地逐层凝固是形成集中缩孔的条件,缩孔就集中在铸件最后凝固的部位。

(2)缩孔位置的确定

准确地确定铸件中缩孔的位置是合理地设置冒口或放置冷铁等激冷物的必要依据之一。集中缩孔一般在铸件最后凝固的部位,因此确定缩孔的位置就是找出铸件上最后凝固的区域。生产上常用等固相线法(亦称凝固等温线法及等温-等固相线法)或内切圆法来确定缩孔的位置。

1)等固相线法 此法一般用于形状比较简单的铸件,它假定铸件各向冷却速度相等,并按逐层凝固方式进行凝固，凝固层始终与冷却表面平行，且铸件顶面不凝固。这样可将凝固前沿视为固液相的分界线，也是一条等温线，故称为等固相线。所谓等固相线法，就是在铸件截面上从冷却表面开始，按凝固前沿逐层向内绘制相互平行的等温相线（等固相线），直至铸件截面上各方向所有的等固相线接触为止，此时等固相线尚未连接的部位，就是铸件上最后凝固的区域，也就是集中缩孔存在的部位。

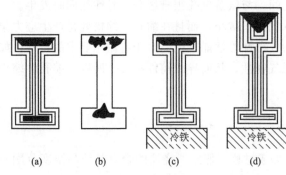

图 4-4　等固相线法确定铸件中缩孔的位置

图 4-4（a）所示是用等固相线法确定工字形截面上缩孔位置的图例。图 4-4（b）所示是铸件内缩孔的实际位置和形状。图 4-4（c）所示在铸件底部设置外冷铁，以加大该部位的凝固速度使等固相线上移，即单位时间内凝固层增厚，在图上表示出等固相线之间距离变宽使缩孔集中到铸件顶部。图 4-4（d）所示外冷铁尺寸适当，并在铸件顶部设冒口，使缩孔移至冒口，从而获得无缩孔铸件。

2）模数法　铸件内各个部分的凝固时间，主要取决于其体积与表面积的比值，这一比值称为凝固模数，简称模数 M（cm），用式（4-1）表示

$$M = \frac{V}{A} \tag{4-1}$$

式中　V——铸件体积，cm^3；
　　　　A——铸件传热表面积，cm^2。

模数小的部分（或铸件）的凝固时间短，模数大的部分（或铸件）的凝固时间长，各种类型的铸件，可以将它们视为简单几何体（模数和凝固时间参阅相关手册或文献）的复合体，比较这些简单几何体的模数，就能得出铸件凝固的先后次序。

4.2.2　缩松

铸件内分散在某区域的细小缩孔通常称为缩松。缩松按分布的位量又可分为宏观缩松（简称缩松）和显微缩松两种，下面分别介绍其形成过程和条件。

（1）缩松的形成

缩松常分布在铸件的厚大部位，浇口、冒口根部附近，对于截面积厚度均匀的板状、杆状及柱状铸件，往往易在轴线区域产生缩松，称为轴线缩松。

如图 4-5 所示圆柱体铸件分析轴线缩松的形成过程。铸件凝固过程中，形成液固分界面的凝固前沿实际上是十分粗糙、凹凸不平的，如图 4-5（a）所示。除圆柱体铸件上下两端外，中间部位的冷却凝固速度几乎是相等的，到凝固后期，凹凸不平的凝固前沿差不多同时到达铸壁的中心，将尚未凝固的合金液分隔成"小液池"，使中心段成为同时凝固区如图 4-5（b）所示。当这些小液池凝固收缩时，由于固相叉梢的分隔使其得不到补缩，从而形成轴线区的缩松如图 4-5（c）所示。

形成缩松的基本原因与缩孔一样，但是形成的条件不同。当合金的结晶温度范围较宽，倾向于糊状凝固方式，或铸件截面上的温度梯度甚小，几乎是同时凝固，使分散的小缩孔难以得到合金液的补偿，便会形成缩松。合金的结晶温度范围越宽，铸件各部分越趋向于同时凝固，则形成缩松的倾向就大。

（2）显微缩松

一般合金液在凝固过程中都有液-固两相并存的凝固区域，树枝晶在其中不断生长。当枝晶长到一定程度后，枝晶分叉间尚存的合金液就被分隔成彼此孤立的小液池，这些小液池进行凝固需要补缩时，相互已连接的枝晶叉已成为合金液补缩的阻碍，于是在枝晶叉间的小液池凝固完毕后便形成许多微小的孔洞，

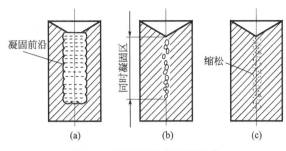

图 4-5　缩松的形成过程示意

这些孔洞只有在显微镜下才能被观察到，故有显微缩松之称。

合金的结晶温度范围越大，其凝固区域就越宽，树枝晶越发达，枝晶间的通道就越长，晶粒间和枝晶叉间被封闭的可能性就越大，产生显微缩松的倾向越大；合金的热导率越大，铸件截面上的温度场越平坦，凝固区域变宽，显微缩松的倾向性也增大；提高铸型的激冷能力，促使铸件截面上的凝固区域变窄，显微缩松的倾向将会减小。铸件内显微缩松的程度一般用孔隙率来表示

$$孔隙率（\%）=\frac{合金的理论密度-试样密度}{合金的理论密度}\times100\% \tag{4-2}$$

4.2.3　缩孔与缩松的分配规律

把形成缩孔和缩松的条件与合金的状态图联系起来，可发现铸件内形成缩孔或缩松的倾向与合金成分之间相关，对于一定成分的合金，缩孔和缩松的数量可以相互转化，但是两者的总容积基本上是一定的，即：

$$V_{缩总}=V_{孔}+V_{松} \tag{4-3}$$

式中　$V_{缩总}$——由于合金收缩形成的孔洞总容积，cm^3；

$V_{孔}$——集中缩孔的容积，cm^3；

$V_{松}$——缩松的总容积，cm^3。

在实际生产中，由于一定成分的合金可在不同铸造条件下形成铸件，因此铸件的凝固方式不仅决定于合金的成分，而且还受浇注条件、铸型特性和补缩压力等因素影响，图 4-6 为 Fe-C 合金缩孔和缩松的分配及转换示意。

提高浇注温度时，合金的液态收缩增加，结果使缩孔总体积和缩孔体积有所增加如图 4-6（a）中点划线和虚线所示，缩松的体积几乎不变。

湿型浇注时，其冷却速度比干型大，铸件截面上的温度场变陡，凝固区域变窄，使缩松体积减小，由于缩孔总体积不变，缩孔体积相应增大如图 4-6（b）所示。

金属型的激冷能力更大，除缩松体积显著减小外，由于浇注过程中尚有一部分合金体收缩受后浇入的合金液所补偿，故缩孔总体积也有所减小如图 4-6（c）所示。

采用绝热铸型浇注，由于冷却速度很慢，除低碳钢和接近共晶铸铁形成缩孔外，其余成分合金全部为缩松。

浇注速度很慢时，浇注时间接近于凝固时间；或向明冒口中不断地补充高温合金液，则可使缩孔体积为零，缩孔总体积也将显著减小并且全部以缩松形式出现。连续铸造接近于这种条件。

如果在凝固过程中增大补缩压力，可增大缩孔体积，减小缩松，结晶温度范围较宽的合

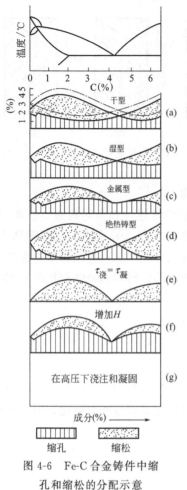

图 4-6 Fe-C 合金铸件中缩
孔和缩松的分配示意

金这种影响较显著。

如果合金液在高压下浇注和凝固，就可使缩孔总体积接近于零。

掌握了缩孔和缩松与合金状态图的关系，以及合金成分以外等因素对缩孔和缩松分配规律的影响，就能帮助我们根据铸件使用要求来正确地选择合金成分，或采取相应的工艺措施以获得健全的合格铸件。

4.2.4 防止铸件产生缩孔和缩松的措施

防止铸件中产生缩孔和缩松的基本方法是针对合金的凝固特点制订合理的铸造工艺，使铸件在凝固过程中建立良好的补缩条件，尽可能使缩松转化为缩孔，并使缩孔出现在铸件最后凝固的部位。这样，在最后凝固部位设置补缩冒口，使缩孔移入冒口内；或者将内浇口开设在铸件最后凝固的部位直接进行补缩就可以获得健全的铸件。要使铸件在凝固收缩过程中建立良好的补缩条件，主要通过控制整个铸件的凝固原则来实现。

（1）铸件凝固的基本原则

1）顺序凝固原则。铸件的顺序凝固，就是采用各种工艺措施，保证铸件各部分能按照远离冒口部分先凝固，然后是靠近冒口部分，最后是冒口本身凝固的顺序进行（见图 4-7）。顺序凝固能保证缩孔集中在冒口中，使铸件内部致密，但在凝固方向上有较大的温差，所以要注意防止铸件变形和裂纹。

逐层凝固是指铸件某一断面上的凝固顺序，即铸件的表面先形成硬壳，然后逐渐向铸件中心增厚，铸件中心最后凝固。所以两者的概念不同，但逐层凝固有利于实现顺序凝固，而糊状凝固或体积凝固易使补缩通道阻塞，不利于实现顺序凝固。

2）同时凝固原则。同时凝固原则是采取工艺措施，尽量减小铸件各部分之间的温差，使铸件各个部分同时凝固，如图 4-8 所示。按这种凝固原则凝固，铸件不易产生热裂，凝固

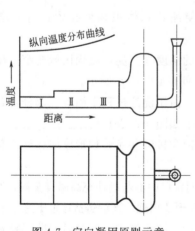

图 4-7 定向凝固原则示意

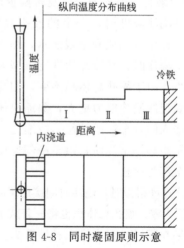

图 4-8 同时凝固原则示意

后应力、变形也小，而且节省金属，简化工艺和减少工时，但是在铸件中心区域往往有缩松，铸件不够致密。

（2）凝固原则的选择方法

主要是根据铸件的技术要求、壁厚、材质等决定其凝固原则。

1）除承受静载荷外还受到动力作用、要求保证安全使用的铸件，承受流体压力不允许渗漏的铸件或表面粗糙度要求高的铸件以及铸态组织要求致密的其他铸件，如汽缸套、高压阀门或齿轮等选择顺序凝固或局部（指重要部分）顺序凝固。

2）厚实的或壁厚不均的铸件，当其材质是无凝固膨胀且倾向于逐层凝固的铸造合金时，宜采用顺序凝固。

3）碳硅含量较高的灰铸铁，其铸件凝固时有充分的石墨化膨胀，不易出现缩孔和缩松。宜采用同时凝固。

4）球墨铸铁利用凝固时的石墨化膨胀力实现自补缩（即实现无冒口铸造）时应选择同时凝固。

5）非厚实的、壁厚均匀的铸件，尤其是薄壁件（各种合金的）宜采用同时凝固。

6）当热裂或变形、冷裂是铸件主要缺陷时宜采用同时凝固。

7）结晶温度区间大且倾向于糊状凝固的合金（如锡青铜），对其铸件气密性要求不高时，一般宜采用同时凝固。锡青铜铸件或其他合金的薄壁件，当其重要部位不允许出现缩松时可用覆砂金属型或冷铁，使该处提前凝固以避免缩松。由此可见，凝固方式不是一成不变的。

图 4-9 是水泵缸体在不同凝固原则下所采用的两种工艺方案。图 4-9（a）是采用同时凝固原则的工艺方案，在铸件壁较厚的部位安放冷铁，使铸件各部分的冷却速度趋于一致，当该件不属于重要铸件、对其工作压力要求也不高时，使用该种工艺方案，不但可以满足铸件的使用要求，还可以简化工艺。如果对该件的致密度提出较高要

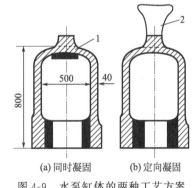

图 4-9　水泵缸体的两种工艺方案
1—冷铁；2—冒口

求时，则应采用定向凝固原则，相应的工艺方案如图 4-9（b）所示，在铸件下面厚实部位安放更加厚大的冷铁，在铸件顶面厚实部分安放冒口，保证铸件自下而上的顺序凝固，消除缩孔和缩松。

（3）控制铸件凝固原则的工艺措施

在生产中，控制铸件凝固原则的工艺措施有很多，包括正确地布置浇道位置、确定合理的浇注工艺、采用冒口补缩、采用补贴等措施使铸件结构合理化、采用冷铁或不同蓄热系数的铸型材料、浇注后改变铸件位置等方面。其中冒口、补贴及冷铁将在后面详细讨论，这里简要介绍其他方法的内容。

1）合理地确定浇道开设位置及浇注工艺。浇道的开设位置可以调节铸件的凝固顺序。当浇道从铸件厚大处（或通过冒口）或顶注式引入时，有利于顺序凝固，若在浇注中采用高温慢浇，则更能增大铸件的纵向温度梯度，提高补缩效果；当浇道从铸件的薄处均匀分散地

引入，浇注时宜采用低温快浇，则有利于减小温差，实现同时凝固。

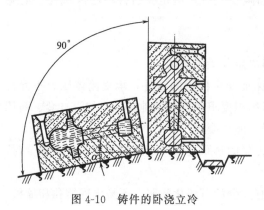

图 4-10　铸件的卧浇立冷

2）采用不同蓄热系数的铸型材料。凡比硅砂蓄热系数大的金属和非金属材料均可用来加速铸件局部冷却，称为激冷材料（如石墨、镁砂、铁砂、刚玉等）；比硅砂蓄热系数小的材料则称为保温材料（如陶瓷棉、硅藻土等）。这样，人们就可以根据需要，用不同的铸型材料来控制铸件不同部位的凝固速度，实现对凝固过程的控制。

3）卧浇立冷法。若铸件属于易氧化合金必须底注，而上方又有补缩冒口，则可采用卧浇立冷的方法，如图 4-10 所示。

4.3　冒口的种类及补缩原理

合金由液态转变为固态，体积要显著地缩小，往往会在凝固后的铸件内那些模数较大的部位产生缩孔或缩松。为了得到致密的铸件，就必须在补缩通道上设置冒口，用以补偿铸件成型过程中可能产生收缩所需的金属液，防止缩孔、缩松的产生，并起到排气和集渣的作用。

4.3.1　冒口的种类和形状

冒口是在铸型内专门设置的储存金属液的空腔，在铸件形成时补给金属液，有效防止缩孔、缩松，并兼有排气和集渣作用。习惯上把冒口所铸成的金属实体也称为冒口。冒口的种类如图 4-11 所示。

顶冒口如图 4-12 所示，一般位于铸件最高厚度的部位，它不仅利于排气和浮渣，而且可以利用金属液的重力进行补缩，提高冒口的补缩效果。明冒口造型方便，并可以通过冒口观察型腔中金属液上升情况，但它暴露在大气中，散热较快，同样体积的冒口，明冒口的补缩效率比暗冒口要低些。明顶冒口不受砂箱高度的限制，而暗顶冒口的砂箱高度要比明顶冒口高。对于厚大铸件，尤其是厚大铸钢件，固体收缩大，在浇注后还需不断地向冒口中补浇金属液，故多采用明冒口。在明冒口顶面撒发热剂、保温剂或覆盖剂等均可提高冒口的补缩效果。

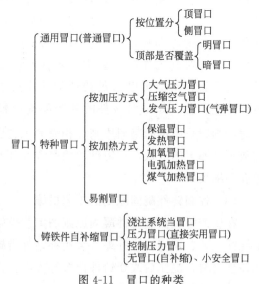

图 4-11　冒口的种类

边冒口如图 4-13 所示，对于小件或补缩铸件侧部热节，尤其机器造型时，暗边冒口造型方便，补缩效果好，清除容易，经常采用。暗边冒口有时低于铸件，容易造成反补缩，应采取必要的工艺措施加以防止。明冒口和暗冒口各有优缺点，如能充分发挥它们的优点，克服其缺点，都可以得到较为满意的效果。

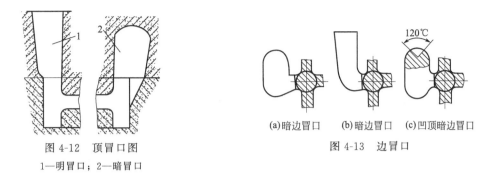

图 4-12　顶冒口图

1—明冒口；2—暗冒口

(a)暗边冒口　　(b)暗边冒口　　(c)凹顶暗边冒口

图 4-13　边冒口

冒口的形状直接影响它的补缩效率，在相同体积下，应选择冒口的容量足够大而且相对的散热面积最小（即有足够大的模数），有一定的金属液压头，以达到延长其凝固时间、提高补缩效果的目的。所以，尽管球形冒口模数最大，但因其压力较小和制造困难等原因较少采用。实际生产中常用的是圆柱形、球顶圆柱形、腰圆柱形及整圈冒口等，如图 4-14 所示。生产中最常用的是圆柱形冒口。对于齿圈、轮类铸件，出于热节为长条形，所以常采用腰圆柱形（长圆形）冒口，对于筒、套类件及轮毂部位多采用整圈接长冒口。

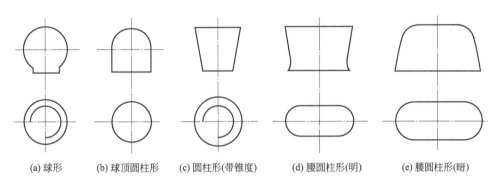

(a) 球形　　　(b) 球顶圆柱形　　(c) 圆柱形(带锥度)　　(d) 腰圆柱形(明)　　(e) 腰圆柱形(暗)

图 4-14　常用冒口形状

冒口的纵剖面形状对冒口中缩孔深度的影响如图 4-15 所示。由图 4-15 可见，采用上大下小的冒口形状能缩短冒口中缩孔深度，一般铸件明冒口的斜度为 6°。

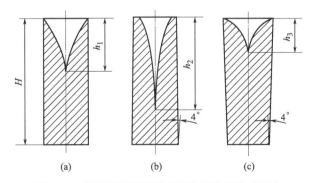

(a)　　　　(b)　　　　(c)

图 4-15　钢锭纵剖面形状对缩孔深度的影响示意

h_1、h_2、h_3—分别表示缩孔的深度

4.3.2 常用冒口补缩原理

（1）基本条件

冒口必须满足的基本条件。

1）冒口的凝固时间必须大于或等于铸件被补缩部分的凝固时间。

2）有足够的金属液补充铸件在冷却过程中的收缩所需的金属液。

3）在凝固补缩期间，冒口和铸件被补缩部位之间必须存在补缩通道，扩张角向冒口张开（见图 4-16）。

（2）冒口的位置

冒口安放的位置是否合理，直接影响铸件的质量以及冒口的补缩效率。冒口位置不合理，不但不能消除缩孔和缩松，还可能引起其他缺陷（如裂纹等），确定冒口位置应遵循以下的基本原则。

1）冒口应就近放在铸件热节的上方和侧面。

2）冒口应尽量设在铸件最高、最厚的部位，对低处的热节增设补贴或使用冷铁造成补缩有利条件。当铸件不同高度上的热节需要补缩时，可以分别设置冒口，但各冒口的补缩区域应采用冷铁予以分开，如图 4-17 所示，以防高位冒口在补缩铸件的同时还要对低位冒口进行补缩，致使高位的铸件出现缩孔和缩松。

3）避开应力集中点，不应放在铸件易拉裂或应力集中部位，否则会加剧应力集中倾向，使铸件更易产生裂纹。

4）尽量用一个冒口补缩铸件上多个热节，以提高冒口的补缩效率，如图 4-18 所示。

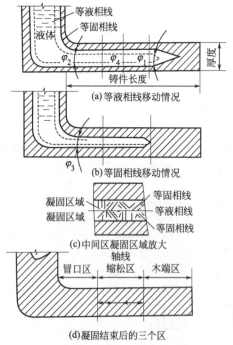

图 4-16　碳钢铸件的冒口补缩距离测定原理

φ_1—末端区扩张角；φ_2、φ_3—冒口区

扩张角；$\varphi_4 = 0°$ 中间区扩张角

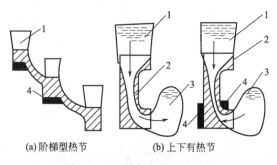

图 4-17　不同高度冒口的隔离

1—明顶冒口；2—铸件；3—边暗冒口；4—外冷铁

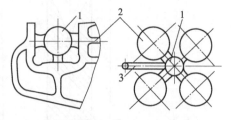

图 4-18　一个冒口补缩几个热节

1—冒口；2—铸件；3—浇道

5）冒口应尽可能放在铸件的加工面上，以减少精整工时。

6）冒口不应设在铸件重要的、受力大的部位，以防止其组织粗大，降低力学性能。

（3）冒口有效补缩距离的确定

冒口的有效补缩距离指冒口作用区与末端区长度之和，它是确定冒口数目的依据。冒口的有效补缩距离与铸件结构、合金成分及凝固特性、冷却条件等有关。

1）碳钢件冒口补缩距离　碳钢件冒口补缩距离的测定原理如图 4-16 所示。冒口补缩距离精确的数据可依图 4-19 曲线查出。这些曲线是用 w（C）为 $0.2\%\sim0.3\%$ 的碳钢板件、杆件的试验取得的，板件厚度 $\delta\leqslant175\text{mm}$，杆件的厚度 $\delta\leqslant200\text{mm}$。

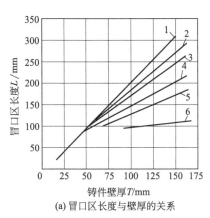
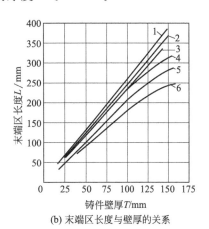

(a) 冒口区长度与壁厚的关系　　　　(b) 末端区长度与壁厚的关系

图 4-19　铸钢件冒口的补缩距离

铸件断面的宽厚比：1—5∶1；2—4∶1；3—3∶1；4—2∶1；5—1.5∶1；6—1∶1

结果说明，冒口补缩距离随铸件厚度的增加而增加，并随铸件宽厚比的减少而减少，这意味薄壁件比厚壁件、杆状件比板状件更容易出现轴线缩松。阶梯形铸钢件的冒口补缩距离比板形件的大（见图 4-20），冒口的垂直补缩距离至少等于冒口的水平补缩距离。

2）铸铁件冒口的补缩距离。如图 4-21 所示，高牌号灰铸铁的共晶度低、结晶温度宽，而球墨铸铁又具有糊状凝固特性，采用通用冒口补缩效果较差，只有在用湿型或壳型铸造较厚的球墨铸铁件时，才有必要使用传统冒口补缩。这是由于铸型刚度差，无法充分利用石墨化共晶膨胀压力来克服缩松。可锻铸铁冒口的补缩距离为 $4\sim4.5$ 倍壁厚。

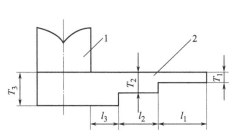

图 4-20　阶梯形铸钢件冒口补缩距离

1—冒口；2—铸件

$l_1=3.5T_2$；$l_2=3.5T_3-T_1$；$l_3=3.5T_3-T_1+110$

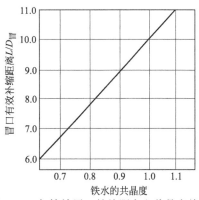

图 4-21　灰铸铁冒口补缩距离和共晶度关系

3）非铁合金的冒口补缩距离。锡青铜和磷青铜类合金，一般凝固范围宽，呈糊状凝固特性，冒口的有效补缩距离短，易出现分散缩松；无锡青铜和黄铜，一般凝固范围窄，其冒口补缩距离大。铜合金冒口的补缩距离如表 4-1 和表 4-2 所示。另外文献报道，黄铜冒口的补缩距离为 $(5\sim9)T$（T 为铸件壁厚），铝青铜和锰青铜的冒口补缩距离为 $(5\sim8)T$。

表 4-1 铜合金冒口的补缩距离[①]

合金种类	铸件形状	末端区长	冒口区长	补缩距离
锡锌青铜	板件	$4T$[②]		$4T$
$w(\mathrm{Sn})=8\%,w(\mathrm{Sn})=8\%$	杆件	$10\sqrt{T}$	0	$10\sqrt{T}$
锰铁黄铜	板件			
$w(\mathrm{Cu})=55\%,w(\mathrm{Mn})=3\%,w(\mathrm{Mn})=3\%$		$5T$	$2.5T$	$7.5T$
铝铁青铜	板件			
$w(\mathrm{Al})=9\%,w(\mathrm{Fe})=4\%$		$5.5T$	$3T$	$8.5T$

① 在干型，水平浇注条件下测出。
② T 为板厚或杆件的边长，mm。

表 4-2 铜合金冒口的补缩距离

示意图	黄铜、铝青铜冒口		锡青铜冒口	
	普通冒口	发热冒口	普通冒口	发热冒口
	$A+B=4.5T$	$A+B=5T$	$A+B=3.5T$	$A+B=4.5T$
	$A+B_1=$ $4.5T+0.5T$	$A+B_1=$ $5T+0.5T$	$A+B_1=$ $3.5T+50\mathrm{mm}$	$A+B_1=$ $4.5T+50\mathrm{mm}$
	$2A=4T$	$2A=5T$	$2A=3T$	$2A=4T$
	$2A_1=10T$ $A+B_1=5T$	$2A_1=11T$ $A+B_1=5.5T$	$2A_1=4T$ $A+B_1=$ $3.5T+50\mathrm{mm}$	$2A_1=5T$ $A+B_1=$ $4.5T+50\mathrm{mm}$
	$A_1=3.5(T_1-T_2)$ $A_2=3.5$	$A_1=3(T_1-T_2)$ $+T_2$ $A_2=3.5T_2$	$A_1=3.5(T_1-T_2)$ $A_2=3.5T_2$	$A_1=3(T_1-T_2)$ $+T_1$ $A_2=3.5T_2$
	$A_1=3.5(T_1-T_2)$ $A_2=(T_2-T_3)$ $A_3=3.5T_2$	$A_1=3(T_1-T_2)$ $+T_1$ $A_2=3.5(T_1-T_3)$ $A_3=3.5T_2$	$A_1=3.5(T_1-T_2)$ $A_2=3.5(T_2-T_3)$ $A_3=3T_2$	$A_1=3.5(T_1-T_2)$ $+T_1$ $A_2=3.5(T_{21}-T_3)$ $A_3=3T_2$

注　T 为板厚或杆件的边长，mm。共晶铝合金的冒口补缩距离为 $4.5T$，非共晶型铝合金的冒口补缩距离为 $2T$。这种铝合金中，对于 $w(\mathrm{Si})\approx7\%$、$w(\mathrm{Cu})\approx4\%$ 的成分，几乎无法测出冒口补缩距离（等于零），剖开铸件，断面上均出现不同程度的缩松。这与合金的糊状凝固特性、密度小和导热快有关。

4）外冷铁的影响。试验证明，在两个冒口之间安放冷铁，相当于在铸件中间增加了激冷端，使冷铁两端向着两个冒口方向的温度梯度增大，形成两个冷铁末端区，明显地增大了冒口的补缩距离，如图 4-22 所示。当把冷铁置于板或杆件末端时，会使末端区长度增加。

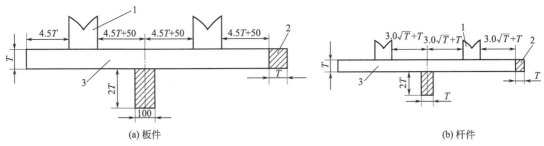

图 4-22　外冷铁对冒口补缩距离的影响
1—冒口；2—冷铁；3—铸件

用多边布置多块冷铁的方法可以大大延长冷铁末端区的长度，外置冷铁之间的距离为 0.5～1 倍于冷铁的长度。

5）补贴的应用。补贴是指由铸件被补缩区起至冒口为止在铸件壁厚上补加一块逐渐增厚的金属块（即金属补贴）或者发热材料块（即发热或保温补贴）。金属补贴实质上是改变了铸件的结构，人为地造成补缩通道；保温补贴可以延长该区域的凝固时间。两种方法都可以达到加强顺序凝固的目的，保证补缩效果。

采用金属补贴，在铸出铸件后要将补贴去掉。它增加了金属消耗量以及治理和机加工费用，所以近年来已经开始采用保温补贴，以提高经济效益。

4.4　铸钢件冒口的设计

冒口尺寸的计算是一个复杂的问题，因为影响冒口补缩效果的因素很多，如合金的铸造性能、浇注温度、浇注方法、铸件结构及热节形状、浇冒口安放位置和铸型的热物理性质等。所以至今还没有一种理论计算方法能精确定出冒口的尺寸。已有的方法都是在特定条件下试验总结出来的，所得的结果是近似的，还必须在实际生产中进行验证和完善。

冒口设计与计算的一般步骤是：
1）确定冒口的安放位置；
2）初步确定冒口的数量；
3）划分每个冒口的补缩区域，选择冒口的类型；
4）计算冒口的具体尺寸。
下面介绍生产中两种应用较广泛的冒口计算方法。

4.4.1　模数法

模数法　用模数法计算冒口时，首先要保证冒口的模数 $M_冒$ 大于铸件被补缩部位的模数 $M_件$（即冒口晚于铸件凝固），才能进行有效补缩，即

$$M_冒 = f M_件 \tag{4-4}$$

式中　f——模数扩大系数，又称冒口的安全系数，$f \geqslant 1$。

在冒口补给铸件的过程中，冒口中的金属液逐渐减少，顶部形成缩孔使散热表面积增

大，因而冒口模数不断减小；铸件模数由于得到炽热的金属液的补充，模数相应地有所增大。根据实验，冒口模数相对减小值约为原始模数的 17%，一般取 $f=1.2$。模数扩大系数过大，将使冒口尺寸增大，浪费金属，加重铸件热裂和偏析倾向。

对于碳钢、低合金钢铸件，其冒口、冒口颈和铸件模数应满足下列比例。

顶冒口： $\qquad\qquad M_冒=(1\sim1.2)M_件$

侧冒口： $\qquad\qquad M_件:M_颈:M_冒=1:1.1:1.2$

内浇道通过冒口： $\qquad M_件:M_颈:M_冒=1:(1\sim1.03):1.2$

式中 $M_冒$、$M_颈$、$M_件$——分别为冒口、冒口颈和铸件被补缩处的模数。

其次，冒口必须提供足够的金属液，以补偿铸件和冒口在凝固完毕前的体收缩和因型壁移动而扩大的容积，使得缩孔不致延伸入铸件内。为此应满足下列条件

$$\varepsilon(V_件+V_冒)+V_扩\leqslant V_冒\,\eta \qquad\qquad (4\text{-}5)$$

式中 $V_件$、$V_冒$、$V_扩$——铸件体积、冒口体积和因型壁移动而扩大的体积，$V_扩$ 值对于舂砂紧实的干型近似为零；对受热后易软化的铸型或松软的湿型，应根据实际情况确定；

ε——金属从浇注完到凝固完毕的体收缩率，具体数值如表 4-3 和表 4-4 所示；

η——冒口的补缩效率，各种冒口的补缩效率值如表 4-5 所示。

表 4-3　确定铸钢体收缩率 ε 的图表

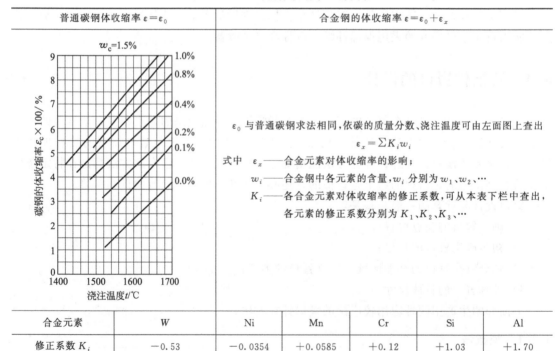

普通碳钢体收缩率 $\varepsilon=\varepsilon_0$	合金钢的体收缩率 $\varepsilon=\varepsilon_0+\varepsilon_x$
	ε_0 与普通碳钢求法相同，依碳的质量分数、浇注温度可由左面图上查出 $\varepsilon_x=\sum K_i w_i$ 式中 ε_x——合金元素对体收缩率的影响；w_i——合金钢中各元素的含量，w_i 分别为 w_1、w_2、…；K_i——各合金元素对体收缩率的修正系数，可从本表下栏中查出，各元素的修正系数分别为 K_1、K_2、K_3、…

合金元素	W	Ni	Mn	Cr	Si	Al
修正系数 K_i	-0.53	-0.0354	$+0.0585$	$+0.12$	$+1.03$	$+1.70$

表 4-4　常用合金的体收缩率 ε

铸件材质	$\varepsilon/\%$	铸件材质	$\varepsilon/\%$
灰铸铁	1.90～膨胀	纯铝	6.6
白口铸铁	4.0～5.5	纯铜	4.92

表 4-5　冒口的补缩效率 η

冒口种类或工艺措施	$\eta/\%$	冒口种类或工艺措施	$\eta/\%$
圆柱或腰圆柱形冒口	12～15	浇道通过冒口时	15～25
球形冒口	15～20	发热保温冒口	30～45
补浇冒口时	15～20	大气压力冒口	15～20

　　冒口设计时通常先按冒口、冒口颈和铸件模数的比例关系确定冒口尺寸，再校核冒口的补缩能力。此外，还要保证冒口和被补缩部位之间始终存在补缩通道，扩张角应向冒口敞开，利用补贴和冷铁可以实现此目的。

4.4.2　模数-周界商法

　　模数法忽略了铸件（冒口）形状对凝固时间的影响，而实际上，在其他条件（模数、合金及铸型等）相同时，球体铸件凝固时间最短，圆柱体次之，平板件凝固时间最长，这一结论已被铸件凝固传热计算和实践所证明。铸件凸形表面的凝固层增长速度高于平面和凹形表面，说明铸件（冒口）形状对其凝固和补缩有重要影响。

　　周界商 Q 定义为体积 V 与其模数 M^3 的比值，即：

$$Q = \frac{V}{M^3} \tag{4-6}$$

　　Q 值使得铸件（冒口）形状数量化，Q 值大小表明了铸件形状的特征越接近简单的实心球体，Q 值越小，$Q_{\min} = 113$；反之，铸件形状越接近展开的大平板，Q 值越大。实心球体铸件 Q 值最小，$Q_{\min} = 113$；大平板铸件 Q 值非常大。

　　周界商法求解冒口尺寸公式

$$(1-\varepsilon)f^3 - f^2 - \varepsilon \frac{Q_c}{Q_r} = 0 \tag{4-7}$$

式中　ε——合金凝固体收缩率，$\%$；

　　　f——模数扩大系数，求解对象；

　　　Q_c——被补缩部分铸件的周界商，$Q_c = V_{件}/M_{件}^3$；

　　　Q_r——冒口的周界商，$Q_r = V_{冒}/M_{冒}^3$。

　　用式（4-6）、式（4-7）计算铸钢件冒口尺寸要初定冒口直径，算出新的冒口直径后与初定值相比较，如不相符，则把算的冒口直径作为初定冒口直径，重新运算，逐步代换逼近，直到直径一致为止。

　　以往经验证实，先用模数法求出冒口直径作为初定冒口直径，只需 1～2 次运算，即可逼近到 f 值一致，从而算出冒口直径。所算出的冒口直径：对于球形件，比用模数法求出的小；对于平板件，比用模数法求出的大，很科学地反映出铸件、冒口形状对其凝固和补缩的重要影响。为了便于冒口计算，将式（4-6）、式（4-7）表格化，常用冒口参数及冒口尺寸可查阅相关手册或文献。

4.5　铸铁件实用冒口设计

4.5.1　铸铁件的凝固特性

　　生产上常用的灰铸铁和球墨铸铁是接近共晶成分的合金，但是它们的凝固方式和铸造性能却与一般窄结晶温度范围合金有很大差别。

以亚共晶成分的铸铁为例，其凝固过程可分为两个阶段：从液相线到共晶转变开始温度，析出奥氏体枝晶，这个阶段很像碳钢；从共晶转变开始温度到共晶转变终了温度（因为铸铁一般被视为 Fe-C-Si 三元合金，多在一定温度范围内进行共晶转变），发生奥氏体＋石墨的共晶转变。

灰铸铁和球墨铸铁的共晶凝固阶段的凝固方式如图 4-23 所示。试样为 $\phi50mm\times203mm$ 的圆柱体，立浇、湿型。灰铸铁共晶度为 0.9，球墨铸铁共晶度为 1.09。

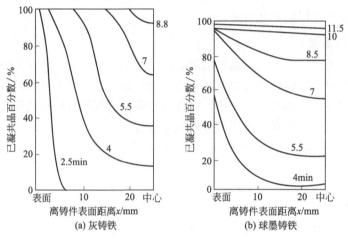

图 4-23　灰铸铁和球墨铸铁共晶凝固阶段的凝固方式

由此可见，灰铸铁的共晶凝固方式为层状-糊状，即近似"内生壳状凝固方式"。球墨铸铁的共晶凝固是典型的糊状凝固方式，因为石墨析出过程伴随体积增大，它将引起一系列的特殊现象。

4.5.2　铸铁件实用冒口设计

通用冒口设计法遵循传统的顺序凝固原则，依靠冒口的金属液柱重力补偿凝固收缩，冒口和冒口颈迟于铸件凝固，铸件进入共晶膨胀期会把多余的铁水挤向冒口。而实用冒口设计法不实行顺序凝固，它让冒口和冒口颈先于铸件凝固，利用全部或部分的共晶膨胀量在铸件内部建立压力，实现"自补缩"（即为均衡凝固），使铸件不出现缩孔、缩松缺陷。相比之下，实用冒口的工艺出品率高，铸件质量好，比通用冒口设计法更实用。根据适用范围的不同可分为直接实用冒口和控制压力冒口。

（1）压力（直接实用）冒口

直接实用冒口适用于模数为 $0.48\sim2.5cm$ 的高强度铸型（如干型、自硬型等）生产的铸件。其原理是利用冒口来补缩铸件的液态收缩，而当液态收缩终止或共晶膨胀开始时，冒口颈即行凝固。这样，型内的金属液不会因为石墨化膨胀而返回冒口内，从而使金属液处于正压力之下，只要铸型刚度足够，就可以避免由于凝固收缩而引起的缺陷。

1）冒口和冒口颈。冒口有效体积依铸件液态收缩体积而定，一般比铸件所需补缩的铁液量大。可按图 4-24 确定冒口的有效补缩体积（图中横坐标的数值为铁液的浇注温度减去铸铁的共晶温度 1150℃）。为了简便、可靠起见，对接近共晶成分的铸铁，冒口有效体积取铸件体积的 5％，而碳当量低的铸件，冒口有效体积取铸件体积的 6％。冒口有效体积是指高于铸件最高点的那一部分的冒口体积，只有这部分金属液才能对铸件起补缩作用。为了有效地发挥冒口的作用，将暗冒口做成大气压力冒口的形式。如果是明冒口，则在其顶部进行保温或加压。

为了使冒口颈在铸件液态收缩结束或共晶膨胀开始时及时凝固，冒口颈模数 $M_颈$ 由式（4-8）确定

$$M_颈 = \dfrac{t_颈 - 1150}{t_浇 - 1150 + \dfrac{l}{c}} M_件 \qquad (4\text{-}8)$$

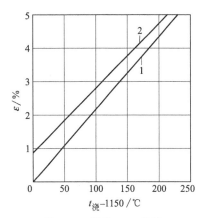

图 4-24　铸铁 ε-$t_浇$ 曲线

ε—液态体收缩率；$t_浇$—浇注温度；

1—CE=4.3%；2—CE=3.6%

式中　$M_颈$——冒口颈模数，cm；

　　　$M_件$——设置冒口部位的铸件模数，cm；

　　　c——铁液比热容，c 与铁液温度有关，在 1150～1350℃ 范围内，c 为 835～963J/(kg·℃)；

　　　l——铸铁结晶潜热，(193～247)×10^3J/kg。

为了切合实际和便于应用，将式（4-8）修正成 $M_颈$-$M_件$ 图表（如图 4-25 所示），可以初步用来近似地确定冒口颈的模数 $M_颈$，一般情况下查表所得数值比计算值略大。

2）用浇注系统代替直接实用冒口适用于湿型铸造，铸件模数 $M_件$<0.48 的薄壁小型球铁件。对于薄壁铸件，冒口颈很小，可用浇注系统代替冒口，如图 4-26 所示（$M_件$=0.475，$M_颈$=0.4），超过铸件最高点水平面的浇口杯和直浇道部分实质上就是冒口，内浇道的截面尺寸按冒口颈计算。可用图 4-25 确定冒口颈（内浇道）的模数，图上的浇注温度应采用浇注后型内的金属液温度。

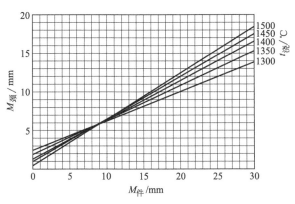

图 4-25　$M_件$ 和 $M_颈$ 的关系

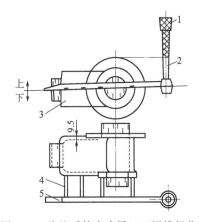

图 4-26　浇注系统充当冒口（网线部分）

1—浇口杯；2—直浇道；3—铸件；

4—内浇道（冒口颈）；5—横浇道

因为浇注薄小件时，浇注温度和充完型后的金属液温度差别较大，应以最低的浇注温度来选择冒口颈（内浇道）的模数，否则会导致液态收缩缺陷，即集中缩孔和缩凹。

（2）控制压力冒口（又称释压冒口）

适用于湿型铸造，模数为 0.48～2.5cm 的球铁件。其特点是只利用部分共晶膨胀量来

补偿铸件的凝固收缩。图 4-27 为控制压力冒口示意图，浇注结束后，冒口补给铸件的液态收缩，在共晶膨胀初期冒口颈畅通，可使铸件内部的铁水回填冒口以释放"压力"。应用合理的冒口颈尺寸或一定的暗冒口容积控制回填程度，使铸件内建立适中的内压来克服凝固收缩，从而获得无缩孔、缩松又能避免胀大变形的铸件。

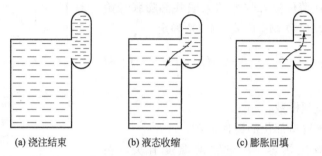

(a) 浇注结束　　　(b) 液态收缩　　　(c) 膨胀回填

图 4-27　控制压力冒口示意图

1）冒口和冒口颈。冒口以暗边冒口为宜，安放在铸件的厚大部位附近。冒口模数 $M_{冒}$ 与铸件厚大部分的模数 $M_{件}$ 及冶金质量关系如图 4-28 所示，当冶金质量好时，$M_{冒}$ 按曲线 2 取下限，反之按曲线 1 取上限，一般应取两条曲线的中间值。

冒口应靠近铸件厚大部位安置，以暗冒口为宜。按所确定的模数决定冒口尺寸，按冒口有效体积（高于铸件最高点水平面的冒口体积）大于铸件所需补缩体积（见图 4-29）加以校核，如不能满足则应增大 $M_{冒}$。

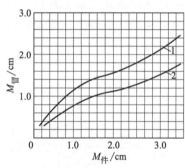

图 4-28　$M_{冒}$ 和 $M_{件}$ 的关系图

1—冶金质量差；2—冶金质量好

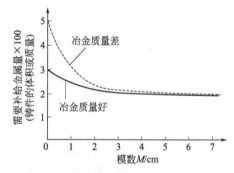

图 4-29　需要补缩金属量和铸件模数关系

采用短冒口颈时，冒口颈的模数按式（4-9）确定：

$$M_{颈} = 0.67 M_{冒} \tag{4-9}$$

冒口颈形状没有特殊要求，可选圆形、正方形或矩形。

2）冒口的补缩距离。与传统的冒口补缩距离的概念不同，控制压力冒口的补缩距离不是表明由冒口把铁液输送到铸件的凝固部位，而是表明由凝固部位向冒口回填铁液，能输送多大距离。该距离与铁液冶金质量和铸件模数密切相关，冶金质量好，模数大，输送距离大。输送距离达不到的部位，铸件由于内膨胀压力过大，可导致铸件胀大变形，而内部又可能产生缩松。

灰铸铁比球墨铸铁倾向于层状凝固，铁液输送距离较球墨铸铁大。对于质量要求高且壁厚均匀的球铁件，可根据冒口补缩距离计算冒口数量。对于复杂的铸件要根据铸件的模数-体积份额图结合冒口补缩距离来设置冒口。

（3）无冒口铸造的应用条件

无冒口铸造是令人感兴趣的提高经济效益的方法，只要球墨铸铁冶金质量高，铸件模数大（一般大于 2.5cm），采用低温浇注和坚固的铸型，就能保证浇入型内的铁液从一开始就膨胀，从而避免了收缩缺陷——缩孔的可能性，因而无需冒口。尽管以后的共晶膨胀率较小，但因模数大，即铸件壁厚大，仍可以得到很高的膨胀内压（高达 5MPa），在坚固的铸型内，足可以克服二次收缩缺陷-缩松。从现代观点看，球墨铸铁件的无冒口铸造是一种可靠的方法，但在生产中必须满足下列应用工艺条件。

1）冶金质量好，减少铁液的液态和凝固态收缩量，减小缩孔、缩松的倾向性。

2）球墨铸铁件平均模数大于 2.5cm，铸件的模数大，可获得很高的膨胀压力。

3）采用高强度、高刚度的砂型，并且上、下型紧固牢靠，杜绝型壁变形和抬型。

4）低温浇注，浇注温度控制在 1290～1350℃，以减少其液态收缩。

5）要求快浇，防止铸型顶部被过分地烘烤和减少膨胀的损失。

6）采用扁薄内浇道分散引入金属液，每个内浇道的厚度不超过 15mm，使之尽早凝结，促使铸件内部尽快建立起共晶膨胀压力。

7）设置 $\phi20$ 的明出气孔，间距 1m，均匀布置。

生产中容易出现工艺条件的某种偏差，为了安全、可靠，可以采用一个小的顶暗冒口，重量不超过浇注重量的 2%，通常称为安全小冒口。其作用仅是为弥补工艺条件的偏差，以防万一，当铁液呈轻微的液态收缩时可以补给，避免铸件表面凹陷。在膨胀期，它会被回填，这仍属于无冒口补缩范畴。

实例如图 4-30 所示。铸件材质为 QT450-5，毛重 9300kg，平均壁厚 90mm。原工艺：干型，8 个大压边冒口，单重 300kg，总重 2400kg，吊耳处放置内冷铁，工艺出品率 74.4%。新工艺：无冒口铸造，不用冒口和冷铁，工艺出品率为 97.3%。

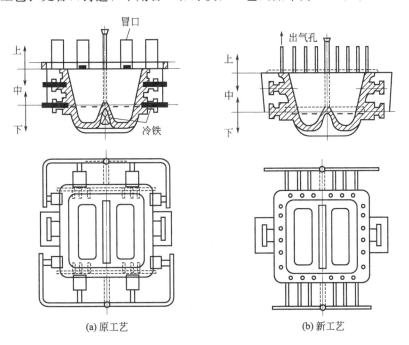

(a) 原工艺　　　　　　　　　　(b) 新工艺

图 4-30　3.5m³ 钢渣包铸件新旧工艺对比

4.5.3 铸铁件的均衡凝固

铸铁件均衡凝固理论是近些年来发展起来的一种金属理论，现已在生产中推广使用，获得了很好的经济效益和社会效益。

均衡凝固理论认为，一个铸件在凝固的某一时刻，有些部分正在收缩，有些部分则已进入石墨化膨胀，时间同时，铁水相通，则收缩和膨胀可以叠加相抵。当某个时间收缩值与膨胀值相等时，就达到了均衡状态（见图 4-31），P 点以后，冒口的补缩时间终止，只靠自身的石墨化膨胀已足够补缩，冒口的作用只限于补缩均衡时刻到来之前的自补不足的部分。

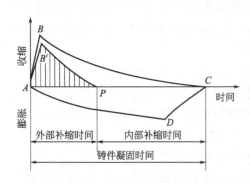

图 4-31 铸铁件凝固收缩和膨胀的叠加

曲边三角形 ABC 铸件总收缩；曲边三角形 ADC 铸件总膨胀；曲边三角形 AB'P 铸件的表观收缩；P 为均衡点，其对应的时间为收缩量等于膨胀量的时间，此时表观收缩为零，冒口补缩作用终止。

当铸件的收缩速度大，即收缩来的集中，相对石墨化膨胀后移，则必须加强冒口的外部补缩，这相当于小型球铁件和高牌号灰铸铁件的情况。对于厚大铸铁件，收缩速度小，相对石墨化膨胀提前，有利于胀缩相抵，使均衡点前移，缩短了冒口的补缩时间。所以，凡有利于铸件收缩后移，石墨化膨胀提前的因素，都有利于胀缩的早期叠加，使均衡点 P 前移，从而使冒口尺寸减小；提高铸件刚性，可以提高石墨化膨胀的利用程度，不使型壁外移消耗膨胀量于型腔扩大，也有利于 P 点前移。

按上述均衡凝固原则，冒口的设计要点如下所述。

1）冒口不必晚于铸件凝固，冒口在尺寸上或模数上可以小于铸件的壁厚或模数。冒口的凝固时间只要大于或等于铸件的表观收缩时间就可以了。

2）采用"短、薄、宽"的冒口颈。以保证在 P 点前，补缩通道畅通，而在 P 点后，冒口颈很快凝固，便于在铸件内部建立必要的石墨化膨胀压力来完成自补缩。

3）冒口不应该放在铸件的热节上；冒口要靠近热节，以利于补缩，又要离开热节，以减少冒口对铸件的热干扰。

4）热节（冒口根部）处安放冷铁来平衡壁厚差，缩短热节处的凝固和收缩时间，以适应冒口的补缩，有效地防止热节（冒口根部）处的缩松。

5）利用刚性铸型并将其卡紧，以最大限度地利用石墨化膨胀。

4.6 提高通用冒口补缩效率的措施和特种冒口

体收缩较大的合金，如铸钢和可锻铸铁等，其冒口重量为铸件重的 $50\% \sim 100\%$（实际上，铸件需要补缩的金属量仅相当其重量的百分之几），耗费大量金属，增加切除冒口的工作量。所以，提高冒口的补缩效率，减少冒口重量，并使冒口便于切除是节约金属，降低成本，提高劳动生产率，改善劳动条件的重要任务。

提高冒口补缩效率的主要措施是：①应用特种冒口，如大气压力冒口、压缩空气冒口、气弹冒口等；②在不增加冒口重量甚至减少冒口重量的情况下，延长冒口凝固时间，如发热冒口、保温冒口、加氧冒口及电弧加热冒口等。

4.6.1　大气压力冒口

一般暗冒口结成外壳后，由于合金液态收缩先于固态收缩，因此冒口内液面下降，而在壳顶下面形成真空区 A，如图 4-32（a）所示。这时只能依靠冒口中金属液柱的自重进行补缩，称为自重压力冒口。随着铸件凝固，冒口内金属液柱的高度越来越小，难于有效地克服树枝结晶所造成的阻力，有时缩孔会侵入铸件中，如图 4-32（b）所示。同样，当明冒口未撒保温剂时，顶面很快结壳，使金属液与大气隔绝，也会形成这种"自重压力"冒口。

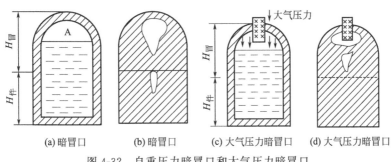

(a) 暗冒口　　(b) 暗冒口　　(c) 大气压力暗冒口　　(d) 大气压力暗冒口

图 4-32　自重压力暗冒口和大气压力暗冒口

A—真空区

为了克服自重压力冒口的缺点，在暗冒口顶上插一个细的砂芯，并伸入到冒门的最热区域内。一般砂芯都扎有出气孔。当冒口结壳与大气隔绝后，外面空气可以通过芯中的细出气孔及砂粒间孔隙进入冒口中。这时冒口内金属液除靠自重压力外，还受到大气压力的作用，称为大气压力冒口如图 4-32（c）所示。

一般暗冒口由于有形成自重压力冒口的倾向，最好不要设置在铸件下部，否则由于金属液柱高，静压力大，反而可能造成铸件补缩冒口，如图 4-33（a）所示。当采用大气压力冒口时，就可以防止高处铸件补缩低处冒口，如图 4-33（b）、（c）所示。但铸件顶面高出冒口顶面之值有一定限度，理论上 H 值对于铸铁可达 1480mm，而由于凝固过程出现枝晶，增加阻力以及金属中含有少量气体，使 H 减小，生产实际证明一般 H 值在 200mm 左右。

图 4-34 是带有吊砂的大气压力暗边冒口，吊砂起砂芯导入大气的作用。这种冒口常用于可锻铸铁、球墨铸铁、高牌号灰铸铁中小件上，机器造型时很方便，可节省砂芯，提高效率。

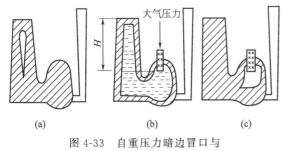

图 4-33　自重压力暗边冒口与
大气压力暗边冒口补缩比较

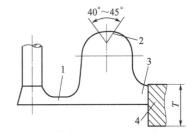

图 4-34　带吊砂的大气压力暗边冒口

1—内浇口；2—吊砂；3—补缩颈；4—铸件

图 4-35 为铸钢用大气压力暗顶冒口，其结构尺寸按普通冒口的方法确定，考虑到大气压力的作用，冒口高度采用普通冒口允许的最小值，对于暗边冒口，其结构尺寸的确定方法是：首先确定铸件被补缩处的内切圆直径 d_y，冒口颈的最小尺寸 t 及冒口直径 $D_冒$ 与 d_y 有

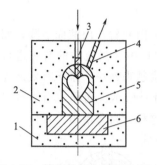

图 4-35 铸钢件用大气压力冒口

1—下箱；2—上箱；3—砂芯；
4—出气孔；5—冒口；6—铸件

下列关系：

$$t = (1.3 \sim 1.7)d_y \qquad (4\text{-}10)$$

$$D_冒 = (2.0 \sim 2.5)d_y \qquad (4\text{-}11)$$

冒口颈的横截面最好采用椭圆形，椭圆的短轴等于 t，长轴等于 $(1.2 \sim 1.5)t$。

增加冒口补缩压力的办法还有压缩空气冒口、发气压力冒口等。压缩空气冒口是待冒口和铸件结壳到一定厚度后，向冒口金属液面通入压缩空气以增加补缩压力的冒口。发气压力冒口（又称气弹冒口）是利用受热发气的物质作为弹药，外面包以耐火材料"弹壳"构成"气弹"，将"气弹"插入暗冒口中，浇注后冒口和铸件结壳到一定厚度时，"气弹"弹药受热发气，使冒口中压力达到 $4 \sim 5$ atm（1atm=101325Pa），可大大提高冒口的补缩压力。但气弹发气时间难于控制，发气时间过早，不够安全，过晚则起不到应有作用，且比较繁琐，目前生产上很少采用。

4.6.2 发热保温冒口

普通冒口与铸型使用同一种造型材料，在铸件-冒口凝固过程中的工作情况如图 4-36 所示。其中 $G_冒$ 代表冒口金属重量。$\tau_件$、$\tau_冒$ 代表铸件及冒口的凝固时间。曲线 a 表示不同时间内，出冒口补充铸件收缩的金属量，曲线 b 表示冒口内尚处于液态和已凝固的金属比例随时间的变化。当铸件凝固终了时，原冒口金属的 1～2 部分是用于补充铸件收缩的，处于液态的部分 2～3 是为了保持一定的压头和防止缩孔、杂质进入铸件而留的余量，已凝固的 3～4 部分占的比例最大，但这部分金属对于补缩铸件不直接发生作用。保温冒口的作用就是在保证具有足够的补缩作用的同时，把不直接发生补缩作用的金属消耗减少到最低限度。理想的保温冒口在铸件凝固期间，冒口内金属完全处于液态，其工作情况示意图如图 4-37 所示。

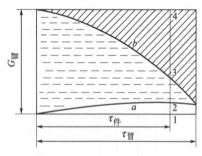

图 4-36 普通冒口的金属平衡示意

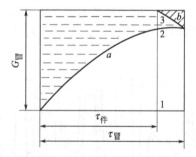

图 4-37 理想保温冒口平衡示意

冒口采取保温措施最早用于钢锭，以后逐渐推广到黑色和有色合金铸造。保温冒口的经济效果主要体现在提高生产率，节约金属熔化和切割冒口的费用，减少金属损耗。例如用平板形铝合金铸件试验，在获得致密铸件的前提下，珍珠岩和发泡石膏的保温冒口体积为普通冒口的 1/7，陶瓷棉保温冒口仅为其 1/8。显然，应用保温冒口的关键是选择优质保温材料。这种材料要求具备良好的保温能力，与合金浇注温度相适应的耐火度，成型、使用方便，不产生烟、气、味，不污染型砂，来源广、成本低。

最简单的保温冒口是在明冒口的顶面撒保温剂，更好的办法是在保温材料中加入发热剂。生产中应用较多的是利用发热剂和保温剂等专门材料制成发热套，构成冒口型腔内表面，浇注后发热套激烈发热，使冒口金属液温度提高，凝固时间延长，故称为发热冒口。图 4-38 中图（a）为发热明冒口，图（b）为发热暗冒口，发热暗冒口比发热明冒口补缩效率更高。

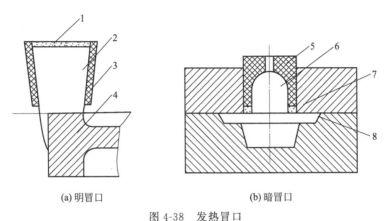

(a) 明冒口　　　　　　　　　　　　(b) 暗冒口

图 4-38　发热冒口

1—保温剂；2—明冒口；3、5—发热套；4、8—铸件；6—暗冒口；7—砂圈

图 4-38（b）的发热套根部有 10～40mm 的普通砂圈，其作用是防止发热套直接同铸件接触而产生粘砂及增碳等缺陷。对于发热套明冒口，浇注后可在顶面撒保温剂或发热剂，防止冒口顶面散热过快。

发热套由发热剂、保温剂、黏结剂三部分组成，发热剂是其中的主要成分。

（1）发热剂

一般发热剂用铝粉、硅铁粉、氧化铁皮等，它们的混合物叫铝硅热剂。单是铝粉和氧化铁皮的混合物叫铝热剂。在金属液的热作用下，发热剂的温度超过 1523K 时，铝和硅都可以被激烈地氧化而放出大量的热量，化学反应生成物的温度可达 3273K 以上，冒口中金属液被剧烈加热，开始温度升高，而后，缓慢冷却，延长了冒口金属液的凝固时间，大大提高补缩效率。铝粉、氧化铁皮发热大，但反应迅速，作用时间短；硅铁发热少，作用缓慢，有利于延长作用时间。

发热剂在 1523K 时产生下列化学反应：

$$8Al + 3Fe_3O_4 \rule[0.5ex]{2em}{0.4pt} 4Al_2O_3 + 9Fe + 3242.96 \times 10^3 J$$

$$2Al + Fe_2O_3 \rule[0.5ex]{2em}{0.4pt} Al_2O_3 + 2Fe + 838 \times 10^3 J$$

$$2Si + Fe_3O_4 \rule[0.5ex]{2em}{0.4pt} 2SiO_2 + 3Fe + 557.27 \times 10^3 J$$

$$2Si + 2Fe_2O_3 \rule[0.5ex]{2em}{0.4pt} 3SiO_2 + 4Fe + 1378.51 \times 10^3 J$$

反应生成物 Fe 呈熔融状态，Al_2O_3 和 SiO_2 等成渣子浮在金属液面上。

发热剂都要加热到 1523K 才起反应，这对铸钢件大型冒口来说容易达到。但对浇注温度接近或稍高于 1523K 的铸铁件或浇温低于 1523K 的铜合金铸件，铝热剂就有困难。因此，对于这类合金的发热套中还加入强氧化剂，如硝酸钠、硝酸钾等。这些强氧化剂在较低的温度下，可以放出游离的氧原子，使发热剂在较低的温度下起化学反应，放出热量。

除此之外，这类合全的发热剂中还加入镁作为点火剂，它有利于发热剂起作用。因此铸铁件、铜合金等铸件的发热套的发热剂中除铝热剂外，还应有强氧化剂和点火剂。

（2）保温剂

保温剂的作用是延长发热剂的燃烧时间和具有保温作用，一般用木炭粒、锯木屑作为发热套中的保温剂。

（3）黏结剂

一般用水玻璃和膨润土作黏结剂，将发热剂和保温剂的混合料做成发热套。由于发热冒口的补缩效率比普通冒口大大提高，铸件的工艺出品率可达 $75\% \sim 80\%$。操作亦很简便，控制容易，安全可靠，已普遍地用于铸钢件的生产上。

其他延长冒口凝固时间的方法还有加氧冒口和电弧加热冒口。加氧冒口金属液浇满铸型一定时间后，在明冒口顶部吹入氧气，使补加进去的发热剂（硅铁和锰铁）氧化而发热，提高冒口中钢水温度，浮在顶面的熔渣形成多孔性的冒口保温层，延长冒口顶部结壳时间，并使冒口中钢水长时间处于大气压力作用之下，以提高冒口的补缩效率。

电弧加热冒口是在重型铸钢件生产中，采用石墨电极的电弧加热冒口，例如制造大型轧钢机架，大型水轮机转子，从浇注到完全凝固需数十小时以上，在这段时间内始终通电加热，使冒口保持熔融状态，以保证铸件得到充分补缩。

4.6.3 易割冒口

为使冒口便于去除，节省切割冒口的劳动量，生产中常采用易割冒口，如图 4-39 所示。在冒口根部放置一片陶瓷或耐火材料制成的带孔隔板，使冒口中金属液通过孔对铸件补缩，同时冒口易于从铸件上去除。这对于不易用机械方法切除冒口、而使用气割时容易引起裂纹的高合金钢（如高锰钢）铸件具有特别重要的意义。小冒口可用锤打掉，就是对于高韧性的镍合金钢铸件，也可使用易割冒口，使去除冒口费用大为降低。

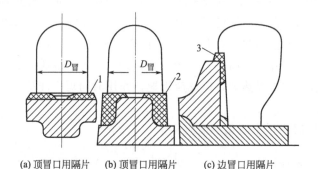

(a) 顶冒口用隔片　　(b) 顶冒口用隔片　　(c) 边冒口用隔片

图 4-39　易割冒口结构示意

1、2、3—隔片

易割冒口隔板的尺寸应严格要求。铸钢实践表明：在冒口颈处的金属液降温至液相线温度时，耐火隔板须被加热到 1480℃ 以上才有效果。耐火隔板升温所吸收的热能只许来自钢液的过热热量，否则就会影响冒口补缩效果。隔板补缩颈直径 d 和隔板厚度 δ 可用以下经验公式确定，或参考表 4-6。

对于圆补缩颈：
$$\delta = 0.56 M_c, d = 2.34 M_c \tag{4-12}$$

对于长方形补缩颈：
$$M_n = 0.59 M_c \tag{4-13}$$

式中　M_n——铸件模数；

M_c——补缩颈模数。

表 4-6　隔板与冒口尺寸关系

图例	冒口直径/mm		隔板孔径和厚度/mm		
	碳钢件	高锰钢件	D	d	δ
	—	75	34	30	5
	100	75	40	35	6
	125	100	46	41	7
	150	125	53	47	8
	175	150	61	54	9
	200	175	70	62	10
	225	200	79	70	12
	250	225	90	80	14
	275	250	105	82	16

注：当采用侧冒口时，d、D 应增大 20%。

4.7　冷铁

为增加铸件局部冷却速度，在型腔内部及工作表面安放的金属块称为冷铁。冷铁分为内冷铁和外冷铁两大类。根据铸件材质和激冷作用强弱，可采用钢、铸铁、铜、铝等材质的外冷铁，还可采用蓄热系数比石英砂大的非金属材料，如石墨、碳素砂、铬镁砂、铬砂、镁砂、锆砂等作为激冷物使用。

冷铁的作用有以下一些。

1）在冒口难于补缩的部位防止缩孔、缩松。

2）防止壁厚交叉部位及急剧变化部位产生裂纹。

3）与冒口配合使用，能加强铸件的顺序凝固条件，扩大冒口补缩距离或范围，减少冒口数目或体积。

4）用冷铁加速个别热节的冷却，使整个铸件接近于同时凝固，既可防止或减轻铸件变形，又可提高工艺出品率。

5）改善铸件局部的金相组织和力学性能。如细化基体组织、提高铸件表面硬度和耐磨性等。

6）减轻或防止厚壁铸件中的偏析。

4.7.1　外冷铁

造型（芯）时放在模样（芯盒）表面上的金属激冷块叫外冷铁。外冷铁作为铸型的一部分，浇过后不与铸件熔合，落砂后可回收并重复使用。外冷铁的材料以导热性好，热容量大，有足够的熔点为佳。常用的材料有轧制钢材和铸铁、铸钢的成型冷铁。形状一般根据铸件需激冷部分的形状来确定。

外冷铁的种类可以分为直接外冷铁和间接外冷铁两类。直接外冷铁（又称明冷铁，如图4-40所示），它与铸件表面直接接触，激冷作用强；如果直接外冷铁因激冷作用太强而使铸件产生裂纹时，可采用间接外冷铁。间接外冷铁同被激冷铸件之间有 $10\sim15$mm 厚的砂层相隔，故又称隔砂冷铁或称暗冷铁，因为这种冷铁激冷作用弱，不仅可避免铸件表面裂纹及加工后表面色差，而且可避免灰铸铁件表面出现白口，且铸件外观平整，不会出现冷铁与铸件熔接等缺陷。间接外冷铁尺寸如图 4-41 所示。

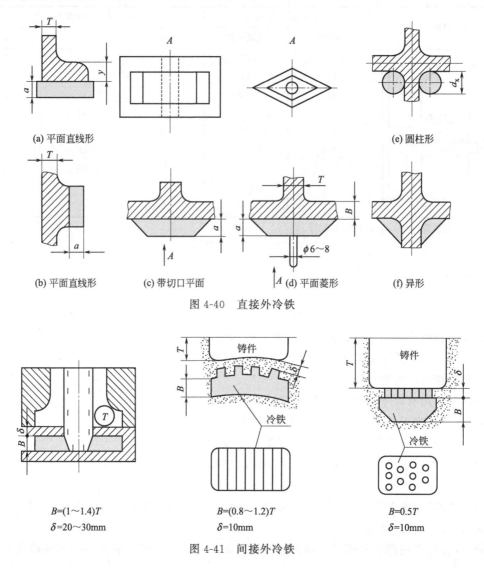

(a) 平面直线形　　　　　　　　　　　　　　　　　　　　　　(e) 圆柱形

(b) 平面直线形　　(c) 带切口平面　　(d) 平面菱形　　(f) 异形

图 4-40　直接外冷铁

$B=(1\sim1.4)T$
$\delta=20\sim30mm$

$B=(0.8\sim1.2)T$
$\delta=10mm$

$B=0.5T$
$\delta=10mm$

图 4-41　间接外冷铁

冷铁厚度大，激冷作用强。但当厚度达到一定值后，钢液的凝固速度将不再增加，因而没有必要用过厚的外冷铁。外冷铁处钢液的凝固层厚度约为砂型处的 2 倍多，在冷铁和砂型的交界处，由于凝固层厚度不同，因而线收缩开始时间不同，有可能引起裂纹。外冷铁的侧面应做成 45°的斜面，使砂型和冷铁交界处有平缓过渡。其次，冷铁面积太大，已凝固层向冷铁中心收缩的应力也大，容易引起热裂。当需要激冷表面积大时，宜采用多块小型外冷铁，间错布置，相互间留一定间隙。

实际生产中，外冷铁的激冷效果与多种因素有关：冷铁材质、表面涂料层的性质和厚度、冷铁尺寸、形状、布置位置和金属液流经冷铁时间的长短等。安放外冷铁时应注意以下几点。

1）外冷铁的位置和激冷能力的选择要得当，保证补缩通道畅通，避免在热节处形成缩孔，如图 4-42 所示。当冷铁和冒口配合使用时，冷铁离冒口不能太近，否则会加速冒口冷却，降低冒口的补缩效果，如图 4-43 所示。

　　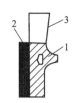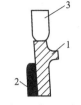

(a) 补缩通道变小　　(b)补缩通道正常　　　　　　(a) 冒口补缩力减弱　　(b) 冒口补缩力正常

图 4-42　冷铁位置对补缩通道的影响　　　　　图 4-43　冷铁位置对冒口补缩力的影响
1—铸件；2—冷铁　　　　　　　　　　　1—铸件；2—冷铁；3—冒口

2）每块冷铁勿过大、过长，冷铁间应留间隙。避免铸件产生裂纹和因冷铁受热膨胀而损坏铸型，有关冷铁尺寸、间隙要求等如表 4-7 所示。

3）外冷铁厚度如表 4-8 所示。

表 4-7　外冷铁长度和间距　　　　　　　　　单位：mm

冷铁形状	直径或厚度	长度	间距
圆柱形	$d<25$	100～150	12～20
	$d=25～45$	100～200	20～30
板形	$B<10$	100～150	6～10
	$B=10～25$	150～200	10～20
	$B=25～75$	200～300	20～30

表 4-8　外冷铁的厚度（经验法）

序号	适用条件	外冷铁厚度 δ	序号	适用条件	外冷铁厚度 δ
1	灰铸铁件	$\delta=(0.25～0.5)T$ [1]	4	铸钢件	$\delta=(0.3～0.8)T$
2	球墨铸铁件	$\delta=(0.3～0.8)T$	5	铜合金铸件	铸铁冷铁 $\delta=(1.0～2.0)T$ 铜冷铁 $\delta=(0.6～1.0)T$
3	可锻铸铁件	$\delta=1.0T$	6	轻合金铸件	$\delta=(0.8～1.0)T$ [2]

[1] T 为铸件热节圆直径。

[2] 对轻合金铸件，当 T 大于 2.5 倍铸件壁厚时，需配合使用冒口。

4）尽量把外冷铁放在铸件的底部和侧面。顶部外冷铁不易固定，且常影响型腔排气。

5）冷铁工作表面应光洁，不得有孔洞、裂纹、缩凹，外周圆角等缺陷，去除油污和锈蚀，涂以涂料并烘干，以免铸件产生气孔。

6）铸钢件的外冷铁一般用高碳钢制作，黄铜和无锡青铜铸件可用一般铸铁冷铁，锡青铜铸件则用石墨外冷铁。要求高的铸件应避免使用铸铁外冷铁，多次使用后氧及其他气体会沿石墨缝隙进入冷铁内部，造成其氧化，当再次应用时，遇热会析出气体，导致铸件气孔。

7）有时可采用导热性良好的造型材料代替形状复杂异形外冷铁。如锆砂、镁砂、铁屑、铁丸碳素砂等。

8）为防止外冷铁被铸件熔接，应计算或校核外冷铁的重量。计算原理为：铸件（热节部分）的重量为 W_0，用外冷铁激冷后，铸件模数 M_0 减小为等效模数 M_1，对应 M_1 的铸件重量为 W_1，则重量差（W_0-W_1）所含的过热热量和结晶潜热应为外冷铁所吸收并使之升温，一般铸件凝固结束时允许外冷铁最高温度为 600℃。

4.7.2 内冷铁

将金属激冷物直接插入需要激冷部分的型腔中，浇注后该激冷物对金属液产生激冷并同金属熔接在一起，最终成为铸件的组成部分。这种激冷物称为"内冷铁"。内冷铁通常是在外冷铁激冷效果不够时才采用，多用于厚大的质量要求不高的铸件，如铁砧子、落锤等。对于承受高温、高压的铸件，不宜采用。

由于要求内冷铁与铸件金属相熔合，所以用作内冷铁的材料应与铸件材质基本相同或相适应。对于铸钢件和铸铁件宜用低碳钢作内冷铁，铜合金铸件应用铜质内冷铁。对于质量要求不高的砧子、锤头等铸件，可用浇注后的直浇口棒作为内冷铁，中小型铸件可用铁丝、铁钉、钢屑等作内冷铁。图 4-44 为铸钢件常用内冷铁的形状和安置方法示意。

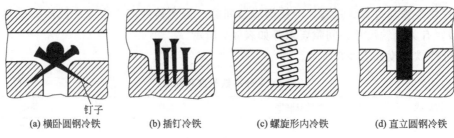

|(a) 横卧圆钢冷铁   (b) 插钉冷铁   (c) 螺旋形内冷铁   (d) 直立圆钢冷铁|

图 4-44　常用内冷铁形状和放置方法

确定内冷铁的尺寸、重量和数量的原则是：冷铁要有足够的激冷作用以控制铸件的凝固，且能够和铸件本体熔接在一起而不削弱铸件强度。

内冷铁的重量 $m_冷$ 可根据经验公式计算

$$m_冷 = K m_件 \tag{4-14}$$

式中　$m_件$——铸件或热节部分的重量，kg；

　　　K——比例系数，即内冷铁重量占铸件热节部分重量的百分数，如表 4-9 所示。

表 4-9　K 值的选定

铸钢件的类型	$K \times 100$	内冷铁直径/mm
小型铸件，或要求高的铸件。防止因内冷铁而使力学性能急剧下降	2～5	5～15
中型铸件，或铸件上不太重要的部分，如凸肩等	6～7	15～19
大型铸件对熔化内冷铁非常有利时，如床座、锤头、砧子等	8～10	19～30

使用内冷铁时应注意以下几点。

1）内冷铁的表面应十分干净，使用前要除锈、油污和水分。

2）干型中的内冷铁应与铸型烘干后再放入型腔；水玻璃砂型和湿型放置内冷铁后应尽快浇注，以免冷铁表面氧化、聚集水分而使铸件产生气孔。

3）需要存放的内冷铁必须镀锡防锈。

4）放置内冷铁的上方砂型应有明出气孔或明冒口。

概括以上内容，为获得优质铸件，就应根据铸件的凝固特点和具体要求选择正确的凝固原则来控制铸件的凝固。为实现某种凝固原则，要综合运用冒口、冷铁和补贴等工艺措施，以达到预期的目的。

下面对几个实例分析说明。

图 4-45 是碳钢筒形铸件工艺方案简图，它是按顺序凝固原则设计的。为能实现自下而上的顺序凝固，用 1 号、2 号和 3 号冷铁分别消除底部热节和增加末端区（圆周方向）；在三个大气压力冒口下分设三块补贴增加（轴线方向）补缩距离；浇注系统用阶梯式，上层浇道按切线方向通过冒口底部引入。

图 4-46 是蒸汽锤砧座铸造工艺图，这是依靠内冷铁实现顺序凝固原则的。砧座件重 5.5t（铸钢），在铸件中部设置内冷铁，其重量占铸件重量的 16%～22%，内冷铁用圆钢多层排列组成；铸件采用阶梯式浇注系统，顶部设置一个明冒口，可在浇满后补注冒口。

图 4-47 是汽车后轮毂球墨铸铁件的工艺图。这是同时凝固方案，采用底注，铁液均匀引入，厚壁处设置冷铁，实行无冒口铸造并获得成功。

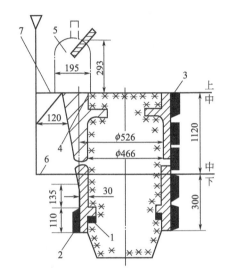

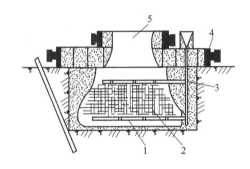

图 4-46　砧座钢铸件工艺简图

1—砧座；2—内冷铁；3—浇注系统；4—砂箱；5—明冒口

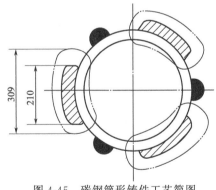

图 4-45　碳钢筒形铸件工艺简图

1、2、3—分别是 1 号、2 号、3 号冷铁；4—补贴；

5—大气压力冒口；6—第一层内浇道；7—第二层内浇道

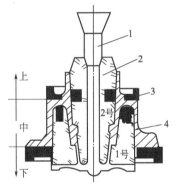

图 4-47　汽车后轮毂球墨铸铁件工艺简图

1—浇道；2—砂芯；3—冷铁；4—铸件

4.8　铸肋

铸肋又称工艺肋，分为两类：一类是收缩肋，用于防止铸件热裂；另一类是拉肋，用于防止铸件变形。收缩肋要在清理时去除，只有在不影响铸件使用并得到用货单位同意的条件下才允许保留在铸件上，而拉肋必须在消除内应力的热处理之后才能去除。

4.8.1 收缩肋

收缩肋又称割肋，是防止热裂的有效措施，主要用于铸钢件的生产上。对合金的铸造性能的研究指出：铸件的线收缩是在合金的液相线和固相线之间的某一温度下开始的，当树枝晶之间搭接成比较完整的骨架时，就具备了线收缩的能力，但这时在枝晶之间的孔隙内仍有

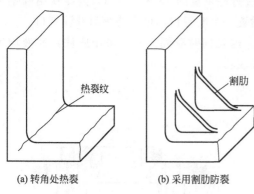

(a) 转角处热裂　　　　(b) 采用割肋防裂

图 4-48　热裂和割肋的方向

液相存在。如果铸件收缩时受阻碍，会产生不同程度的拉应力。铸件凝固比较慢的地方，由于枝晶之间存在着液相，高温时强度很低，当拉应力超过凝固层所能承受的极限应力时，会被拉断，使铸件上出现热裂纹。

收缩肋（割肋）为防止铸件热裂而设，它比铸件壁薄，故先于铸件壁凝固，具有较高强度。因而承担了收缩时产生的拉应力，避免了热裂的产生。割肋设置的方向应和收缩应力方向一致，即与热裂纹方向相垂直，如图 4-48 所示。

确定收缩肋的结构尺寸时，要考虑连接截面的主壁与邻壁之间的关系，如图 4-49 所示。

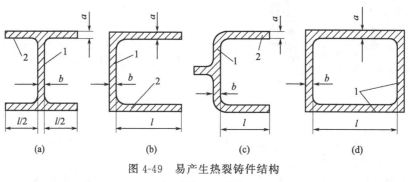

(a)　　　　(b)　　　　(c)　　　　(d)

图 4-49　易产生热裂铸件结构
1—主壁；2—邻壁

铸件主壁是指铸件在凝固收缩时受拉应力的壁；邻壁是与主壁相连的壁，它和主壁相交处形成热节并使主壁产生拉应力。另外，还要注意臂长（垂直于主壁方向的邻壁长度）与主壁之间的关系。当 $\frac{a}{b}>1\sim2$，$\frac{l}{b}<2$ 或 $\frac{a}{b}>2\sim3$，$\frac{l}{b}<1$ 时，可以不设割肋。几种常用的收缩肋形式和尺寸如表 4-10 所示。

表 4-10　收缩肋形式和尺寸关系

序号	简图		t	l	d	h
1			$(1/3\sim1/4)\delta$	$(8\sim12)t$	$(15\sim20)t$	$(5\sim7)t$
2						

续表

序号	简图	t	l	d	h
3			$(8\sim12)t$		
4			$(8\sim12)t$	$(15\sim20)t$	
5		$(1/3\sim1/4)\delta$	$(5\sim7)t$		
6					$(5\sim7)t$
7			$(2\sim3)t$	$(10\sim15)t$	
8			$(10\sim14)t$		
9			$(2\sim3)t$	$(15\sim20)t$	
10			$(8\sim12)t$		

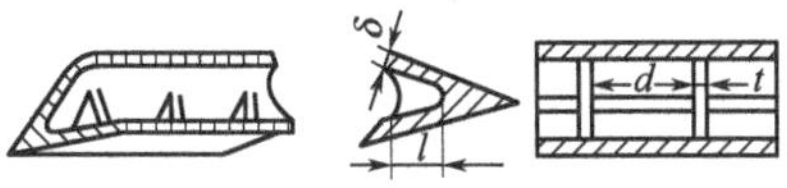

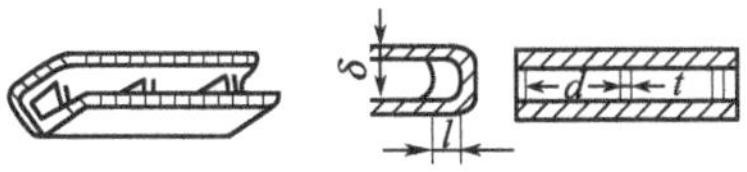

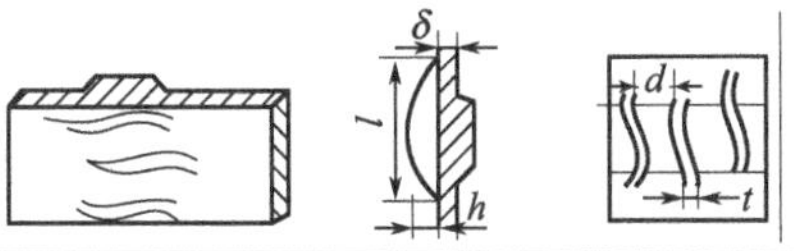

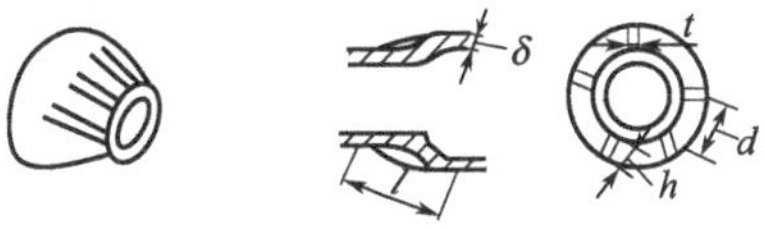

注：1. δ 为交接壁中最小壁厚。

2. 收缩肋最厚为 15mm，最薄为 4mm。

3. 对于易产生大裂纹的铸件，简图 3 和简图 7 并用。

4. 简图 5 接头角度大的铸件以简图 2 为标准。

5. 简图的 $l>50mm$ 时以简图 8 为标准。

4.8.2　拉肋

拉肋又称加强肋，断面呈 U、V 形成半圆环形的铸件。铸出后经常发现变形，其结果使开口增大，为了防止这类铸件的变形，常在变形最大的两点（部位）之间设置拉肋。拉肋的截面应小于铸件的壁厚，一般为铸件壁厚的 40%～60% 或更薄，以保证其先凝固，方能防止铸件变形。对于大中型铸件，在加工余量之外，另加工艺补正量以补偿拉肋的伸长量。拉肋应在热处理后去除，在热处理之前，拉肋承受很大的拉应力或压应力，因此它可使铸件变形减小或能完全防止铸件变形，若在热处理之前去除，便失去设置拉肋的作用。拉肋的形状和尺寸可参考表 4-11。

表 4-11　铸钢件的拉肋类型和尺寸　　　　　　　　　　单位：mm

图例	类型	尺寸				
		a	Ⅰ型		Ⅱ型	
			ϕ	S	δ	W
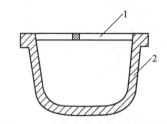	小型铸钢件	10～15	5～7	20～30	4～6	$(3\sim4)\delta$
		15～20	7～10	30～40	4～6	$(3\sim4)\delta$
		20～25	10～13	40～50	6～8	$(3\sim4)\delta$
		25～30	13～15	50～60	6～8	$(3\sim4)\delta$

中大型铸钢件	拉肋的厚度为设拉肋处铸件厚度的 40%～60%，宽度为拉肋厚度的 1.5～2 倍	
	半环形外径 D	补正景 C
	<2000	10～15
	2000～3200	15～18
	>3200	18～22

图 4-50 为拉筋应用实例。此系条形电磁吸铁盘外壳，为防止壳体开口尺寸增大，在砂芯上切挖出两条拉筋，使之承受收缩时的拉应力。应当指出，这种方法并没有消除应力，但它可以防止铸件变形过大。拉筋应在铸件消除应力的热处理以后再去除。

图 4-50　吸铁盘外壳铸造中的拉筋

1—拉筋；2—铸件

习题与思考题

1. 液态合金的凝固方式如何分类？不同的凝固方式对铸件质量有什么影响？

2. 铸件缩孔形成的过程是什么？在凝固过程中，液态及凝固收缩之和等于固态收缩时，铸件会不会产生缩孔？

3. 铸件缩孔的形成与金属的相图有什么关系？怎样防止铸件缩孔？

4. 冒口的功用是什么？常用冒口有哪几种？

5. 设计铸件冒口时，为什么不应忽视对其有效补缩距离的控制？

6. 铸钢冒口和铸铁冒口在设计原则上有哪些相同点和不同点？

7. 设计和安放铸铁件冒口时应注意什么？

8. 铸铁件均衡凝固的工艺原则有哪几项？

9. 冷铁有何用途？外冷铁的安放原则是什么？

10. 内冷铁不宜用于承受高温高压的铸件，怎样才能和铸件熔接在一起？

11. 铸肋在何种条件下使用？

第5章　铸造工装设计

铸造工艺装备是造型、造芯及合箱过程中所使用的模具和装置的总称，简称工装，包括模样、模板、砂箱、芯盒、烘干板（器）等。

铸造工艺装备设计是铸造生产过程中的关键工作之一，它是铸造工艺设计方案内容的进一步延伸和具体化，对保证铸件质量，提高劳动生产率，减轻劳动强度起很大作用。

工装设计的主要依据是铸件的生产任务、铸造工艺图和铸件图；还要参考所用的造型和造芯机械的规格、参数以及本单位有关的技术标准，考虑模具车间的生产能力等，使设计的工艺装备既能满足工艺的要求，又便于加工制造，使用稳定可靠。

生产中使用着各式各样的工装，从使用角度看虽有不同的要求，但从结构设计角度看却有很多相同之处。本章重点讲述模样、模板、芯盒和砂箱的设计，对其他工装的设计可参考有关设计手册和资料。

5.1　模样及模板

5.1.1　模样

模样用来形成铸型型腔和铸件表面，是砂型铸造中必不可少的工艺装备。即生产每一个铸件都必须使用模样。模样的设计质量和制造质量，不但直接关系着铸件的几何形状、尺寸精度和表面质量，而且直接影响着模样制造的工艺性、经济性及模样的使用性能和寿命。因此，在保证产品质量、满足工艺要求的前提下，根据实际情况，正确地选择和设计模样是极为重要的。当前，国内外砂型铸造行业中由于铸件结构、技术要求和生产批量不同，使用的模样种类也较多。在单件、成批生产、手工造型条件下多采用木模样，在大批、大量生产机器造型条件下多采用金属模样，本节主要讨论一般金属模样的设计。

（1）模样材料的选择

制造金属模样的材料有铝合金、灰铸铁、球墨铸铁、铜合金、铸钢及钢材等。它们具有不同的力学性能和加工性能，材料来源和价格也有很大差别，因此应根据具体情况合理加以选用，常用的金属模样材料及其性能如表5-1所示。

表5-1　金属模样材料及性能

材料种类	规格牌号	密度/(g/cm³)	收缩率/%		应用情况
			自由收缩	实际取用	
铝合金	ZL201	2.78	1.35~1.45	1.0~1.25	各种模样整铸模板
	ZL102	2.65	0.9~1.0		
	ZL103	2.70	1.3~1.35		
	ZL104	2.65	0.9~1.1		

材料种类		规格牌号	密度/(g/cm³)	收缩率/%		应用情况
				自由收缩	实际取用	
铜合金	黄铜	ZHMn55-3-1	8.5	1.53	1.5	各种筋条、活块等
	青铜	ZQSn5-5-5	8.8	1.6		
		ZQSn6-6-3	8.20	1.6		
灰铸铁		HT15-33	6.8～7.1	0.8～1.0	0.8～1.0	尺寸较大的整铸模板及模样
		HT20-40	7.2～7.3	0.8～1.0		
球墨铸铁		QT50-1.5	7.3	0.8～1.0	1.0	—
铸钢及钢材		ZG35 45 号	7.8	1.6～2.0	1.4～2.0	出气冒口、通气针、芯头、模样等

铝合金是用来制造金属模样较广泛的材料，它的比重小，不生锈，加工性能好，加工后模样表面光滑，并有一定的耐磨性，材料供应也较普遍。因此，在成批、大量生产中广泛地用来制造模样及单、双面模底板。常用的铝合金牌号有 ZL201、ZL103、ZL102 和 ZL104 等。为提高铝合金模样的耐磨性，有人建议可将其表面镀铬。

铸铁的强度高，耐磨性好，模样表面光洁，材料易得，价格便宜，加工性尚好。但材料密度大，制成模样比较笨重，且易生锈。通过对各种模样材料进行耐磨性的试验研究表明，无论从重量或尺寸变化上看以灰铸铁和球墨铸铁为最好。因此，在大批大量生产条件下，建议优先采用灰铸铁和球墨铸铁来制作模具。关于铸铁模样表面生锈的问题，若在生产中连续使用并不影响其使用性能，根据生产需要，在可能条件下，将中、小模样表面镀铬，这样既可防锈又可增加模样表面的光洁度和耐磨性。在成批大量生产的条件下，铸铁已广泛地用来制造模底板及模板框等；在成批生产有较好起重运输设备的条件下，亦可用铸铁来制造尺寸较大的模样和模底板，如某机床厂需用铸铁来制造 C616 车床床身零件的模样和模底板。常用的灰铸铁牌号为 HT150 和 HT200，球墨铸铁牌号为 QT600-3 和 QT500-7。

铜合金有较好的强度和耐磨性，不生锈，加工后模样表面特别光滑，造型起模时型砂不黏附模样。但铜合金在我国属于稀少材料，价格也贵，一般情况下尽量少用，生产中只用来制造一些外形结构特别复杂和表面要求特别光滑的小模样，如暖气片、活塞环等模样，或模样上的活块、筋条及镶片等。常用的铜合金牌号有 ZHMn55-3-1、ZQSn5-5-5、ZQSn6-6-3。

在制造金属模样中，也采用铸钢和钢材，一般用来制作模样的芯头部分、出气冒口和通气针等。常用的材料牌号有 45 号钢和 ZG35。

在成批机器造型生产条件下，根据每种铸件的生产数量和本厂模具制造的能力，也可采用木质模样和塑料模样；在成批手工生产的条件下也可用铝合金模样。为了便于模样制造和改善其使用性能，生产中也广泛地应用木-塑、木-金和金-塑组合结构的模样。

（2）金属模样尺寸的确定

金属模样的尺寸直接影响到铸件的尺寸，因此正确地确定金属模样的尺寸极为重要。金属模样的尺寸除了要考虑产品零件的尺寸外，还要考虑零件的铸造工艺尺寸以及零件材料的铸造收缩率。

零件尺寸由产品零件图上查得，零件的铸造工艺尺寸包括各种工艺参数、芯头尺寸、浇冒口系统、收缩率等可由铸造工艺图上查得。由于机械加工用的是普通尺（标准尺），因此

凡是形成铸件的模样尺寸，一律要根据铸件尺寸依铸造收缩率进行放大。金属模样尺寸可由式（5-1）求得

$$A_{模} = (A_{件} \pm A_{艺})(1+K) \tag{5-1}$$

式中　$A_{模}$——模样上的尺寸；

　　　$A_{件}$——零件尺寸；

　　　$A_{艺}$——零件的铸造工艺尺寸（包括机械加工余量和拔模斜度）；

　　　K——铸件线收缩率（又称缩尺，可根据铸件材质及铸造条件选择）；

　　　（＋）——用于模样凸体部位尺寸；

　　　（－）——用于模样凹体部位尺寸。

　　式（5-1）中金属模样尺寸是指模样上直接形成铸件的尺寸，模样本身的结构尺寸如壁厚、加强筋等尺寸不必按式（5-1）计算。零件的铸造工艺尺寸对于金属模样一般只需要考虑机械加工余量、拔模斜度和零件材料的铸造收缩率。模样上的芯头（芯座）部分和浇冒口模样等，因其尺寸不形成铸件尺寸，故不必计算铸造收缩率，但模样上的芯座尺寸应考虑到与芯头的间隙量，即芯座尺寸等于芯头尺寸加上间隙值。计算出的模样尺寸应准确到小数点后一位，小数点后第二位数采取四舍五入处理。

　　模样毛坯多数是铸造出来的，铸造金属模样毛坯的模样称为母模。铸造母模时，相当于把它看作铸造零件进行工艺设计，其尺寸计算与式（5-1）相同，即

$$A_{母} = (A_{模} \pm A_{艺})(1+K_{模}) \tag{5-2}$$

式中　$A_{母}$——母模尺寸；

　　　$A_{模}$——金属模样尺寸；

　　　$A_{艺}$——金属模样的铸造工艺尺寸；

　　　$K_{模}$——金属模样材料铸造收缩率，一般铝合金取 1.2%。

　　从式（5-1）和式（5-2）可以看出，在确定一个铸造零件的母模尺寸时要计算两次铸造收缩率。

　　图 5-1 为一个零件的铸造工艺简图，零件材料为灰铸铁，收缩率取 1%，选用铝合金制造金属模，铝合金收缩率一般取 1.2%，以零件图上 $\phi192$ 尺寸为例来计算铝模样及其母模的尺寸。

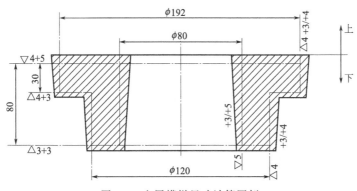

图 5-1　金属模样尺寸计算图例

　　由图 5-1 查得零件最大的外形尺寸为 $\phi192$，铸造工艺尺寸为 8（加工余量和拔横斜度值每边为 4），零件材料的铸造收缩率为 1%，代入式（5-1）得模样尺寸为

$$A_{模} = (192+8) \times (1+1\%) = 202(mm)$$

对于母模而言，已求得模样尺寸为202mm，已知模样材料的铸造收缩率为1.2%，设模样毛坯的机械加工余量每边各需3.5mm，则模样的铸造工艺尺寸为7mm，代入式（5-2）得母模尺寸为

$$A_{母} = (202+7) \times (1+1.2\%) = 211.5(mm)$$

用以上公式同样可以算出模样其余部位的尺寸。

（3）金属模的结构设计

金属模样的结构在满足工艺要求，保证铸件质量的前提下，尽可能要制造简便。金属模样一般多采用机械加工方法制成，但对于形状复杂的金属模样也可采用陶瓷型精密铸造法直接铸出。考虑金属模样加工方法时应尽量采用机床加工工艺，减少钳工的工作量，否则消耗工时太多，成本高。

金属模样按其尺寸大小可分为大模样（>500mm）、中模样（150～500mm）和小模样（<150mm）三种；模样本体结构按有无分模面分为整体模和分开模两种；模板上的金属模按与模底板结合的方式有装配式和整铸式两种。

1）壁厚及加强肋。在保证满足模样使用要求的前提下，壁厚应越小越好，以减轻重量和节省金属。按照模样大小的不同，可以制成实心或空心的，前者一般适用于平均轮廓尺寸[（长度＋宽度）/2]小于50mm或高度低于30mm的小模样；中大模样可制成空心体，并在内腔附设加强肋，以保证其强度和刚度。

模样的壁厚可根据平均轮廓尺寸及所选用的金属材料由图5-2确定，铝合金的常用壁厚如表5-2所示。

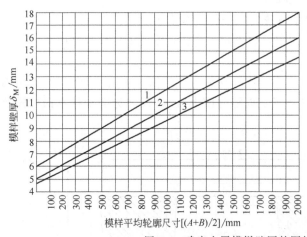

图 5-2　确定金属模样壁厚的图线

1—铝合金；2—铸铁；3—青铜

表 5-2　铝合金模样的壁厚　　　　　　　　　　　　　单位：mm

模样平均轮廓尺寸 （长度＋宽度）/2	<500	500～1000	>1000
壁厚	8	10	12

从图线查得或由公式计算的壁厚值应取整数，一般应使壁厚略偏厚一点，给更改和修正模样尺寸留有一定的余量。

为了使尺寸较大的空心模样具有较高的强度和刚度，在模样内腔（非工作面）应设计加强肋，加强肋的数量、厚度和布置形式取决于模样的尺寸大小和形状。对于平均轮廓尺寸小于 150mm 的模样可设计成无加强肋的空心模样，对于尺寸较大或较高的空心模样必须设置加强肋。模样内腔要尽量使模样毛坯铸造方便，力求壁厚均匀，内腔壁和肋应留有铸造斜度，非工作表面应有合适的圆角半径。

模样的结构与所采用的造型机有关，一般震击造型机对模样的压力作用不大，很少需要考虑模样的变形和被压坏的可能性，而主要考虑防止模样松动的问题。但对压实式造型机就要重视模样的强度和刚度。尤其是高比压造型，由于比压很高而且压力分布有局部不均的可能性，在模样的高处承受的比压特大，很容易压坏或变形。因此，高比压造型用的模样应增加壁厚，其具体数值可参考一般机器造型模样壁厚资料，然后再视具体情况可增加 50%～100%，加强肋数量应适当增加，肋的高度一般设计成与分模面平齐。

2）模样的活块。模样上妨碍起模的部分应设计分割成活动的，这种活动而又可拆卸部分叫做活块。造型时要求活块能很好地定位和固定在模样本体上，起模时又要便于脱开。

模样上活动部分有两类：第一类为模样本身难以起模的部分做成活块；第二类为模样上的浇冒口系统和出气孔做成活动部分。活动部分从铸型中取出的方式有下列三种。

a. 起模时活块留在型中，起出主体模后再从型中取出活块，如凸缘、塔子等侧面活块多数采用这种方式。

b. 在起模之前，先从铸型顶部取走活动部分，如浇口棒、冒口和出气孔棒等均属于这种方式。

c. 起模之前，将活动部分先退入主体模样或模底板框内，然后再起主体模，类似局部漏模方式，这种结构安装复杂，尽量少用。

活块常用的定位固定方法有如图 5-3 所示的三种：燕尾式、滑销式及榫式。选择活块定位固定的方法与从铸型中取出活块的方式有关。在设计模样活块结构时，还要考虑能否从型腔中取出和如何取出的问题，以及防止造型时活块在模样上的松动问题。例如型腔较深又窄，手伸进去取活块时会碰坏砂型或很不方便时，就要在活块上设计相应的结构。

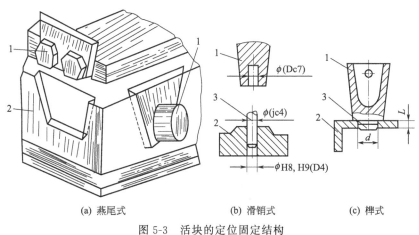

(a) 燕尾式　　　　(b) 滑销式　　　　(c) 榫式

图 5-3　活块的定位固定结构

1—活块；2—模样本身；3—滑销和榫头

3）模样在模板上的装配结构。设计装配式模板上用的金属模样时，要考虑模样在模底板上的装配形式和定位紧固问题。根据模样尺寸的大小，结构特点和加工制造条件的不同。

为把模样牢固地安装在模底板上，模样在模底板上的装配形式基本上有平放式［见图 5-4（a)～(c)］和嵌入式[见图 5-4(d)～(g)] 两种。

没有低于分型面以下凹坑的模样，采用平放式装配，尽量利用模样上的外凸缘、凸耳等来布置打定位销和紧固螺钉，如图 5-4（a）所示；当模样上没有现成的凸缘或凸耳可利用时，应在模样空腔的侧壁上专门设计出凸台、定位孔和螺钉孔，以供打定位销和装紧固螺钉用，模样较低采用图 5-4（b）的结构形式，模样较高采用图 5-4（c）的结构形式。模样上有低于分型面以下的凹坑或分型面处有圆角或有较薄的边缘时，则采用嵌入式装配结构，此时模样一般都要设计出凸缘或凸肩供装配用。图 5-4（d）、（g）、（h）都用于浅嵌入式结构，适用于分型面处有圆角、细薄凸缘或要求定位稳定的模样。图 5-4（e）属于浅嵌入式，适用于分型面以下虽有深的凹坑但有现成凸耳尚可利用定位固定的模样。对于分型面以下有深凹坑但没有现成凸耳可定位固定的模样，就应设计成如图 5-4（f）所示的下深嵌式结构，便于将模样可靠稳定地固定在模底板上。图 5-4（i）表示模样为圆柱体，为使机械加工及装配方便，可直接用同轴圆柱体定位装配，不必另用销钉，这种结构形式使用时不易松动和错偏。模样的嵌入式装配结构除以上介绍的形式以外，还有一种用小平板过渡装配方式，当模样轮廓尺小较小时，可将模样先布置在 8～10mm 厚的平板上，待加工完成后一起嵌在模底板上。当模样由几个小块组成时，可将 1～2 个以上模样的全部小块布置在平板上，待模样小块及平板全部加工装好后，再装嵌入模样主体上去，这样便于加工和定位固定。

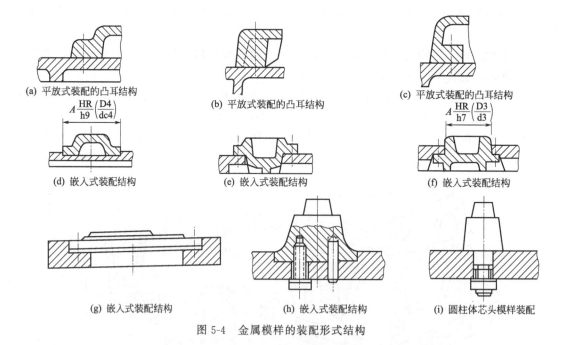

(a) 平放式装配的凸耳结构   (b) 平放式装配的凸耳结构   (c) 平放式装配的凸耳结构

(d) 嵌入式装配结构   (e) 嵌入式装配结构   (f) 嵌入式装配结构

(g) 嵌入式装配结构   (h) 嵌入式装配结构   (i) 圆柱体芯头模样装配

图 5-4　金属模样的装配形式结构

模样上的芯头（称芯座）和凸块可以与主体模样一起铸出然后加工成型，亦可以单独制造后装配在模样上或模底板上。一般的原则是，旋转体的模样多数做成整体，可以在车床上同时将芯头加工出来，如图 5-5 所示。图 5-5（b）～（d）的芯头都是单独加工制造后装配的。

4）高压造型防止起模时产生真空现象的结构。高压造型起模时在型腔内会发生起模真空现象，在吊砂处若砂型强度不够就会损坏。这种现象是由于比压高、砂型紧实度大，在快速起模时使已形成的型腔内压力小于大气压所致。生产中为防止这种不良现象的产生，在模

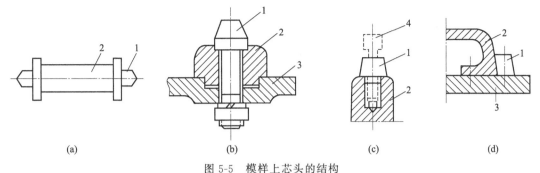

图 5-5　模样上芯头的结构

1—芯头；2—模样；3—模底板；4—工艺芯头

样设计时可采用以下措施。

a. 增大模样的拔模度，这种措施有时往往受到铸件结构条件的限制。

b. 提高模样表面的光洁度，减小起模时的阻力。

c. 在模样上设排气塞或开通气孔，这样起模时由于从模样背面吸入空气，使已形成的型腔内与大气压接近，就可防止起模真空现象的发生。

d. 采用正压起模。所谓正压起模就是在模样与型腔之间通入压缩空气，借助通入气体压力起模。一般在模底板上接上管道，在模样上特定部位设置通气塞。

5）金属模样的制造。金属模样的机械加工，尤其是铣削和钳工加工的工作量较大，加工周期也较长。因此，设计模样时要力求符合机械加工的工艺性，尽量简化机械加工工艺，减少钳工的工作量，充分发挥车削和刨削等加工的作用。

例如模样的基本形状为旋转体但带有不规则部分的模样，通常不设计成整体结构，而是把不规则部分与基本主体部分分割制造，然后装配而成。图 5-6（a）模样主体结构为旋转体，可用车削加工成型，因而将凸块 2 分割单独制造，然后装配在主体上。又如图 5-6（b）弯管模样，为便于用车削加工，设计了工艺夹紧块，模样制成后再把它切除掉；图 5-6（b）芯头模样可用钢材单独加工后进行装配。

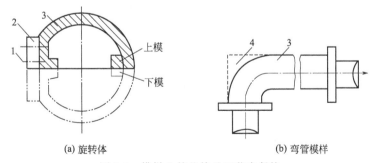

(a) 旋转体　　　(b) 弯管模样

图 5-6　模样上的凸块及工艺夹紧块

1—螺钉紧固；2—分割的凸块部分；3—模样主体；4—工艺夹紧块

设计模样结构时，还应了解本单位现有加工模具机床设备种类、规格的情况，便于设计结构时考虑能否加工和是否容易加工。例如模样尺寸较大，若没有那么大的机床加工，应将模样分割成几部分加工，然后进行装配。否则就得与外厂协作制造。总之，设计模样结构时对机械加工的工艺性应周密考虑，这样不仅便于制造，而且能显著地缩短生产周期、降低成本。制造模样常用的机械加工方法所能达到的精度和光洁度可参阅相关手册。

5.1.2　模板

（1）模板的组成

模板一般是由铸件模样、芯头模样和浇冒口系统模样与模底板通过螺钉、螺栓、定位销等装配而成的，但也有整铸的，如图 5-7 和图 5-8 所示。通常模底板的工作面形成铸型的分型面；铸件模样、芯头模样和浇冒口模样形成铸件的外轮廓、芯头座及浇冒口系统的型腔。

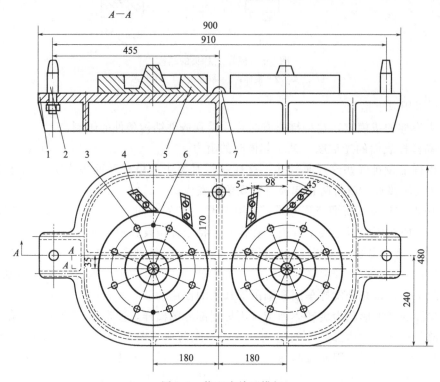

图 5-7　装配式单面模板

1—模底板；2—定位销；3—沉头螺钉；4—内浇道；
5—下模样；6—圆柱销；7—直浇道窝

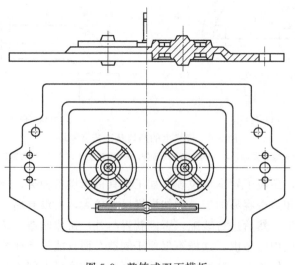

图 5-8　整铸式双面模板

（2）模板的分类及其结构特点

采用模板造型，可以提高生产率和铸件质量及铸件的尺寸精度，不仅可在成批大量生产中使用，也可在单件小批量生产中应用。设计模板主要的依据是铸造工艺图、所选用造型机的规格、一型中铸件数目以及本厂模板加工制造的条件（如加工设备、钳工水平等）。模板的形式很多，各类模板特点及其应用范围如表 5-3 所示。

表 5-3 模板的分类及其结构特点

分类方法	模板种类	结构特点	应用范围
按制造方法分	整铸式模板	模样和模底板连成一体铸出	成批大量生产时及各种类型的模样都可选用
	装配式模板	模样可和模底板分开制造,然后装配在一起,模样可以固定在模底板上,也可以是活动可换的	
按模板材料分	铸铁模板	HT150,HT200,QT500-7	单面模板的模底板、模底板柜
	铸钢模板	ZG200-400,ZG230-450,ZG270-500	单面模板的模底板
	铸铝模板	ZL101、ZL102、ZL104、ZL203	中小型的各种模板
	塑料模板	一般与金属骨架、框架联合使用	双面模板和小铸件的单面模板
按模板结构分	双面模板	上下模样分别位于同一块模底板的两面	小型铸件成批大量生产的脱箱造型
	单面模板	上下模样分别位于两块上、下模底板上,组成一副单面模板	各种生产条件下,都可选用
	导板模板	导板的内廓形状与模样分型面处的外廓形状相同。起模时,模样不动,导板和砂型同时提起	模样较高,起模斜度很小或无起模斜度的铸件,如大齿轮、散热片等
	漏模模板	模样分型面处的外廓形状与漏模框的内廓形状一致,起模时,模样由升降机构带动下降,漏模框托住砂型不动	难以起模的铸件,如斜齿轮、螺旋轮、麻花钻头、V 带轮等以及手工造型时,模样较高,起模斜度很小或无起模斜度的铸件
	坐标模板	模底板上具有按坐标位置整齐排列的坐标孔。使用时,将上下模样分别定位、固定在两块坐标模底板上的相应的坐标孔中	单件少量生产的机器造型或手工造型
	快换模板	由模板和模板框两部分组成。模板框固定在造型机工作台上,而可换的模板固定在模板框中,可减少更换模板时间	适用于成批生产的机器造型
按起模方式分	组合模板	同一模板框内,可安放多种模板,可以任意更换其中一块或几块模板,实现多品种生产,合理地组织生产	适用于多品种流水线生产的机器造型
	顶杆起模模板	模板上有顶杆通道,顶杆直接顶起砂箱起模	适用于中、小型上箱的模板
	顶框起模模板	模板外形尺寸与顶框内廓尺寸相适应,模底板的高度尺寸与顶框一致。起模时,顶杆通过顶框间接顶起砂箱	适用于大、中型上箱的模板
	转台起模模板	砂型紧实后,砂箱和模板一起翻转,使模板在上,砂箱在下。模板、砂箱和砂箱托板总高应小于造型机最大回转高度。模底板应设置夹紧装置	适用于下箱模板

续表

分类方法	模板种类	结构特点	应用范围
按造型机分	高压造型模板	模板的强度、刚度要求较高,模底板一般为框形结构,加强肋间隔要密,模板底部有加热装置,吊胎处、不便起型的边角处应加排气塞	高压造型机上用模板
	射压造型模板		射压造型机上用模板
	气冲造型模板		气冲造型机上用模板
	静压造型	结构基本与高压造型基本相同,但模板上必须带有足够的排气塞,以便于排气	静压造型机上用模板

（3）模样在模底板上的定位

单面模板的上、下两半模样必须严格地准确对位,才能保证铸件不致错箱。

单面模板造出的上、下砂型是以模底板上的定位销和导向销为基准的,因此模样在模板上的定位也必须以模底板上的定位销和导向销为基准。基准线有两条,即垂直基准线和水平基准线,前者取定位销中心线,后者取定位销和导向销中心线的连线。模样在模底板上的定位尺寸都以这两个基准来标注,如图 5-9（a）所示。

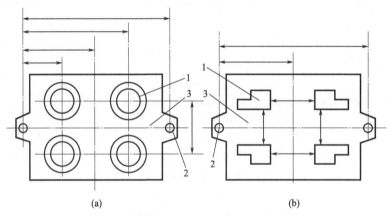

(a)   (b)

图 5-9　模样在模底板上的定位及尺寸标注

1—模样；2—销孔；3—模底板

另外,有的工厂用两定位销中心连线的中点作为垂直基准线,而水平基准线仍是两销中心线的连线,如图 5-9（b）所示,但这样划线多一次定位误差。

单面模板上的上、下模样对位的操作方法是:同时在已经加工好的两半模样上划线,配对夹紧,钻（铰）定位销孔及螺孔;将上、下模底板划线,钻出螺孔;将上模样按线对准并紧固在上模底板上,以上模样的定位销孔为准（相当于钻模）,先钻一孔,打入定位销,再钻另一孔;拆去上模样,将上、下模底板面贴面,以导销中心线及导销中心线连线为基准夹紧,用上模底板已钻的定位销孔配钻一孔,打入定位销后,再钻另外一孔;通过定位销将上、下模样分别装在上、下模底板上、检查无误,即可紧固螺钉。

5.2　砂箱

砂箱是铸造车间造型所必需的工艺装备,是构成铸型的一部分,其作用是制造和运输砂型。砂箱结构既要符合砂型工艺的要求,又要符合车间的造型、运输设备的要求。因此,正确地选用和设计砂箱的结构，对于保证铸件的质量，提高生产效率，减轻劳动强度，降低成本以及保证安全生产，都具有重要意义。

5.2.1 设计和选用砂箱的基本原则

1）满足铸造工艺要求。如砂箱和模样间应有足够的吃砂量、箱带不妨碍浇冒口的安放、不严重阻碍铸件收缩等。

2）尺寸和结构应符合造型机、起重设备、烘干设备的要求。砂箱尺寸、形状是设计或选购造型机的主要依据，大量生产中应对计划在造型线上生产的全部铸件逐一进行铸造工艺分析，以确定共用砂箱的尺寸和形状。

3）有足够的强度和刚度，使用中保证不断裂或发生过大变形。

4）对型砂有足够的附着力，使用中不掉砂或塌箱，但又要便于落砂。为此，只在大的砂箱中才设置箱带。

5）经久耐用，便于制造。

6）应尽可能标准化、系列化和通用化。

5.2.2 砂箱类型的选择

（1）专用砂箱和通用砂箱

1）专用砂箱。专为某一复杂或重要铸件设计的砂箱。例如发动机缸体的专用砂箱。

2）通用砂箱。凡是模样尺寸合适的各种铸件均可使用的砂箱，多为长方形。

（2）依制造方法分类，可分为整铸式、焊接式和装配式

1）整铸式。用铸铁、铸钢或铸铝合金整体铸造而成的砂箱，应用较广。

2）焊接式。用钢板或特殊轧材焊接成的砂箱，也可用铸钢元件焊接而成。

3）装配式。由铸造的箱壁、箱带等元件，用螺栓组装而成的砂箱。用于单件、成批生产的大砂箱。

（3）依造型方法及使用条件分类

分为手工造型用砂箱、机器造型用砂箱，高压及气冲造型用砂箱等。图 5-10 为手工造型用整铸式大型铸钢砂箱。图 5-11 为近代高压造型用整铸式双层壁通用砂箱。

5.2.3 砂箱结构

（1）砂箱名义尺寸

砂箱名义尺寸是指分型面上砂箱内框尺寸（长度×宽度）乘砂箱高度。确定砂箱尺寸时要考虑一箱内放置铸件的个数和吃砂量，吃砂量的最小数据参照表 5-4 决定。此外，所有设计的砂箱长度和宽度应是 50mm 或 100mm 的倍数，高度应是 20mm 或 50mm 的倍数。

表 5-4　吃砂量的最小值　　　　　　　　　单位：mm

模样高	8	10	15	25	30	35	40	50	60	70	90	120
吃砂量	15	18	20	24	26	28	32	35	38	40	45	50

（2）箱壁

砂箱壁的断面形状、尺寸影响强度和刚度。普通砂箱壁的形式如图 5-12 所示。高压、气冲造型用的箱壁形式如图 5-13 所示。

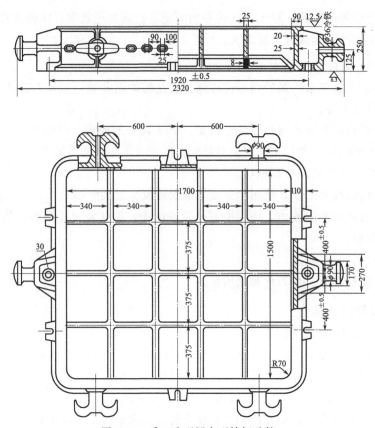

图 5-10　手工造型用大型铸钢砂箱

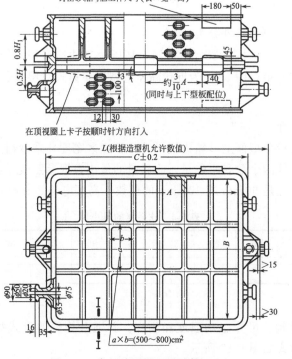

图 5-11　高压造型用双层砂箱（上）

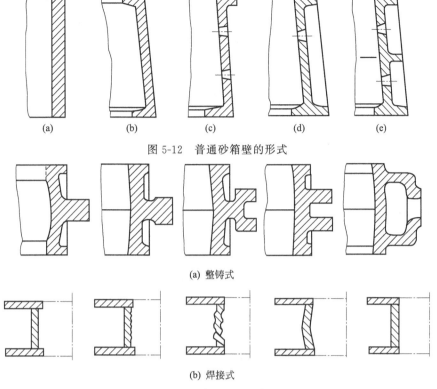

图 5-12　普通砂箱壁的形式

(a) 整铸式

(b) 焊接式

图 5-13　高压造型砂箱壁

选用箱壁形式时可参考以下经验。

1）简易手工造型砂箱，常用较厚的直箱壁，不设内外突缘，制造简便，容易落砂。

2）普通机器造型砂箱，常用向下扩大的倾斜壁，底部设突缘，防止塌箱，保证刚性，便于落砂，箱壁上留出气孔。

3）中箱箱壁多为直壁，上下都设突缘。大砂箱内应有箱带以防止塌箱。中箱因无贯通的箱带，刚度小，故应加厚。

4）高压造型和气冲造型用砂箱，尽量不加箱带，以便落砂。因受力大，要求刚度大。小砂箱用单层壁，大砂箱用双层壁。箱壁上不设出气孔。

（3）箱带（箱挡、箱肋）

箱带增加对型砂的附着面积和附着力，提高砂型总体强度和刚性，防止塌箱和掉砂，延长砂箱使用期限。但使紧砂和落砂困难，限制浇冒口的布局，故用于中、大砂箱。平均内框尺寸小于 500mm 的普通砂箱、小于 1250mm 的高压造型用砂箱可不设箱带。

专用砂箱的箱带随模样形状面起伏，至模样表面的距离（吃砂量）为：顶面 $a=15\sim40$mm，侧面 $b=20\sim45$mm，底部距模板 $c=25\sim45$mm。砂箱大，取上限。为减轻质量和增加对型砂的附着力，高箱带部位开窗口（见图 5-14）。

通用箱带高度取 $0.25\sim0.3$ 倍砂箱高度，以适应不同模样。箱带至冒口、浇口杯模的距离应大于 $30\sim40$mm。宽度小于 500mm 的砂箱，只在箱内设横向箱带。大型砂箱带可布成方格形或长方格形；圆砂箱内的箱带可布成扁形格；大砂箱带可用装配式。箱带间距 $120\sim600$mm。

（4）砂箱定位

上、下箱间的定位方法有多种：泥号、楔榫、箱垛、箱锥、止口及定位销等。机器造型时

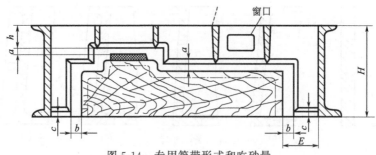

图 5-14　专用箱带形式和吃砂量

只用定位销定位，如图 5-15 所示。分插销和座销两种，插销多用于成批生产的矮砂箱，座销用于大量生产的各种砂箱。图 5-15 (a)～(c) 型属于插销，图 5-15 (d)、(e) 型属于座销。

　　箱耳多布置在砂箱两端，一端装圆孔的定位套 (或销)，一端装长孔的导向套。合箱时上下箱的圆孔套对应圆销，另一端对应方销。销与套的材质、要求和模板销、套相同。普通砂箱用的合箱销套的典型结构如图 5-16 所示。为更换磨损过度的销套，同种销套的外径可做成三种规格。新砂箱用标准套 (外径 D)；第一次更换采用销套Ⅰ，外径 D 为 0.2mm；第二次更换用销套Ⅱ，外径 D 为 0.4mm。

　　手工造型和抛砂造型用砂箱不必装销套，直接在箱耳上钻孔和切槽。

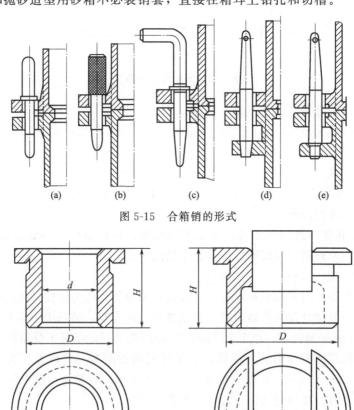

(a)　　　　(b)　　　　(c)　　　　(d)　　　　(e)

图 5-15　合箱销的形式

(a)定位套　　　　　　　　(b)导向套

图 5-16　普通砂箱销套

（5）搬运、翻箱结构

手把用于小型砂箱，吊轴广泛用于各种中大砂箱，吊环主要用于重型砂箱。设计这些吊运结构时，应使吊运平衡，翻箱方便，特别强调安全可靠，要杜绝人身事故，要考虑最大的负荷。例如，应以一次起吊一叠铸型的最大质量作为计算吊轴或吊环的依据，应给出较大的安全系数。

吊环、吊轴和手把一般用钢材制造，用铸接法同砂箱相联结。小手把也可用螺纹连接。铸接必须牢靠。吊轴、吊环上的铸接部分应加工出沟槽或倒刺。也可用整铸法，但应保证无缩孔、裂纹等缺陷，为此，箱轴常设计成中空的，或应用内冷铁。

（6）砂箱的紧固

为防止胀箱、跑火等缺陷，上、下箱间应紧固。紧固方式有：上箱自重法、压铁法、手工夹紧（箱卡）法和自动卡紧法等。上箱自重法和压铁法多用于小件。机器造型时用悬链和机械手搬放压铁；也可用手工夹紧法，其中以楔形箱卡应用最广，如图 5-17 所示。其他夹紧法如图 5-18 和图 5-19 所示。

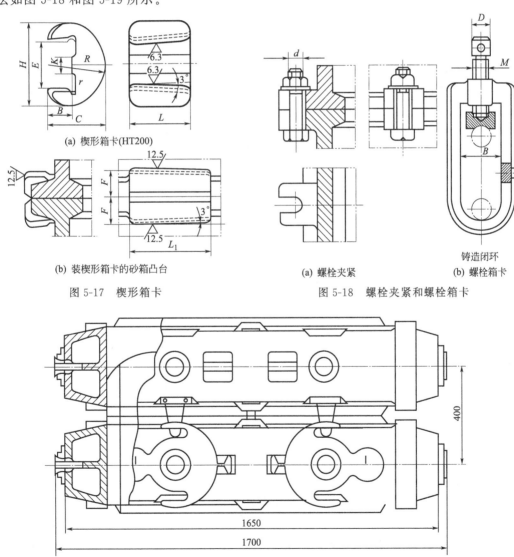

(a) 楔形箱卡(HT200)

(b) 装楔形箱卡的砂箱凸台

图 5-17　楔形箱卡

(a) 螺栓夹紧　　(b) 螺栓箱卡

铸造闭环

图 5-18　螺栓夹紧和螺栓箱卡

图 5-19　自动砂箱卡紧装置

5.3 芯盒

芯盒是制造砂芯专用的工艺装备。芯盒尺寸精度和结构合理与否，将在很大程度上影响砂芯的质量和造芯效率。

设计芯盒时应以铸造工艺图、生产批量以及造芯设备的条件为依据，根据砂芯的结构形状及尺寸，来确定芯盒的结构形式和尺寸。

汽车、拖拉机、动力机械等大批量生产中多数采用金属芯盒造芯；机床制造等中、小批生产的车间内，一般采用木质芯盒、木金混合结构芯盒以及少量金属芯盒造芯；通用、矿山和冶金机械制造等单件小批生产中，用木质芯盒造芯。本节重点介绍普通金属芯盒设计。

5.3.1 金属芯盒的种类及特点

金属芯盒按结构不同，大致分为整体式、拆开式和脱落式三大类。

1）整体式芯盒。芯盒四壁不能拆开，具有敞开的填砂面，沿出芯方向有一定的斜度，翻转芯盒即可将砂芯倒出，如图 5-20（a）所示，这种芯盒结构简单，操作方便，用来制造高度不大的简单砂芯。

2）拆开式芯盒。此种芯盒是由两部分以上盒壁组成，并有定位、夹紧装置。填砂前先把芯盒锁紧，实砂完毕后拆开芯盒便取出砂芯。由于芯盒拆开面的不同，又分为水平式芯盒和垂直式芯盒，如图 5-20（b）～（e）所示。

3）脱落式芯盒。它是一种使用很广的芯盒，如图 5-20（f）所示。它由内外两层盒壁组成，内层壁构成砂芯的形状和尺寸，外层壁作为固定内层壁用的套框。砂芯制好后将芯盒翻转脱去外套，再从不同方向使内壁组块与砂芯分离。这类芯盒适合于制造形状较复杂的砂芯，但精度较差。为便于脱落，要将芯盒各内壁组块与外套之间的配合面留有一定斜度，一般为 3°～5°，脱落式芯盒内外壁之间的配合结构，如图 5-21 所示。

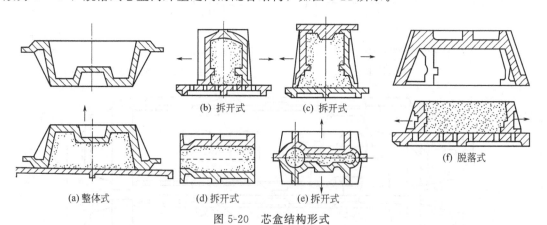

(b) 拆开式	(c) 拆开式		(f) 脱落式
(a) 整体式	(d) 拆开式	(e) 拆开式	

图 5-20 芯盒结构形式

5.3.2 芯盒结构设计

整个芯盒结构可分为主体结构和外围结构两部分。芯盒的主体结构指盒体的壁厚、加强肋、边缘、镶块和活块等，对这些结构要求有足够的强度、刚度和耐磨性、合理的尺寸精度和表面粗糙度。外围结构主要包括定位装置、紧固装置、手把、吊轴以及在造芯机工作台上固定的耳台结构等，对它们的基本要求是尺寸精确，使用可靠。

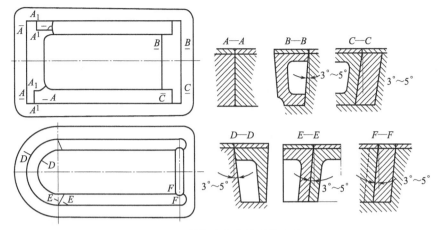

图 5-21 脱落式芯盒外壁的配合

(1) 芯盒主体结构材料选择

对于中小型芯盒可采用 ZL101、ZL102 和 ZL201 铝合金,大型芯盒可用 HT150、HT200 铸铁,活块和镶块材料一般与盒体材料相同,但常用铝合金。一些小活块和镶块也可用铜合金或低碳钢制造。

(2) 芯盒主体结构

芯盒主体结构一般都设计成带有边缘并设有加强肋的薄壁盒体结构 (见图 5-22)。

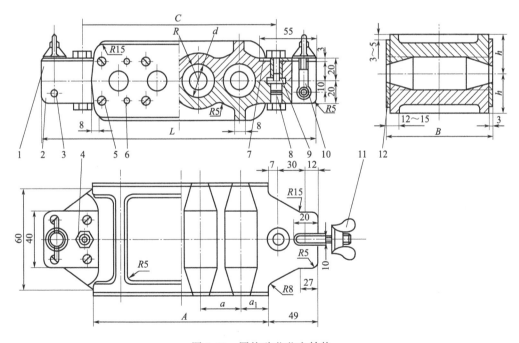

图 5-22 圆柱砂芯芯盒结构

1—上芯盒;2—下芯盒;3—圆柱销;4—六角螺母;5—开槽沉头螺钉;6—圆柱销;7—紧固垫片;
8—定位销;9—定位销套;10—活节螺栓;11—蝶形螺母;12—耐磨护板

1) 壁厚、加强肋和边缘。芯盒壁厚根据芯盒平均轮廓尺寸和选用的材料来确定,既要保证强度和刚度,又要使用轻便,具体可参阅相关设计手册。壁厚确定后,芯盒外壁可随形处理，但要尽量避免有过大的热节。

为了提高刚度，防止芯盒变形，在盒体外壁上可设置加强肋。肋条可随芯盒周边形状布置，中间适当加肋。肋的高度视芯盒形状、大小而定，一般在 15mm 之内。

2）芯盒边缘及耐磨片。芯盒的边缘应加厚加宽，以提高芯盒强度和刚度，也便于操作。为了防止磨损，在铝质芯盒刮砂面的边缘上要设计耐磨片，不刮砂的边缘和铸铁芯盒可不设耐磨片。耐磨片用 Q235A 钢或 30 钢制成，其厚度为 3mm，用 M5 的沉头螺钉固定在盒体边缘上，螺钉头应低于刮砂面，以免妨碍制芯操作。

3）芯盒中的活块及镶块。芯盒中阻碍出芯或难以出芯的腔壁部分，可做成活块。活块可在出芯前取出，也可与砂芯一起倒出后再分离。伸入砂芯内部的排气棒、浇口棒和冒口棒等也属于活动块，在实砂前先固定在芯盒内，实砂后起芯前先拔出。

（3）定位、夹紧结构

对开芯盒都有定位结构，常用定位销、铰链及止口。定位销是标准件，精度高，应用广。销子、销套用工具钢制造，工作部分淬火，40～45（HRC），销子直径一般为 8、10、12mm，以适应芯盒大小。

手工造芯的简单芯盒，其夹紧可用钢丝制成的弓形夹。成批生产的芯盒应有操作方便的、由标准元件构成的夹紧结构，如蝶形螺母-活节螺栓、快速螺杆-螺母装置等。结构应简单、紧凑，操作、修理应方便。

（4）手柄、吊轴

小芯盒可利用突耳当作手柄。为了搬运、翻转方便，中、大芯盒上应有手柄或吊轴。手柄、吊抽可采用铸接式或整铸式、装配式。位置应使芯盒搬运时保持平衡，形式如图 5-23 所示。

机用芯盒应设有同造芯机工作台联结用的耳子和螺栓孔，其位置和尺寸应和工作台面上的"T"形槽尺寸一致，并满足造芯机工作要求。

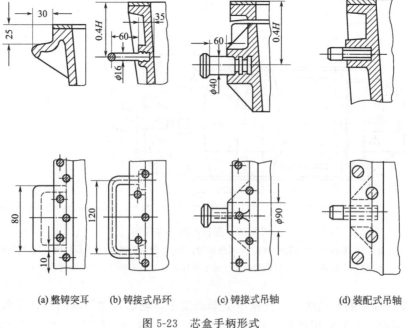

(a) 整铸突耳　　(b) 铸接式吊环　　(c) 铸接式吊轴　　(d) 装配式吊轴

图 5-23　芯盒手柄形式

5.4　其他工艺装备

5.4.1　高压造型用直浇道模和浇口杯模

垂直分型时，直浇道模和浇口杯模固定在正压模板和反压模板上，使用中不会遇到困难，水平分型时，直浇道模和浇口杯模必须精心设计，才能顺利应用。

在水平分型的高压造型中，直浇道模一般固定在模板上，形状为上小下大。而浇口杯模固定在压头上，因而须考虑压砂时两者之间的型砂应能顺利移走，而不致妨碍紧砂过程。成功的实例如图 5-24 所示。图 5-24 (a) 浇口杯模用硬橡胶制成，这样就不致像钢制杯那样被挤裂，并能顺利排砂；图 5-24 (b) 中用压缩空气于压砂时吹去直浇道顶部之型砂，从而顺利实现造型。此外，还可用稍带弹性的高强塑料制造浇口杯和直浇道模。

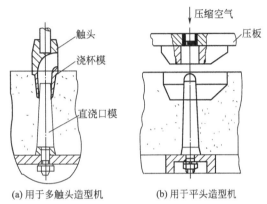

(a) 用于多触头造型机　　(b) 用于平头造型机

图 5-24　高压造型用直浇道和浇口杯

5.4.2　压砂板和成型压头

压砂板和成型压头用来压实砂箱中的型砂。其中平压砂板适用于高度不大的模样，可通用，但紧实度不均匀；成型压头可改善砂型紧实度的均匀性，但是不能通用，适用于单一铸件的大量生产。

5.4.3　砂芯检验用具

砂芯的形状千差万别，需依具体条件设计检验用具。一类是检查砂芯形状、尺寸的量具，如卡规、量规、环规、塞规等；另一类是检验砂芯在型内的位置是否准确的样板，如图 5-25 所示。

量具可用工具钢制造，先将工作表面淬火，再磨削至需要的尺寸；样板多用 3mm 厚的钢板焊上底座制成。先经消除应力退火，再精加工测量面和基准面。通常用样板控制铸件的加工基准面和尺寸要求严格的部位。

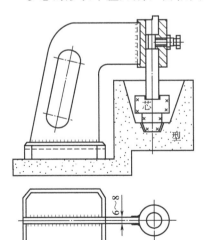

图 5-25　检验砂芯位置的样板

5.4.4　烘干器（板）

小于 $0.25m^2$ 的烘干板，多用铝合金铸造，也可用 $3\sim4mm$ 钢板焊接而成。大、中型烘干板多用铸铁铸成，并留有吊轴或吊孔。

成型烘干器的结构类似上半芯盒，用于烘烤两面成型的 1、2 级砂芯。成型烘干器是一种要求数量多、内腔尺寸严、制造和维修工作量大且费用高的用具。因此，应尽量避免使用成型烘干器。

成型烘干器设计中垂直面（内腔）和小于 5° 的非支撑面，每边应留出 $1\sim1.5mm$ 的砂芯空隙，以防擦坏砂芯。半圆形烘干器底部应承托砂芯的 2/3 半圆周。顶面留凸出小方台，高度不小于 2mm，以减少刮研量。壁厚 4～6mm，加强肋不低于 30～40mm，通气孔尽量铸出。工作内腔表面依"修正导具"配研、刮修，要求每 $1cm^2$ 上的接触点不少于 1～0.5 个。定位孔径比芯盒销径大 0.3～0.4mm，销孔依"修正导具"配钻。

烘干器壁厚偏差不大于 0.5mm。工作表面平面度符合下述规定。

烘干板长	平面度偏差
＜400mm	＜0.3mm
400～600mm	＜0.5mm
＞600mm	＜0.7mm

5.4.5　工装图样的通用技术条件

1）毛坯加工前需经消除应力退火。

铸铝毛坯不少于 5～6h，温度 230～240℃；铸铁毛坯 3～4h，温度 500～600℃，铸钢毛坯需退火或正火后加工。

2）注明尺寸偏差及形位公差。

3）表面粗糙度要求。

4）未注壁厚、起模斜度、铸造圆角等，说明是否按标准尺加工。

5）其他技术要求。

习题与思考题

1. 常用工艺装备有哪几种？

2. 设计和制作金属模样时应注意什么？

3. 模样在模板上怎样固定，如何定位才能防止错箱？

4. 模板的选用原则是什么？

5. 砂箱的结构设计包括哪些内容？

6. 设计和选用砂箱时，不能只满足铸件工艺流程中的生产要求，还应注意什么？

7. 芯盒如何分类？其特点和应用情况如何？

8. 芯盒的结构设计包括哪些内容？

9. 多触头造型机的触头做成很多的目的何在？

10. 各类工装的通用技术条件是什么？

第6章 消失模铸造工艺设计

6.1 消失模铸造工艺的特点

消失模铸造是将与铸件尺寸形状相似的泡沫模型黏结组合成模型簇，刷涂耐火涂料并烘干后，埋在干石英砂中振动造型，在负压下浇注，使模型气化，液体金属占据模型位置，凝固冷却后形成铸件的新型铸造方法。

消失模铸造技术的历史不长，不过短短50年的历史。1958年，美国的H.F.shroyer发明了用可发性泡沫塑料模样制造金属铸件的技术并取得了专利（专利号：USP 2830343）。最初所用的模样是采用聚苯乙烯（EPS）板材加工制成的，采用黏土砂造型，用来生产艺术品铸件。采用这种方法，造型后泡沫塑料模样不必起出，而是在浇入液态金属后聚苯乙烯在高温下分子裂解而让出空间充满金属液，凝固后形成铸件。1961年德国的Grunzweig和Harrtmann公司购买了这一专利技术加以开发，并在1962年在工业上得到应用。采用无黏结剂干砂生产铸件的技术由德国的H.Nellen和美国的T.R.Smith于1964年申请了专利。由于无黏结剂的干砂在浇注过程中经常发生坍塌的现象，所以，1967年德国的A.Wittemoser采用了可以被磁化的铁丸来代替硅砂作为造型材料，用磁力场作为"黏结剂"，这就是所谓的"磁型铸造"。1971年，日本的Nagano发明了V法（真空铸造法），受此启发，今天的消失模铸造在很多地方也采用抽真空的办法来固定型砂。在1980年以前使用无黏结剂的干砂工艺必须得到美国"实型铸造工艺公司"（Full Mold Process, Inc）的批准。在此以后该专利就无效，因此，近20年来消失模铸造技术在全世界范围内得到了迅速的发展。

6.1.1 消失模铸造分类

消失模铸造可以分为两类。

（1）消失模实型铸造 用板材加工成形的消失模模样辅助用树脂砂造型，其主要特点是：①模样不用模具成形，而是采用市售的泡沫板材，用数控加工机床分块制作，然后黏合而成；②通常采用树脂砂或水玻璃砂作填充砂造型。这种方法主要适用于单件小批量中大型铸件的生产，如汽车覆盖件模具、机床床身等。人们习惯把这一类方法称为Full Mould Casting（简称FMC法），中文名实型铸造。

（2）用模具发泡成形的消失模铸造 它的主要特点是模样在模具中成形和采用负压干砂造型。主要适用于大批量中小型铸件的生产，如汽车、拖拉机铸件、管接头、耐磨件。通常称这种方法为Lost Foam Casting（简称LFC法）。简单模样也可以用板材切割后粘结成模样替代发泡成型模样。

LFC法主要工艺过程如图6-1所示，包括：

1）泡沫模样的制造；

2）模样及浇注系统粘合；

3）上涂料；

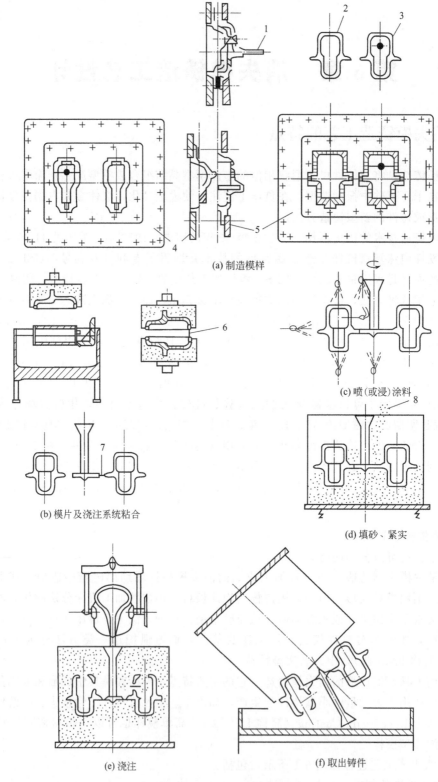

(a) 制造模样

(b) 模片及浇注系统粘合

(c) 喷（或浸）涂料

(d) 填砂、紧实

(e) 浇注

(f) 取出铸件

图 6-1　LFC 法工艺过程

1—注射预发泡珠粒；2—左模片；3—右模片；4—凸模；5—凹模；
6—模片与模片粘合；7—模片与浇注系统粘合；8—干砂

4）填砂、震动紧实；

5）浇注；

6）取出铸件。

图 6-2 是消失模铸造与传统的黏土砂铸造工艺流程的比较。可以看出：消失模铸造每生产一个铸件就要消耗一个发泡模样，因此必须有泡沫模样发泡成型的工序，但却减少了砂型铸造的型（芯）砂制备、制芯、下芯等许多工序。

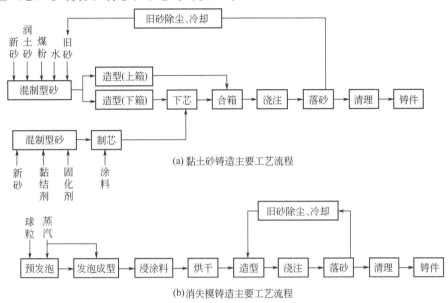

图 6-2 消失模铸造与黏土砂铸造工艺比较

6.1.2 消失模铸造特点

消失模铸造的主要特点如下所述。

1）它是一种近无余量、精确成形的工艺。由于采用遇液体金属即消失的泡沫塑料作模样，无需取模，无分型面，无泥芯，因而既无飞边毛刺，又无拔模斜度，也减少了由于型芯块组合而造成的尺寸误差，尺寸精度和表面粗糙度分别可达 CT5-7、Ra6.3-12.5μm，接近熔模精密铸造水平。由于填充砂采用干砂，根除了由于型砂中水分、黏结剂和附加物带来的缺陷，铸件废品率显著下降。尤其是该工艺可以聘任技术等级低的工人，获得质量高的铸件，对铸造行业很有吸引力。

2）容易实现清洁生产。低温下聚苯乙烯（EPS）对环境完全无害，浇注时排除的有机物也少；EPS 有机物排放量仅占浇注铁水重的 0.3%，而自硬砂有机物排放量占到 5%。同时 EPS 产生有机排放物的时间短，地点集中，易于收集，可以通过负压抽吸式燃烧净化器处理，燃烧产物对环境无公害。同时 LFC 法清理工作量大大降低，减少了噪声、一氧化碳和石英粉尘危害，旧砂回用率在 98% 以上，整个工艺过程工人劳动强度大大降低，劳动环境显著改善，容易实现机械化自动化和清洁生产。

3）为铸件结构设计提供了充分的自由度。原先由多个零件加工组装的构件，可以通过分片制模然后粘合的办法整体铸出（如复杂的汽缸盖和汽缸体模具可以由若干个模片组装成一个整体，如图 6-3 和图 6-4 所示），原先需要的泥芯可以省去，原先需要加工形成的孔、洞可以直接铸出，这就大大节约了加工装配的费用，同时也可以减少加工装备的投资。一般

图 6-3　汽缸盖分片泡沫模样

来说采用 LFC 技术，设备投资可以减少 30%～50%，铸件成本可下降 10%～30%（成本下降的幅度取决于零件批量、复杂程度，以及加工装配时间的节省等）。如第一汽车制造厂按 LFC 法生产的铝合金进气歧管、毛坯重量由原金属型的 3.39kg 减少到 2.84kg，机加工量减少了 30%。装机后内燃机燃烧效果得到改善，节油达 10g/kWh，同时模具寿命提高了 10 倍，这许多综合因素使该零件的生产成本显著下降。

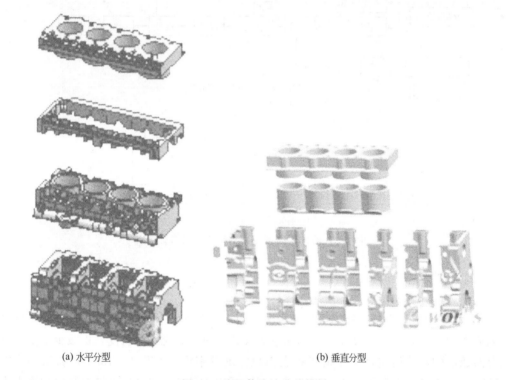

(a) 水平分型　　　　　　　　　　　　(b) 垂直分型

图 6-4　汽缸体泡沫分片模样

　　4）金属液的流动前沿是热解的消失模产物（气体和液体）。它会与金属液发生反应并影响金属液的充填，如果金属充型过程中热解产物不能顺利排除，就容易引起铸件气孔、皱皮、增碳等缺陷。这就要求工艺师掌握消失模铸造成形原理，正确设计浇注系统，制订合理的工艺方案。

　　5）由于模具的制造成本较高，要求有一定的生产批量，否则很难获得好的经济效益。

　　综上所述，消失模铸造符合当今铸造技术发展的总趋势，其优越性不容置疑。有人把它称为"代表 21 世纪的铸造新技术"，美国把该技术作为本国汽车工业取胜的重要武器，同时认为："LFC 法可能是使铸造工艺与其他成形方法和替代材料竞争中立于不败之地的一张王牌"。消失模铸造有着广阔的发展前景，但它不是万能的，它有特定的应用范围，具体的产品对象采用什么铸造工艺最合适，必须经过技术上可行性以及经济上的合理性的充分论证，切不可盲目从事。

6.2　泡沫模样成型工艺

模样是消失模铸造成败的关键环节，没有高质量的模样绝对不可能得到高质量的消失模铸件。对于传统的砂型铸造，模样仅仅决定着铸件的形状、尺寸等外部质量，而消失模铸造的模样，不仅决定着铸件的外部质量，而且还直接与金属液接触并参与传热、传质、动量传递和复杂的化学、物理反应，因而对铸件的内在质量也有着重要影响。消失模铸造的模样，是生产过程必不可少的消耗材料，每生产一个铸件，就要消耗一个模样，模样的生产效率必须与消失模铸造生产线的效率相配匹。

6.2.1　消失模铸造对模样的要求

模样是用泡沫塑料制成的，它是以合成树脂为母材制成的内部具有无数微小气孔结构的塑料，其主要特点如下所述。

1) 质地轻。其他用途的泡沫材料比如防水隔热的泡沫材料，其容重为 $20\sim50\text{kg/m}^3$；用作救生圈芯及浮标的泡沫材料，容重为 $30\sim100\text{kg/m}^3$；而铸造模样材料的容重仅为 $16\sim25\text{kg/m}^3$，它是同体积钢铁铸件重的 $1/250\sim1/350$，铸铝件的 $1/100$。

2) 泡沫塑料的泡孔互不连通，具有防止空气对流的作用，因此不易传热和吸水，起着隔热隔水作用；其热导率约为铸铁的 $1/1429$。

3) 泡沫塑料的种类很多，如聚氯乙烯、聚苯乙烯、酚醛和聚氨酯泡沫塑料等，但选作铸造模样用的泡沫塑料，必须是发气量较小，热解残留物少的泡沫塑料。1000℃时泡沫聚苯乙烯的发气量是 $105\text{cm}^3/\text{g}$，而泡沫酚醛和泡沫聚氨酯发气量分别为 $600\text{cm}^3/\text{g}$ 和 $730\text{cm}^3/\text{g}$；泡沫聚苯乙烯气化液的残留物仅占总量 0.015%，而泡沫酚醛和泡沫聚氨酯分别为 44% 和 14%，因此，通常都采用聚苯乙烯泡沫塑料作为铸造的模样材料（expendable polystyrene，EPS）。

4) 铸造模样发泡聚苯乙烯价格比较低，成型加工方便、资源丰富价格比较低，因此它成为目前应用最广的一种模样材料。

6.2.2　模样材料种类及其性质

（1）泡沫聚苯乙烯（EPS）

泡沫聚苯乙烯是由从原油煤中提取的苯（C_6H_6）和从天然气中得到的乙烯（C_2H_4）在氯化铝（$AlCl_3$）的催化作用下，发生烃化反应合成乙苯，再经脱氢处理得到苯乙烯。苯乙烯单体在引发剂过氧苯甲酰（BPO）和分散剂聚乙烯醇（PVA）的参与下，在水溶液中悬浮聚合得到透明的聚苯乙烯珠粒，其反应如下：

按发泡加入方式的不同，可将可发性聚苯乙烯珠粒的制造方法分为一步法和二步法两种。一步法是将苯乙烯、引发剂和发泡剂同时加入反应锅中，一步聚合得到含有发泡剂的可发性聚苯乙烯珠粒。由一步法制得的可发聚苯乙烯，泡孔均匀细小，制品弹性较好。由于发泡剂在聚合时一步加入，简化了操作工序。但是聚合时加入发泡剂，会起阻聚作用，所以这种聚合物相对分子质量较低，一般为 40000～50000。二步法则是先将苯乙烯单独聚合成聚苯乙烯珠粒，然后将获得的聚苯乙烯珠粒进行筛选，将聚苯乙烯珠粒按大小分成不同的级别。在同一级别的珠粒中加入发泡剂重新加热，使发泡剂渗透入珠粒中，冷却后就成为可发性聚苯乙烯珠粒。大小不同的珠粒，加入发泡剂的量和加热时间不同。显然两步法操作工序更多，发泡剂渗透也需较长的时间，但其优点是聚合物质量得到提高，相对分子质量可达50000～60000 或更大，颗粒度经过筛选分级，有助于提高产品质量。

EPS 常用的发泡剂及其性能如表 6-1 所示。

表 6-1　EPS 常用发泡剂及其性能

名　称	分子式	沸点/℃	凝点/℃
丙烷(propane)	C_3H_8	−42.07	−187.69
丁烷(butane)	C_4H_{10}	−0.5	−138.35
戊烷(pentane)	C_5H_{12}	36.07	−129.72
己烷(hexane)	C_6H_{14}	68.27	−95.38

沸点越低，珠粒越难保存，为使发泡剂不至于散失过快，应选择沸点高的发泡剂，如常用戊烷。不少工厂使用的发泡剂不是纯粹的一种成分，而是若干成分，如丁烷、戊烷和丙烷的混合物。

发泡后泡沫材料像蜂窝状组织，可以认为是以气体填料的复合塑料，它是由共同壁的若干空心小球组成，充满 $1cm^3$ 大约需要 10000 个小球，每个小球的直径约 $50\mu m$，壁厚为 1～$3\mu m$，泡孔的大小随苯乙烯分子量的增加而减少，泡孔壁厚随分子量的增大而增厚。泡沫材料的物理力学性质与蜂窝状组织的密度有极大关系，较大的密度一般伴随着较高的强度，而强度是模样搬运过程中不发生断裂的主要性能指标，为了减少模样的破损，要求泡沫材料有一定的密度，但这必须兼顾到由于密度增大引起热解残留物增多对铸件质量带来的影响，因此，一般是取保证模样不发生断裂的最小密度。

除强度之外，常常容易被忽视的泡沫材料另一项重要的性能指标是抗变形能力，因为抗变形能力不够的模样，会引起铸件的变形报废，一个因变形而报废的铸件通常要到加工过程中才能发现，所造成的损失比一个破损的模样要大得多。

决定抗变形能力的两个主要性能是刚度和抗蠕变能力，泡沫材料的刚度一般是指在短时间内承受载荷不发生变形的能力，通常以比例极限来衡量，比例极限越高，刚度越大，抗蠕变能力则是泡沫材料在载荷作用下，抵抗缓慢变形的能力，譬如长期作用于模样上 $0.28kg \cdot f/cm^2$ (0.028MPa) 的载荷，可以造成 0.5% 的蠕变量，这对于大多数铸件来说是不能接受的。在高温下，蠕变将加快，譬如在模样熟化，从模具中顶出以及热模搬运过程中，更要注意控制模样的热蠕变变形。

（2）聚甲基丙烯酸甲酯（EPMMA）和共聚料（STMMA）

由于 EPS 分子中含碳量高，热解后产生的炭渣多，对铸件质量有不良影响，尤其是对低碳钢增碳量可高达 0.1%～0.3%，甚至更高。对球墨铸铁件的炭渣缺陷也比较严重，针对上述问题，1986 年，美国 DOW 化学公司开发成功一种叫做聚甲基丙烯酸甲酯（EPMMA）的新发泡材料，并应用于生产，取得了明显的效果。但 EPMMA 的发气量的发气速度都比较大，往往浇注容易产生反喷，后来日本人又做了某些改进，利用 EPS 与 MMA 竞聚率相近的特点，合成了 EPS 与时 MMA 一定比例配合的共聚料 STMMA，在解决碳缺陷和发气量大引起反喷缺陷两方面都取得了较好的效果，成为目前铸钢和球铁件生产中广泛采用的新材料。目前我国已实现了这种新材料的国产化，杭州亚太化工有限公司生产的共聚料已经得到了越来越广泛的应用。

EPMMA 制造工艺过程如下：

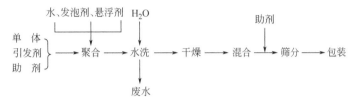

制造中要注意控制好两个技术环节：①粒径及其分布。通过悬浮剂种类、用量、搅拌浆的形式和转速等工艺参数的优化，可以将合成珠粒直径控制在 0.2～0.8mm 的范围内，其中 0.2～0.6mm 的质量分数大于 90%，粒形为表面光滑的球形。②分子量、发泡温度和发泡倍数，通过调整工艺配方，聚合温度及压力等参数，实现分子量、发泡温度、发泡倍数的较佳匹配。

（3）EPS、STMMA 及 EPMMA 的性能比较

表 6-2 列出了三种材料的分子结构、碳含量及主要物理性能指标。

表 6-2　EPS、STMMA 及 EPMMA 的性能

名　称	单位	EPS	STMMA	EPMMA
分子结构		$\begin{array}{c}+CH_2-CH\ +_n\\ |\\ \bigcirc\end{array}$	$\begin{array}{cc}+CH_2-CH\ +_n+CH_2-\overset{CH_3}{\underset{COOCH_3}{\overset{|}{C}}}\ +_m\\ |\\ \bigcirc\end{array}$	$+CH_2-\overset{CH_3}{\underset{COOCH_3}{\overset{|}{C}}}\ +_m$
碳含量	%	92	69.6	60
比热容	J/(g·K)	1.6		1.7
分解热 H_R	J/g	−912		−842
玻璃态转变温度	℃	80～100		105～110
珠粒萎缩温度	℃	110～120	100～105	140～150
初始汽化温度	℃	275～300	约 140	250～260
大量汽化温度	℃	400～420		370
终了汽化温度	℃	460～500		420～430
热解度	J/g	648		578

表 6-3 列出了国产的三种珠粒的性能指标及应用范围，三种珠粒的选用原则如下所述。

1）对于增碳量没有特殊要求的铝、铜、灰铁铸件和中碳钢以上的钢铸件，可采用 EPS 珠粒，而对表面增碳要求较高的低碳钢铸件通常最好采用 STMMA，对表面增碳要求特高的少数合金钢件可选用 EPMMA。

2）性能要求较高的球铁件对卷入的炭黑夹渣比较敏感，少量的炭黑夹渣将引起微裂纹使性能显著恶化。通常也采用 STMMA 比较保险。

此外，对于要求表面光洁的薄壁铸件（不论是灰铁、球铁还是钢件），必须采用最细的珠粒，最优的发泡倍率，也需要采用 STMMA。

表 6-3　三种国产珠粒的性能指标及应用范围

指　标	EPS	STMMA	EPMMA
外观	无色半透明珠粒	半透明乳白色珠粒	乳白色珠粒
珠粒粒径/mm	1 号(0.60～0.80)，2 号(0.40～0.60)，3 号(0.30～0.40)，4 号(0.25～0.30)，5 号(0.20～0.25)		
表观密度/(g/cm³)	0.55～0.67		
发泡倍数≥	50	45	40
应用范围	铝、铜合金、灰铁及一般钢铸件	灰铁、球铁、低碳钢及低碳合金钢	球铁、低碳钢、低碳合金钢及不锈钢铸件

注：1. 每一粒径范围的过筛率大于等于 90%。

2. 发泡倍数系指在热空气中用 3 号料，测试条件分别为 EPS/110℃，STMMA/120℃，EPMMA/130℃，各 10min。

6.2.3　泡沫模样成型方法及步骤

泡沫塑料模样通常采用两种方法制成：①采用商品泡沫塑料板料（或块料）切削加工、粘结成型为铸件模样；②商品泡沫塑料珠粒预发后，经模具发泡成型为铸件模样。

聚苯乙烯珠粒在模具中发泡成型的模样制造工艺流程如图 6-5 所示，可以看出泡沫模样成型方法主要有预发泡、熟化、发泡成型、冷却、模样组合等步骤。

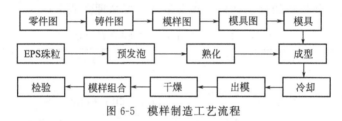

图 6-5　模样制造工艺流程

(1) 预发泡

为了获得低密度、表面光洁、质量优良的泡沫模样，可发性珠粒在成型发泡之前必须经过预发泡和随后的熟化处理。在低于玻璃化温度，发泡剂会向外慢慢地逃逸，但珠粒并不膨胀，只有当温度上升到高于珠粒的玻璃化转变温度时，珠粒处于高弹态可以发生软化变形时，发泡剂由于温度的升高，迅速气化膨胀，使珠粒体积迅速长大，变成一种闭孔，有共用珠壁的蜂窝状结构（见图 6-6），密度大幅度降低。

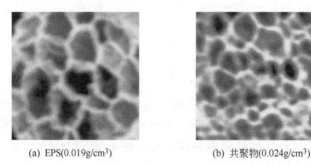

(a) EPS(0.019g/cm³)　　　　　　(b) 共聚物(0.024g/cm³)

图 6-6　珠粒发泡后内部结构

铸造模样通常都采用间隙式预发机，主要有真空预发和蒸汽预发两种形式。目前消失模中常用蒸汽预发工艺。实践证明，获得低密度预发珠粒最好的发泡介质是蒸汽。蒸汽介质通过渗入珠壁内部，帮助预发剂使预发珠粒获得更低的发泡密度。

典型的间隙式蒸汽预发机工艺流程示意图如图 6-7 所示。珠粒从上部加入搅拌筒体，高压蒸汽从底部进入加热预发，筒体内的搅拌器不停转动，当预发珠粒的高度达到光电管的控制高度时，自动发出信号，停止进气并卸料。蒸汽预发机温度参数如表 6-4 所示。

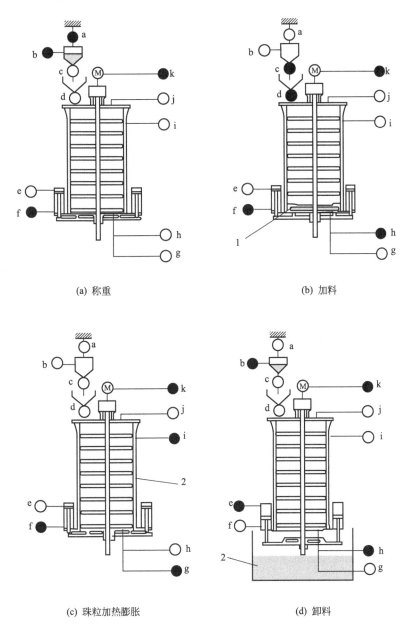

(a) 称重　　　　　　　　　　　　　(b) 加料

(c) 珠粒加热膨胀　　　　　　　　　(d) 卸料

图 6-7　间歇式蒸汽预发机工艺流程示意图

1—预发泡前的珠粒；2—预发泡后珠粒

a—称重传感器；b—原始珠粒加入称重斗；c—原始珠粒放入中间斗；d—加料阀门；e—汽缸上进气阀（卸料）；
f—汽缸下进气阀（关闭卸料底盘）；g—蒸汽阀；h—排水阀；i—光电料位传感器；j—排气阀；k—搅拌电动机
注：图中●表示该电器元件处于工作状态

这种预发泡机不是通过时间而是通过预发泡的容积定量（亦即珠粒的预发密度定量）来控制预发质量，使用效果不错，受到工厂的普遍欢迎。

表 6-4　蒸汽预发机温度参数

珠粒材料	预发温度/℃	珠粒材料	预发温度/℃
EPS	100~150	EPMMA	120~130
STMMA	105~115		

蒸汽预发设备的关键是：①蒸汽进入不宜过于集中，压力和流量不能过大，以免造成结块，发泡不均匀，甚至部分珠粒过度预发破裂；②因为珠粒直接与水蒸气接触，预发珠粒水分含量高达 10% 左右，因此卸料后必须经过干燥处理。预发的工艺过程和某些参数指标如图 6-8 所示。

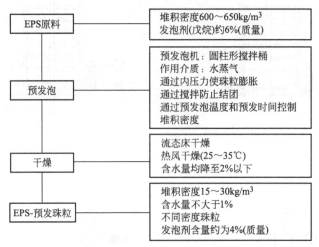

图 6-8　预发泡工艺过程

经过预发泡的珠粒，由于骤冷造成泡孔中发泡剂和渗入蒸汽的冷凝，使泡孔内形成真空，如果立即送去发泡成型，珠粒压扁以后就不会再复原，模样质量很差，必须储存一个时期，让空气渗入泡孔中，使残余的发泡剂重新扩散，均匀分布，这样就可以消除泡孔内部分真空，保持泡孔内外压力的平衡，使珠粒富有弹性，增加模样成型时的膨胀能力和模样成型后抵抗外压变形、收缩的能力，这个必不可少的过程叫做熟化处理。熟化处理合格的珠粒是干燥而有弹性，同时内含残存发泡剂符合要求（3.5% 以上）。

最合适的熟化温度为 20~25℃。温度过高，发泡剂的损失增大；温度过低，减慢了空气渗入和发泡剂扩散的速度。表 6-5 列出了含水量在 2% 以下不同密度的预发珠粒需要的最小和最佳熟化时间。

表 6-5　EPS 预发泡珠粒熟化时间参考值

堆积密度/(kg/m³)	15	20	25	30	40
最佳熟化时间/h	48~72	24~48	10~30	5~25	3~20
最小熟化时间/h	10	5	2	0.5	0.4

（2）成型发泡工艺

成型发泡的目的在于将一次预发的单颗分散的珠粒填入一定形状和尺寸的模具中，再次加热进行二次发泡，形成与模具形状和尺寸一致的整体模样。

二次发泡珠粒的膨胀和融合过程如图 6-9 所示。蒸汽通过气塞进入预发珠粒的颗粒间隙，赶走空气和水，同时加热预发珠粒，使它的表面再次加热到热变形软化区，内部的剩余发泡剂预热膨胀，压力增大，使珠粒二次膨胀并在界面融合，形成一个整体，在这个过程中，通入的蒸汽也会向发泡珠粒内部渗透，加速二次发泡的过程。三通弯管模样断面 SEM（×30）照片如图 6-10 所示，从图 6-10 中可以看出二次发泡后珠粒已融合成一个整体，很难再发现单颗珠粒的痕迹。

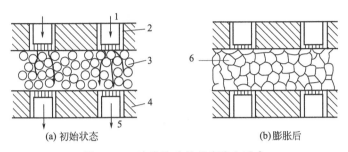

(a) 初始状态　　　　　　　　　　(b) 膨胀后

图 6-9　二次发泡珠粒的膨胀和融合

1—蒸汽入口；2—气塞；3—成型前珠粒；4—模具；5—蒸汽出口；6—成型后珠粒

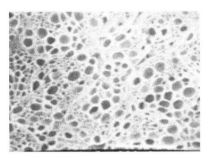

(a) 三通管模样断面SEM(×30)照片　　　　　(b) 三通管模样和铸件实物照片

图 6-10　三通管模样成型后的 SEM 断面图

成型发泡的工艺过程如图 6-11 所示，包括模具预热和射料—通蒸汽二次发泡—通冷却水冷却定型—取出模样。

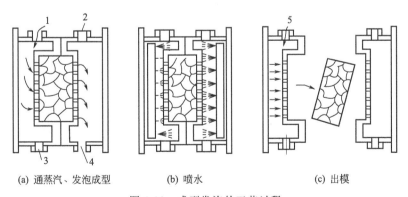

(a) 通蒸汽、发泡成型　　　　　　(b) 喷水　　　　　　　(c) 出模

图 6-11　成型发泡的工艺过程

1—蒸汽入口；2、3—关闭阀门；4—蒸汽出口；5—通压缩空气

6.2.4　泡沫模样发泡模具设计要点

发泡模具的设计和制造的主要包括模具的本体设计、模具与成型机的配合设计、模具的

加工和装配、模样的分片与粘接等四大内容。消失模模具从本质上看和其他模具类似，但是也有不一样的地方，尤其是针对泡沫发泡的要求和其他模具有很大的不同。本节介绍消失模模具设计时要考虑的特点和要素，主要介绍消失模模具本体的设计要点和泡沫模样分片设计原则和组装工序，以便对消失模模样的设计有一个基本了解。

（1）模具的本体设计要点

1）确定发泡模具尺寸参数。基于零件尺寸，选定加工量、收缩率、起模斜度等工艺参数，并对泡沫模样的成型工艺进行审定，最终确定发泡模具的型腔尺寸。

a. 铸件加工余量。确定铸件加工余量基于对铸件尺寸精度等级的定位。而铸件尺寸精度常用尺寸公差和壁厚公差来衡量。德国铸造工作者对消失模铸铁件尺寸公差和壁厚公差进行了归纳，其数值见表 6-6 和表 6-7。

表 6-6　消失模铸铁件的尺寸公差　　　　　单位：mm

尺寸范围	<18	18～30	30～50	50～80	80～120	120～180	180～250	250～315
公差	±0.15	±0.2	±0.25	±0.3	±0.35	±0.4	±0.45	±0.5

表 6-7　消失模铸铁件的壁厚公差　　　　　单位：mm

尺寸范围	<6	6～10	10～18	18～30	30～50	50～80	80～120	120～180
公差	±0.1	±0.15	±0.2	±0.25	±0.3	±0.35	±0.4	±0.45

结合表 6-6 和表 6-7，对照我国铸件公差等级，得出消失模铸造的尺寸公差等级为 CT6-8（高出机械造型砂型铸件尺寸公差 1～2 个等级），壁厚公差等级为 CT5-7（与熔模铸造的尺寸公差相当）。消失模铸造毛坯的加工余量为砂型铸造加工余量的 30%～50%，大于熔模铸造加工余量的 30%～50%。消失模铸件的机械加工余量的取值如表 6-8 所示。

表 6-8　消失模铸件的机械加工余量

铸件最大外轮廓尺寸/mm		铸铝件	铸铁件	铸钢件
≤50	顶面	1.0	2.0	2.5
	侧、底面	1.0	2.0	2.5
50～100	顶面	1.5	3.0	3.5
	侧、底面	1.0	2.0	2.5
100～200	顶面	2.0	3.5	4.0
	侧、底面	1.5	3.0	3.0
200～300	顶面	2.5	4.0	4.5
	侧、底面	2.5	4.0	4.5
300～500	顶面	3.5	5.0	5.0
	侧、底面	3.0	4.0	4.0
≥500	顶面	4.5	6.0	6.0
	侧、底面	4.0	5.0	5.0

b. 收缩率。确定发泡模的型腔尺寸时，应考虑将泡沫模样的收缩和铸件的收缩都计算在内。

泡沫模样的收缩率与泡沫材料有关。对于密度为 $0.022\sim0.025g/cm^3$ 的泡沫模样，

EPS 的线收缩率为 $0.3\% \sim 0.4\%$，共聚物的线收缩率一般为 $0.2\% \sim 0.3\%$，用共聚物制作的泡沫模样的尺寸稳定性要高于 EPS 泡沫模样。

一般来说，泡沫模样的收缩率随其密度的降低而增加。

泡沫模样的收缩与出型后存放时间有关。其规律是：泡沫模样在型内冷却时便有收缩；出型后 $4 \sim 5h$ 内，有 $0.2\% \sim 0.3\%$ 的微膨胀；干燥两天后，泡沫模样中的水分和发泡剂（戊烷）不断挥发，其尺寸收缩趋于稳定，收缩率为 0.45%。

模具型腔尺寸与泡沫模样线收缩率和金属线收缩率的总和之关系用下式表达：

$$L_{模具} = L_{铸件} \times (1 + \varepsilon_{泡沫} + \varepsilon_{金属})$$

式中　$L_{模具}$ ——泡沫模具型腔尺寸；

　　　$L_{铸件}$ ——铸件尺寸；

　　　$\varepsilon_{泡沫}$ ——泡沫模样的线收缩率；

　　　$\varepsilon_{金属}$ ——金属线收缩率。

c. 泡沫模样的起模斜度。泡沫模样从发泡模具中取出，需要有一定的起模斜度，在设计和制造发泡模具时就应将取模斜度考虑在内。选择泡沫模样的起模斜度有增加壁厚法、增减壁厚法和减少壁厚法三种形式，如图 6-12 所示。

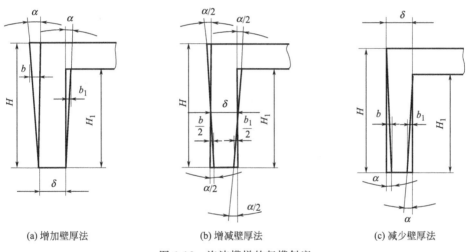

(a) 增加壁厚法　　　　　　(b) 增减壁厚法　　　　　　(c) 减少壁厚法

图 6-12　泡沫模样的起模斜度

增加或减少壁厚的量应符合铸件的壁厚公差。在模具设计中，不同的测量高度与不同的起模斜度或起模角度的对应值如表 6-9 所示。

表 6-9　测量高度与起模斜度（角度）的对应值

测量高度 H/mm	起模斜度/mm	起模角度 α
< 20	0.5	$1°30'$
$20 \sim 50$	$0.5 \sim 1.0$	$45' \sim 2°$
$50 \sim 100$	$1.0 \sim 1.5$	$45' \sim 1°$
$100 \sim 200$	$1.5 \sim 2.0$	$30' \sim 45'$
$200 \sim 300$	$2.0 \sim 2.5$	$20' \sim 45'$
$300 \sim 500$	$2.5 \sim 3.0$	$20' \sim 30'$

对起模斜度的具体取值应考虑以下情况。

泡沫模样在模具中冷却和干燥收缩，造成凹模易起凸模难拔的现象，故凸模的起模斜度应大于凹模的起模斜度。

若无辅助取模措施，起模斜度应取大值。采用负压吸模或顶杆推模等取模方法，模具的起模斜度可取小值。

d. 对泡沫模样的工艺审定。

（a）对最小壁厚的审定。目前，国内用于消失模铸造的泡沫材料（EPS 或共聚物）的最小原始珠粒粒径约为 0.3mm，限制了泡沫模样的最小壁厚不应小于 3mm。

特例：若要求泡沫模样上的文字或图案的条纹凸起过高（高于 3mm）或过窄（小于 2mm），都会造成文字或图案的不清晰。这种情况下，建议将文字或图案的凸起尺寸宽度增加，或将凸起结构改为凹陷结构，如图 6-13 所示。

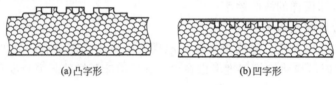

(a)凸字形　　　　　　　　　(b)凹字形

图 6-13　凸字形改为凹字形

（b）对泡沫模样局部偏厚部位的处理。若泡沫模样的各处壁厚相差太大，在相同的成型工艺下，很难同时保证厚壁和薄壁部位表面都光洁平整，不是厚壁处融合不好，就是薄壁处过热收缩。当泡沫模样的最大壁厚和最小壁厚的比值大于 10，成型工艺就难以控制。

（c）对泡沫模样结构稳定性的审定。对不易变形的零件而言，消失模铸件的尺寸精度高于普通砂型铸件。但对于易变形的板形、薄壁箱体或框架零件，遇到的主要问题是在涂挂涂料、填砂造型以及振动紧实过程中，因泡沫模样的变形，导致铸件尺寸超差，严重时，铸件的精度低于砂型铸造。因此，对薄壁箱体或框架件应进行预防变形的工艺措施。在不影响产品的使用要求和外形美观的前提下，可通过加大过渡圆角、增加局部壁厚、设置加强筋和拉筋等措施来增加泡沫件的结构稳定性，其中拉筋若不能同泡沫件一起做出，可用泡沫拉筋与泡沫件粘接成整体。

2）设计模具型腔面。消失模模具设计普遍采用 CAD 技术，对于复杂的异形曲面还必须采用三维 CAD 技术。目前市场上通用的三维 CAD 软件主要有：EDS 公司的 Unigraphics、PTC 公司的 Pro/Engineer 和达索公司的 CATI 等。

消失模发泡模具 CAD 设计步骤如图 6-14 所示。本节重点介绍泡沫模样的三维设计。

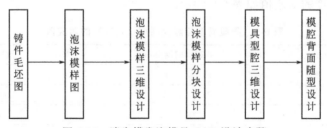

图 6-14　消失模发泡模具 CAD 设计步骤

泡沫模样和模具型腔三维设计，有实体造型和曲面造型两种。实体造型首先是构造基础剖面，再通过拉伸、旋转、截面延伸、非均匀截面延伸等方法来形成简单实体，然后通过求和、求交、求差等布尔运算精确构造复杂的实体。实体造型的特征少，作对应的特征修改也非常简单，所以对外形不是十分复杂的模样来说，用实体建模的方法是最好的。采用实体造型方法构造的变矩器泡沫模样的三维实体如图 6-15 所示。

曲面造型的原理是分别建构零件的各个曲面，然后将这些曲面整合为完整没有间隙的曲面模型。曲面特征除具有与实体特征相同的建构方式外（如拉伸、旋转、截面延伸、非均匀截面延伸等），还具有合成、剪切、延伸等其他实体建模所缺乏的特性，可以胜任复杂零件的三维造型。采用曲面造型构造的增压器壳体零件的三维造型图如图 6-16 所示。

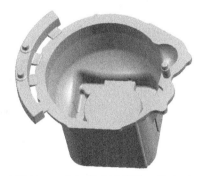

图 6-15　变矩器泡沫模样三维造型　　　　　图 6-16　增压器壳零件的三维曲面造型

曲面造型的最大不足是特征量太多，每一个单一的曲面都是一个单一特征，在合成曲面模型时这些特征仍然保留，造成在最终生成的模样处理中有相当大的处理量，消耗大量的系统资源，也减慢了模样的处理时间，影响了建模速度，而且最终生成实体时往往由于前期造型的疏漏，而使得实体不能正确生成，甚至拒绝执行，由此带来的问题就是模型越复杂，计算的速度越慢，效率也越低。因此，现代的高档三维 CAD 软件普遍具有复合建模技术，即在构造复杂的零件时可同时使用以上两种造型方法，以达到最佳的造型效果。

薄壳随型是消失模模具的一个突出特点，它是获得表面光洁泡沫模样的基础。模具的薄壳结构是指模具型腔的背面形状也按照型腔面来设计，以确保模具壁厚均匀。采用锻铝材料做模具，模具型腔壁厚的推荐值为 8～10mm；采用铸铝毛坯，其型腔壁厚推荐值为 10～12mm。

消失模模具在模样发泡成形时，蒸汽对铝质模具进行加热，要求温度在数十秒内由 80～90℃上升到 120～130℃，使泡沫珠粒二次发泡涨大并充分融合，形成平整的表面；而冷却水对模具背面进行冷却时，又要求模具在数十秒钟内，从 120～130℃的高温迅速降低到 80～90℃，使泡沫件在模具中冷却定型。模具的形体只有设计成薄壳随型结构，才能满足快速加热和快速冷却的工艺要求。

3）模具形腔数量的确定　模具型腔的布置形式有一模一件和一模多件。对于中小型泡沫件多采用一模多件的结构形式，以提高成形设备的生产效率。确定多模型腔数量的几条原则。

a. 对于机动模具，应充分发挥成形机有效空间，均匀布置多模型腔，但各型腔之间的间隔通常在 40～80mm 之间。这不仅是因为模具装配需要，也是加热和冷却工序所要求的。

b. 一般简易立式成型机，不配备气动料枪。只能在工作台的前后或两侧用手动料枪水平进料。因此，在立式成型机上考虑模腔数量和排列方式时，常采用单排形式（便于前台进料），如图 6-17（a）和图 6-17（b）所示，或双排形式（便于前后台同时进料），如图 6-17（c）和图 6-17（d）所示。

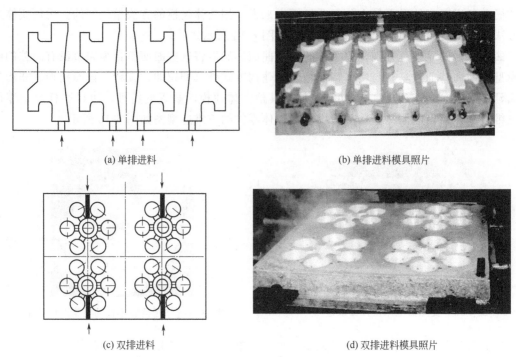

(a) 单排进料

(b) 单排进料模具照片

(c) 双排进料

(d) 双排进料模具照片

图 6-17　立式成型机多模型腔的排列方式

c. 根据立式或卧式自动成形机配备的料枪数量和固定摆放位置，确定多模型腔数量和排列位置。立式自动成型机在上固定台面上配备多把气动料枪进行垂直向下进料，如图 6-18（a）所示；卧式自动成型机常在固定模架上配备数支气动料枪进行水平注料，如图 6-18（b）所示。通常自动成形机都配备 10~20 支进料枪，以满足一模多腔或复杂模具多枪进料的要求。

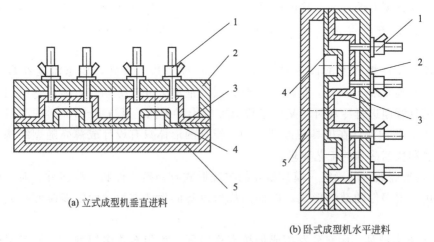

(a) 立式成型机垂直进料

(b) 卧式成型机水平进料

图 6-18　立式和卧式自动成型机的料枪摆放位置

1—进料枪；2—凹模模框；3—凹模；4—凸模；5—凸模模框

当然，卧式（或立式）自动成型机可根据需要，在模具垂直位置布置进料枪。例如：用卧式成型机制作 $\phi40$ 的磨球泡沫模样，设计上将 12×13 个泡沫球在模具中连成整体，如图 6-19（a）所示。用三把气动料枪同时从横浇道处垂直往下射料，一次成型整板泡沫球，如

图 6-19（b）所示。浇注时再将几板泡沫球横串起来，以提高生产率和工艺出品率。

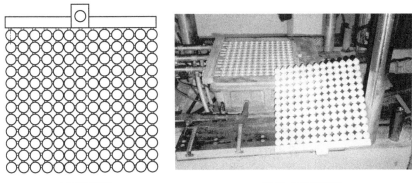

(a) 垂直进料　　　　　　　　　(b) 卧式成型机照片

图 6-19　卧式成形机生产泡沫磨球

4）模腔的透气结构设计。模具型腔面加工完成后，需在整个型腔面上开设透气孔、透气塞、透气槽等结构，使发泡模具有较高的透气性，以达到发泡工艺的要求：

① 注料时，压缩空气能迅速从型腔中排走；

② 成型时，蒸汽穿过模具进入泡沫珠粒使其融合；

③ 冷却阶段，水能直接对泡沫件进行降温；

④ 负压干燥阶段，模样中的水分可通过模具迅速排出。

可见模具的透气结构对泡沫模样的质量至关重要。对模具钳工而言，打气孔、安气塞或开气槽是一项既繁琐又细致的工作，需认真对待。

a. 透气孔的大小和布置。透气孔的直径为 0.4～0.5mm，过小，易折断钻头；过大，影响泡沫件表面美观。有资料介绍：透气孔的通气面积为模腔表面总面积的 1%～2%。据此估算：在 100mm×100mm 的模具面积上，若钻 $\phi0.5$ 的孔，需均匀布置 200～400 个，即每孔间距为 3～6mm。实际施工可如图 6-20 所注尺寸，并采用外大内小孔形结构。

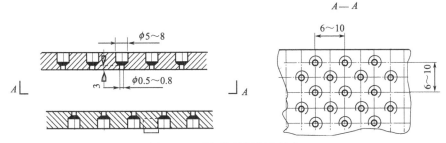

图 6-20　透气孔的间距和结构

由于打钻透气孔工作量大，仅适应在曲率小的圆弧面或尺寸较小的抽芯块。在发泡模具的大平面上通常是嵌入成型透气塞。

b. 透气塞的形式、大小和布置尺寸。透气塞有铝质和铜质的两种，有孔点式、缝隙式和梅花式等几种形式，主要规格有 $\phi4$、$\phi6$、$\phi8$ 和 $\phi10$。按透气塞的通气面积为模腔的表面总面积的 1%～2% 估算，在 100mm×100mm 的模具面积上，若要安装 $\phi8$ 的孔点式排气塞（该排气塞上共有 $\phi0.5$ 的通气小孔共 7 个），需均匀布置 6～8 个。各种规格的排气塞的安装距离推荐值参见表 6-10。

表 6-10　透气塞的安装参考尺寸　　　　　　　　　　　　单位：mm

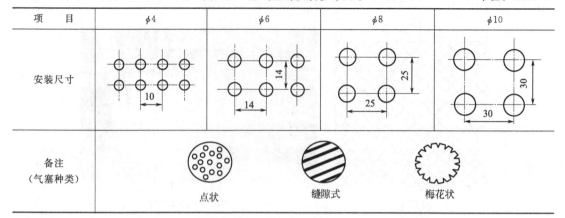

项　　目	φ4	φ6	φ8	φ10
安装尺寸	10	14　14	25　25	30　30
备注（气塞种类）		点状	缝隙式	梅花状

选用和安装透气塞注意事项如下。

（a）透气塞的布置位置除参考表的尺寸外，还应考虑泡沫模的壁厚差别，调整透气塞的安装尺寸。如壁厚大的型腔面，透气塞应布置得密实些，壁厚小的型腔面，排气塞应布置得松散些，以利于厚壁处多进蒸汽，实现厚、薄壁处同步发泡融合成型。

（b）大排气塞主要镶嵌在平面处，小排气塞主要安装在圆弧面上。梅花式透气塞为实心，可自行制作，适应于安装在曲率较小的型面上，因为梅花状排气塞可随型面做打磨处理。

（c）在面对面的型壁上，排气塞的排列应彼此错开，以利于蒸汽在模腔中分布均匀，如图 6-21（a）所示。

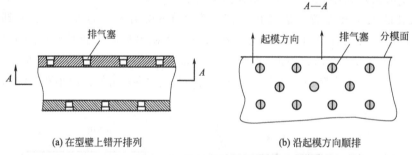

(a) 在型壁上错开排列　　　　　　　(b) 沿起模方向顺排

图 6-21　排气塞的排列方式

（d）安装缝隙式透气塞应使各气塞的取向尽量一致，而且使缝隙方向顺着取模方向，以减少取模阻力；并有利于气塞与模具表面一同作抛光处理，如图 6-21（b）所示。

c. 开透气槽。对于难以打钻透气孔或透气塞的部位，可设计排气槽来解决模具的透气问题。如电机壳模具上的散热片处不易安排透气塞，但可在拼接的每个模具块之间开设数条宽度为 10～20mm、深度为 0.3～0.5mm 的排气槽，如图 6-22 所示。

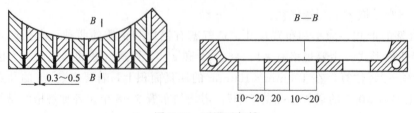

图 6-22　开设透气槽

（2）泡沫模样分片

比较简单的模样可以采用整体发泡的方法，一次性得到一个整体模样（见图 6-23）。较复杂的泡沫模样若不能在一副模具内成型，需先将其进行分片处理，各片单独用模具成型；然后用粘接方法，将分片泡沫模样组合成复杂的泡沫模样。泡沫模样既可分片制造又可黏接整体，充分体现消失模铸造工艺的灵活性。

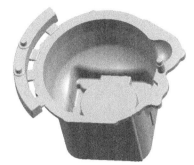

图 6-23 单个整体泡沫模样

1）简单分片。简单分片是对泡沫产品进行简单分割，分割面为平面。各个模片成型后，可用手工粘接方法，将两片模片组成整体。如图 6-24（a）所示。

2）复杂分片。对复杂泡沫模样往往要借助三维设计进行多个模块的曲面分片。各模片在粘接时，借用粘接胎模完成模片的曲面精确粘接。图 6-25（a）为排气管，该零件的流道曲面复杂，采用三维 CAD 软件，将其分解成三个模片，且分割面均为曲面，如图 6-25（b）所示。

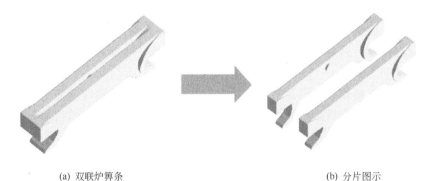

(a) 双联炉算条   (b) 分片图示

图 6-24 双联炉算条模样分片示意

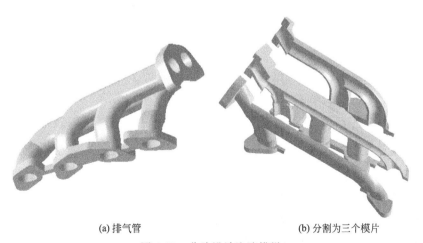

(a)排气管   (b) 分割为三个模片

图 6-25 分片设计泡沫模样

图 6-26 为变速箱体。由于该零件的内腔复杂，需分解为三段模片，其中一个分割面为曲面。由模片黏结形成的整体模样如图 6-26（b）所示。

（3）泡沫模样组装

(a) 变速箱体分为三片　　　　　　　　(b) 整体模样

图 6-26　变速箱体泡沫模样的分片

消失模铸造具有可将泡沫模样先分片后黏结的工艺特点，使复杂铸件的生产变得简单，实现由数个零件集成一起整体铸件的构想，将消失模工艺的优点发挥得淋漓尽致。当然，零件越复杂，泡沫模样的分片越多，所需模具数量也越多，黏结工序也会更复杂。

将泡沫模样先分片后黏结成整体，必须有合适的黏结剂。模片的黏结剂应满足以下要求：对泡沫模样无腐蚀作用；软化点适中，快干性能好；黏结强度较好，并有一定的柔软性；分解气化温度低，残留物少。模片黏结剂分为热熔胶、水溶胶、溶剂挥发胶和双组分胶四大类，见表 6-11。

黏结方式有手工操作和机械黏结之分。手工黏结适合较简单泡沫模样中小批量的生产条件，对于复杂模片的大批量生产，则要靠黏结模具来保证黏结精度，用自动黏结机来保证生产效率。进行模片黏结时，要考虑黏结增厚问题和定位问题。

表 6-11　消失模铸造模样用黏结剂的分类与性能

类别	主要成分	黏结过程	性　能		
			快干性能	黏结强度	气化性能
热熔胶	石蜡、乙烯-聚醋酸乙烯	加热熔融 冷却固化	好	好	好
水溶乳胶	聚醋酸乙烯	水分挥发 加热固化	差	较差	好
有机溶剂挥发胶	橡胶乳液	溶剂挥发 获得强度	较好	较好	较好
双组分胶	A组分为呋喃树脂 B组分为酸固化剂	化学反应 获得强度	好	较好	较好

1）黏结负数。两块泡沫模片对粘时，黏结面上的黏胶总有一定厚度 δ，使泡沫模片黏结后，在高度方向尺寸偏大 ［见图 6-27（a）］。对于尺寸要求高的铸件，应在模具设计时，将泡沫模样在黏结方向上的尺寸减去黏结厚度，以保证泡沫模样尺寸符合图纸要求。

考虑到黏结厚度的影响，在发泡成型模具上减去的数值称为黏结负数。一般黏结负数的取值范围为 0.1～0.3mm。黏结负数可在上、下泡沫模片的模具上各取一半（$\delta/2$），如图 6-27（b）所示，也可以只仅在其中一个泡沫模片的成型模具上考虑黏结负数。

确定黏结负数时应注意以下两点：①黏结负数的大小与黏胶的黏度有关，采用热胶黏结，其值偏大，采用冷胶黏结，其值偏小；②黏结负数大小与操作方式有关，手工黏结，其

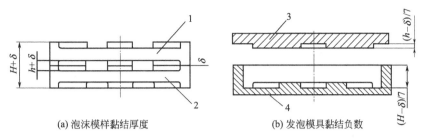

图 6-27　泡沫模样黏结厚度与发泡模具黏结负数

1—泡沫模样（上）；2—泡沫模样（下）；3—成型模具（凸模）；4—成型模具（凹模）

值偏大，机械黏结，其值偏小。

2）黏结定位。为使两个泡沫片定位准确并黏结牢固，可在两个模块的黏结面上分别设计凸凹镶嵌结构，建议厚实处采用凸销和凹孔定位方式，薄壁处采用凸缘和凹槽定位方式，具体结构和尺寸如图 6-28 所示。

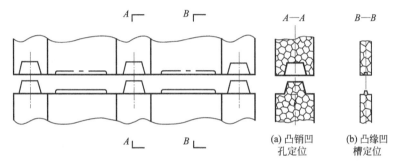

图 6-28　泡沫模片之间黏结定位

此外，泡沫塑料模样的切削加工成型的过程如图 6-29 所示。不少工厂采用木工机床

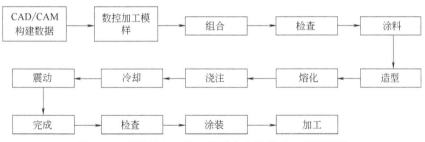

图 6-29　用数控加工泡沫模样生产铸件的工艺流程图

(a) 数控加工过程

(b) 数控加工泡沫模

(c) 铸件

图 6-30　数控加工的泡沫模样及其铸件

（铣、车、刨、磨等）来加工泡沫塑料模样，但由于泡沫塑料软柔脆弱，在加工原理、加工刀具及加工转速上都有很大区别。泡沫塑料一般按"披削"原理加工，加工转速要求更高。数控高速加工床（旋转速度大于 10000r/min）的出现为实型铸造的发展带来了光明前景。日本的木村铸造所采用数控设备加工泡沫塑料模样，开发用于实型铸造的 CAD/CAM 系统软件，主要生产模具毛坯、机床机架、小批量异形铸件等（见图 6-30）。

6.3 消失模铸造浇注系统

消失模铸造和普通铸造技术一样，离不开浇注系统的设计和应用。浇注系统设计合理与否是获得合格铸件的关键所在。消失模铸造浇注系统的设计必须结合消失模铸造的特点，不仅考虑金属液的流动，而且要考虑到泡沫模样的热分解作用和影响。

6.3.1 消失模铸造浇注系统的作用

1）将液体金属平稳地引入铸型，其充型速度应与模样的热解速度以及热解产物排出铸型的速度相一致，以保证整个充型过程顺利有序，获得完整的铸件，避免充型时通常易出现的铸型坍塌、呛火和铸件内部产生气孔、夹渣等缺陷。

2）浇注系统应为铸件凝固时液态金属的体积收缩提供必要的补给金属液和补缩通道，以避免铸件内产生缩孔、疏松。

3）浇注系统与模样的衔接处应有足够的强度，以保证模组在涂挂、搬运、填砂震动时不至于破坏或变形。

4）浇注系统应为热解产物的排出提供通畅的出路，如在金属液最后充满的末端，两股金属流会合处以及变截面处设置专门的排渣冒口。

5）浇口与模样以及模样与模样之间应保持一定距离，以防热传导使邻近的模样在金属液尚未到达之前软化甚至热解而造成铸型坍塌。

6）设计浇注系统时应注意到避免模样上的盲孔朝下，以防填砂不到位而塌箱，并尽量避免模样的大平面平放，最好侧倾置或竖立，比较容易保证质量。

7）浇注系统的结构应尽量简单，以免增加制模的困难，同时应尽可能提高铸件的工艺出品率。

6.3.2 浇注系统的结构形式

1）基本结构形式。常用的有顶注式、底注式、侧注式以及阶梯式 4 种，它们的特点见表 6-12。

表 6-12 浇注系统的基本结构形式

结构形式	图　例	特　点
顶注式		顶注充型速度快，温度降低少，有利于防止浇不足和冷隔缺陷；温度分布上高下低，顺序凝固补缩效果好；浇注系统简单，工艺出品率高。但很难控制金属液的流动方向，对高大、复杂的铸件，容易引起塌箱；同时金属流动方向与热解产物逃逸方向逆向，容易造成气孔和夹渣缺陷。通常用于高度不大的小件、薄壁件

结构形式	图　例	特　点
底注式		金属液从泡沫模样底部注入,有利于泡沫模样的逐层汽化,实现平稳充填,热解产物浮在铸件上部。不易产生铸件内部夹渣、气孔,但铸件的上表面容易出现碳缺陷,要采取必要的工艺措施。比较适宜于黑色金属重大铸件。底注的工艺出品率一般比较低
侧注式		金属液从泡沫模样侧面注入,工艺出品率较高,便于泡沫模样与直浇道的黏结以及涂挂涂料,非常适合于中小型铸件的串浇
阶梯式		兼有顶注和底注的优点,也便于泡沫模样与浇道的黏结、搬运及震动造型,适宜于形状复杂的中大件,如箱体类零件

2) 串浇的结构形式。小件通常采用串浇形式,可以提高铸件工艺出品率,表 6-13 列举了 7 种串浇的结构形式及特点。

表 6-13　串浇的各种结构形式

结构形式	图　例	特　点
单竖串式		直浇道与内浇道直接相连,直浇道兼起冒口的作用,操作方便,但对排气、排渣不利。工艺出品率较高,如单竖串球铁卡钳体零件,一串 6 层每层 4 件,工艺出品率为 75%
单横串式		横浇道与内浇道相连,常用于顶注,有利于顺序凝固,如高铬耐热合金炉算条,每串 6 件,工艺出品率为 80%

结构形式	图　例	特　　点
盘串式		横浇道为网格底盘，通过内浇道将多个泡沫模样连接到横浇道上，该结构多为底注，工艺出品率较低。如在一个横浇道盘上，连接 6 个铸件，工艺出品率约为 70%
多竖串式		在单竖串式基础上，将数个竖串泡沫模样按一定间隔，放入砂箱内造型，用横浇道将它们连接在一起，实现多串竖浇。生产效率高。如多串浇注合金铸铁耐磨球(ϕ80)；每串 6 层，每层 6 个，若根据砂箱的大小，将 4 串泡沫模样连接一体，则每箱可浇注磨球 144 个，铸造工艺出品率约为 85%
多横串式		在单横串式基础上，将数个横串泡沫模样的直浇道在砂箱中对接，实现多横串式浇注，以提高生产效率。如每箱浇注 18 件耐热合金双联炉算条，工艺出品率约为 85%
簇拥式		浇注系统无横浇道，数个泡沫模样的内浇道直接与直浇道相连，并呈簇拥状。该结构形式特别适合长条型铸件(如进气管、排气管)，为提高浇注系统结构稳定性，多采用阶梯内浇道。簇拥式浇注系统工艺出品率大于为 85%

续表

结构形式	图　例	特　点
组合矩阵式		在模具设计上将数个小泡沫模样串联成一个矩阵结构,每个矩阵模样单独涂挂涂料。造型时将数个矩阵块的横浇道串联组合成矩阵式结构。如组合矩阵式铸造 $\phi40$ 耐磨球,一箱可浇注 1008 个磨球,工艺出品率高达 95%

6.3.3　浇注系统各组元尺寸的确定

　　消失模浇注系统各组元尺寸的确定,目前尚无统一的标准。一般沿用砂型铸造的浇注系统理论,结合消失模铸造的特点来设计消失模铸造的浇注系统。设计消失模铸造浇注系统时要考虑以下特点。

　　1) 消失模铸造中,高温金属液充型流动过程中要克服汽化泡沫模样而带来的气压阻力,不像在空腔中流动中的水力学流动,因此,在传统的砂型铸造(空型)中,浇口大小、数量、位置至关重要,而在消失模铸造中并不是那么重要。

　　2) 消失模模样(含浇注系统)需要涂挂涂料,需要承受很大的重力。内浇道起到连接模样和浇注系统的作用。当浇口面积很小时,小到实际上很难支持得住涂挂涂料和填砂紧实时的强度,浇注速度才由浇口面积所控制。但实际上,使用的浇口面积(为了支持涂挂涂料和填砂振实时有足够的强度)要大得多,此时,控制浇注速度主要因素就不再是浇口面积,而是取决于涂料的性质。

　　3) 对于铝合金,低透气性涂料,浇口不再是节流口,控制金属充型速度的是泡沫模样的消失速度和从涂层中逃逸的速度;只有浇口足够小时(即"临界浇口"),浇口才能作为节流口,但实际上这么小的"临界浇口"是无法支持住模组在操作过程中不被损坏。

　　和传统砂型铸造工艺一样,消失模铸造浇注系统设计首先要确定内浇道(最小断面尺寸),再按一定比例确定直浇道和横浇道。

　　计算方法有以下两种。

　　(1) 经验法

　　以传统砂型工艺为参考,经查表或经验公式计算后,再做适当调整,一般增大 15%～20%(实际要考虑涂挂涂料时承受力的问题)。

　　(2) 理论计算方法

　　如水力学计算公式:

$$\sum F_{内} = \frac{G}{\mu t \times 0.31\sqrt{H_p}} \quad (\text{cm}^2)$$

式中　G——流经内浇道的液态合金重量,kg(铸件重+浇注系统重+冒口重);

　　　　μ——流量系数,可参考传统工艺查表,一般可按阻力偏小来取。铸铁件为 0.40～0.60;铸钢件为 0.30～0.50;

H_p——压头高度，根据模型在砂箱中的位置确定；

　　t——关键是浇注时间的选择，快速浇注是 EPC 工艺的最大特点。浇注时间可按下式确定。

铸钢件：$t=C\sqrt{G}$，C 值由 K_v（铸件相对密度）决定。$K_v=G/V$，G 为铸件重，kg；V 为铸件轮廓体积，dm^3。关于 K_v 和 C 的选择可参考表 6-14。

铸铁件：$t=\sqrt{G}+\sqrt[3]{G}$（中小件）；$t=\sqrt{G}$（大件）。

表 6-14　系数 C 和 K_v 的选择

K_v	0～1.0	1.1～2.0	2.1～3.0	3.1～4.0	4.1～5.0	5.1～6.0	6.0
C	0.8	0.9	1.0	1.1	1.2	1.3	1.4

关于各组元的尺寸，为保证金属液不断流和具有一定的充型速度采用封闭式为宜。推荐的比例关系如下所述。

铸钢件：$\sum F_内 : \sum F_横 : F_直 = 1:1.1:1.2$

铸铁件：$\sum F_内 : \sum F_横 : F_直 = 1:1.2:1.4$

开放式可提高浇注系统和泡沫模样之间的结合强度，保证在浸涂涂料，烘干、搬运以及振动造型操作时模样不会折断。因此，推荐的各组元尺寸：$F_直 : \sum F_横 : \sum F_内 = 1:(1.1\sim1.3):(1.2\sim1.5)$。

6.3.4　空心直浇道及浇注系统与模样的连接

（1）空心直浇道

将直浇道做成空心的，可以减少直浇道的发气量，防止浇注初期金属液反喷，保证金属液从上而下迅速而平稳地进行铸型。

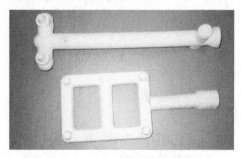

空心直浇道分为耐火材料空心浇道和泡沫空心浇道两类。对于质量要求特别高的铸件，推荐采用耐火材料空心直浇道。它的优点是既可保持浇注温度，实现快速平稳充填，又可消除浇注的反喷，防止冲砂。耐火空心直浇道多用于底注式，并可在浇道中嵌入陶瓷过滤片，以防止金属夹渣，如图 6-31 所示。因价格和供货等方面的原因，国内仅个别厂家使用，而国外消失模铸造厂家使用轻质耐火空心直浇道相当普遍。泡沫空心直浇道分为专用空心直浇道和通用空心直浇道，如图 6-32 所示。

图 6-31　耐火空心浇道

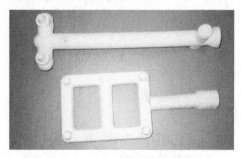
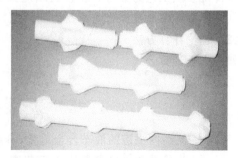

(a) 专用空心浇道　　　　　　　　　(b) 通用空心浇道

图 6-32　空心泡沫浇道

（2）空心直浇道的对接

分段制作的空心直浇道可对接延长，以适应多品种小型铸件的组串浇注，如图 6-33 所示。

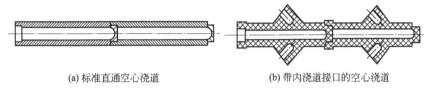

(a) 标准直通空心浇道   (b) 带内浇道接口的空心浇道

图 6-33 空心直浇道的对接

采用标准的直通空心直浇道，可配合标准的两通、三通或四通接头，使直浇道和横浇道均为空心结构，以实现多层模组串浇，如图 6-34 所示。

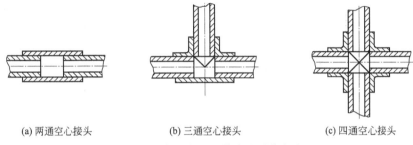

(a) 两通空心接头   (b) 三通空心接头   (c) 四通空心接头

图 6-34 标准的空心接头和对接方法

（3）浇道系统与泡沫模样的对接

浇道系统与泡沫模样的对接方式主要有平面对接和嵌入对接两种形式，如图 6-35 所示。

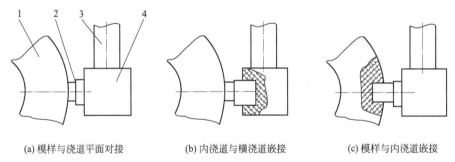

(a) 模样与浇道平面对接   (b) 内浇道与横浇道嵌接   (c) 模样与内浇道嵌接

图 6-35 泡沫模样与浇道对接

1—泡沫模样；2—内浇道；3—直浇道；4—横浇道

平面对接和嵌入对接的应用实例如图 6-36 和图 6-37 所示。

在浸挂涂料、搬运模组以及震实造型过程中，最易断裂是对接处。泡沫模样与浇道平面对接要靠黏胶来保证连接，而嵌入对接可采用过盈配合或锥度配合，还可在结合面上涂上黏胶，来加强对接强度。因此，嵌入对接的强度要高于平面对接强度。在模具设计时应尽量考虑采用嵌入对接形式。为使泡沫模样与浇道很好地嵌入对接，可选用以下两种方式。

内浇道与泡沫模样一道做出，其形式为圆柱状或条块状。圆柱状内浇道如图 6-38（a）所示。条块状内浇道尽可能厚实一点儿、短一点儿，以提高其抗折断能力，如图 6-38（b）

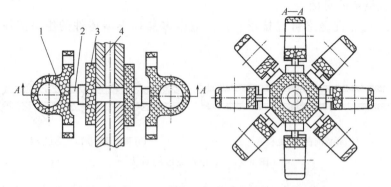

图 6-36　模样与直浇道平面对接

1—泡沫模样；2—内浇道；3—直浇道；4—空心直浇道

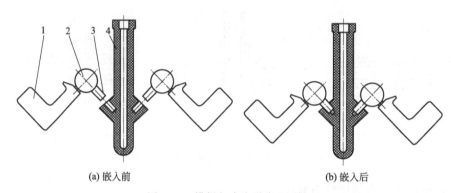

(a) 嵌入前　　　　　　　　　　　　　　(b) 嵌入后

图 6-37　模样与直浇道嵌入对接

1—泡沫模样；2—内浇道；3—直浇道；4—空心直浇道

所示。对于铸铁件，为便于将铸件从浇注系统上敲击下来，可将内浇道设计成由扁条状向圆柱状过渡形式，如图 6-38（c）所示。在内浇道与铸件的连接处还应设计一个过渡凸台，确保内浇道从铸件上折断后，不破损铸件。

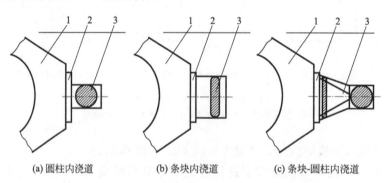

(a) 圆柱内浇道　　　　　(b) 条块内浇道　　　　(c) 条块-圆柱内浇道

图 6-38　泡沫模样上做出内浇道的几种形式

1—泡沫模样；2—连接内浇道凸台；3—内浇道

若对浇注系统设计有把握，还可将内浇道、横浇道同泡沫模一道做出，如图 6-39 所示。

对于在模具上不便将内浇道做出的泡沫模样，可考虑在泡沫模样做出连接圆台或条块状的凹坑，如图 6-40 所示。对于铸铁件，建议在连接处设计一个过渡连接凸台，便于将铸件从浇道上敲击下来时不损伤铸件。

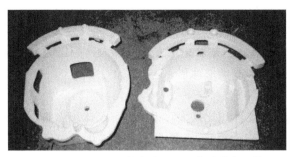

图 6-39　内浇道、横浇道与泡沫模样做成整体

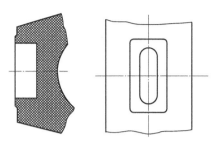

图 6-40　在模样上做出连接内浇道凹坑

6.3.5　冒口的设计

消失模的冒口按其功能分为起补缩作用的冒口、排渣排气作用的冒口和两种功能兼而有之的冒口。排气排渣的冒口，一般设置在液体金属最后充满的部分，或两股液流相汇合的部位，起到收集液态或气态热解产物、防止出现夹渣、冷隔、气孔缺陷的作用，这类冒口无需考虑金属液的补缩。

对于要发挥补缩功能的冒口，应遵循如下原则：

1) 冒口的凝固时间要长于铸件上补缩部位的凝固时间。

2) 冒口的体积要能提供铸件热节凝固收缩所需的金属补给量。

3) 在凝固补缩的全过程中，补缩通道必须畅通。

由于铸钢件和球铁件凝固特点的不同，它们的冒口设计方法也有所差异。

(1) 铸钢件冒口的设计

铸件的凝固时间可以用模数进行估算，采用 Chvorinov 公式：

$$\tau = \left(\frac{M}{K}\right)^2$$

式中　τ——凝固时间，s；

　　　K——凝固系数；

　　　M——模数，cm。

为了保证冒口凝固晚于铸件上的被补缩部位，应有：

$$\left(\frac{M_r}{K_r}\right)^2 \geqslant \left(\frac{M_c}{K_c}\right)^2$$

式中，下标 r 和 c 分别表示冒口和铸件。对于普通冒口，$K_r = K_c$，因此 $M_r = fM_c$，f 为冒口安全系数，$f \geqslant 1$。

为了保证顺序凝固，对于碳钢、低合金钢铸件，其铸件的模数 $M_件$、冒口颈模数 $M_颈$、冒口模数 $M_冒$ 应符合下列条件。

1) 侧冒口：$M_件 : M_颈 : M_冒 = 1 : 1.1 : 1.2$

内浇道通过冒口：$M_件 : M_颈 : M_冒 = 1 : (1 \sim 1.03) : 1.2$

顶冒口：$M_冒 = (1.2 \sim 1)M_件$

2) 冒口必须提供足够的金属液，以补充铸件和冒口在凝固完毕前的体收缩，使缩孔不致深入铸件内。为此应满足条件：

$$\varepsilon(V_冒 + V_件) \leqslant V_冒 \ \eta$$

式中　ε——金属从浇完到凝固完毕的体收缩率，中碳钢为 2.5% ～ 3.0%；

η——冒口补缩效率，球形冒口为 $15\%\sim20\%$。

3）工艺出品率＝铸件重/（铸件重＋冒口总重＋浇注系统），应控制在 60% 左右。

由于球形冒口其体积/表面积的比例比圆柱形、长方形、正方形等都大，凝固时间也最长，而且制造方便，因此，通常都将冒口做成球形或类似球形。

（2）球墨铸铁件的无冒口设计

由于球铁件在共晶转变过程中析出石墨，其比体积比铁大，因此要引起体积膨胀，而负压干砂消失模铸造铸型的刚度大（超过干型和树脂砂型），石墨化膨胀可转化成内压形成自补缩，可以解决凝固末期的二次收缩，避免内部缩松、缩孔缺陷。

因此，只要正确选择浇注温度和内浇口设计，可以对球铁件实行无冒口补缩。推荐小件浇注温度为 $1420\sim1450℃$，中等壁厚铸件为 $1400\sim1420℃$，厚大件则应小于 $1380℃$。内浇道通过计算，采用偏薄梯形，希望浇注完毕尽早凝固并封闭通道，保证铸件内部足够的内压实现自补缩。

传统的冒口设计方法遵循顺序凝固原则，而对消失模球铁件无冒口设计是采用同时凝固原则，铁水从细薄部位引入。

6.4 消失模铸造干砂造型

6.4.1 砂箱和干砂

（1）砂箱

消失模铸造用砂箱与其他砂型铸造用砂箱的结构有很大不同。为了满足加砂、紧实及抽真空的需要，砂箱常为单向开口的桶形结构，一般由一定厚度的钢板焊接而成。根据铸件特点和生产方式，砂箱的形状可为正方形、长方形或圆形。批量生产时，圆形砂箱更好；圆形砂箱有利于砂粒在砂箱内的流动。

1）结构组成。消失模铸造用砂箱通常由箱体、底座（板）、真空室、定位夹紧块等组成，如图 6-41 所示。

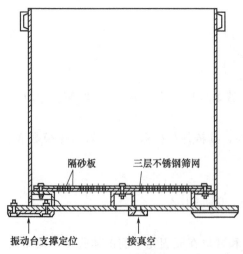

a. 箱体。箱体是砂箱的四周框体，通常由 $5\sim8mm$ 的钢板焊接而成，并用槽钢（或角钢）加强。箱体形状可为正方形、长方形或圆形，组成不同形状的砂箱主体。

b. 底座（板）。底座（板）一般为长方形或正方形，由槽钢或钢板焊接而成。对于生产线上的砂箱，其底座是与辊道接触移动及推杆接触受力的部分，要求结构有较高强度和刚度，并且尺寸准确，一般焊接后应机械加工。

c. 真空室。为了实现砂箱的抽真空，在砂箱的底部或四周需设置真空室，真空室常采用夹层式结构。有的砂箱中采用内壁周围绕挂铝制蛇皮软管代替真空室，结构简单，安装方便；

隔砂板　　三层不锈钢筛网

振动台支撑定位　　接真空

图 6-41　消失模铸造用砂箱结构示意

但不如夹层结构经久耐用。但一般认为，夹层式结构真空排气面积大、速度快、抽气均匀、效果较好。真空室排气窗由多孔板及筛网（100 号不锈钢丝网）组成，需经常检查维护，防止砂粒进入真空室中。

　　d. 定位（或夹紧）块。定位（或夹紧）块为振动紧实和砂箱翻转时砂箱的定位（或夹紧）之用。要求有较高的强度和刚度，且结构简单，易于定位（或夹紧）操作。

　　2）种类。生产线用带夹层式真空室结构的消失模铸造砂箱有如下几种。

　　a. 底抽式砂箱。真空室设在砂箱的底部。这种砂箱结构简单，制作容易，维修方便。其主要缺点是：铸型内的真空度沿砂箱高度方向存在明显的梯度，砂箱底部的真空度高、顶部的真空度低，呈单向抽气。

　　b. 侧抽式砂箱。真空室设在砂箱的一个或两个侧面。优点与底抽式砂箱类似；其缺点是铸型内横向形成明显的真空度梯度、通气筛网容易被凝聚的气化产物所堵塞。

　　c. 双层砂箱。砂箱的周边和底部均采用双层结构并设置筛网，形成互相连通的抽真空室。这种砂箱的刚度好，排气通畅、均匀。其缺点是砂箱的制造费用高、筛网易损坏，应及时维修。

　　d. 底漏式砂箱。当生产中、大型铸件或者砂箱的尺寸较大时，可采用底漏式砂箱［见图 6-42 (c)］。这种砂箱的底部中央设置"漏砂孔"，打开漏砂孔，砂箱内的砂粒从孔内流出，铸件从砂箱的上方取出。采用这种砂箱，铸件打箱落砂时砂箱不用翻转，故可省略砂箱的翻转设备。这种砂箱由于增加了漏砂孔及其开闭装置，其成本较高。

　　消失模铸造用砂箱的几种典型结构，如图 6-42 所示。

　　3）对砂箱的要求。砂箱是消失模铸造的重要装备，是生产优质铸件的重要因素之一。对消失模铸造用砂箱的要求可归纳如下：

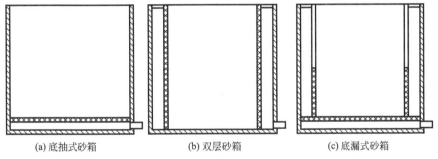

(a) 底抽式砂箱　　　　　　(b) 双层砂箱　　　　　　(c) 底漏式砂箱

图 6-42　消失模铸造用砂箱的几种典型结构示意

　　a. 砂箱要有足够的强度及刚度，以防止造型、输送时砂箱变形。

　　b. 砂箱的内尺寸，应保证模型束各方向上的吃砂量不小于 100mm。

　　c. 生产流水线上的砂箱外形定位尺寸的精度要求较严，尺寸偏差应小于 ±1.0mm。

　　d. 砂箱的结构要考虑在振动紧实台、翻箱机、铸型输送机上的定位、夹紧等操作。

　　e. 砂箱的密封性能好，应在 0.3MPa 下 3min 内不漏气，其结构要有利于均匀紧实排气。

　　f. 砂箱的通用性和互换性好。

　　（2）干砂

　　1）基本要求。模型束经上涂料、烘干后，放入砂箱，用无黏结剂的干砂填实并浇注。选用的原砂必须与所用的涂料相适应。这种砂，紧实时必须流入铸件的内部空腔，浇注期间能使模型气化后的残留物逸出，由于涂层的阻隔可抵抗金属液渗入并为模型束提供机械支撑。

用消失模铸造的原砂多为石英砂（对于生产灰铸铁、有色金属及普通铸钢件，原砂中 SiO_2 的质量分数为 90％～95％就足够），其平均粒度数为 AFS25～45。粒度过细，会阻碍浇注期间残留物的逸出，造成铸件的缺陷；粒度过粗，则会造成金属液渗入，使得铸件表面粗糙。原砂的粒度分布应集中，以保持该工艺所需的高透气性。砂子必须与涂料作为一个体系发挥作用，以获得最佳的铸造工作状态。

根据形状的不同，原砂可分为多角形、次角形、圆形等种类。粒度较粗的圆形砂，其流动和紧实性能好；粒度较细的多角形砂，其流动性较差，但更抗金属液的渗入。应根据实际情况选用。

2）原砂的性能指标。

a. 透气性。为了让气体和液态热解残留物在浇注时从铸件型腔内逸出，干砂必须要有足够的透气性。较细的砂子透气性较低；粒度分布分散的砂子（即粗砂和细砂的混合）透气性也较低。所以，在消失模铸造中，单筛砂更受欢迎，且应重视从型砂体系中除尘的工作。

对洁净的干砂而言，透气性取决于砂粒的大小。从要求较高的透气性来看，宜选用较粗的砂子。常用的干砂 AFS 细度在 25～45，即 30 号筛至 70 号筛之间。

干砂的粒度分布对透气性有显著的影响。例如，一定载荷下 40 号筛的干砂的透气性为 440；但具有相同 AFS 细度的两筛分布的干砂，此载荷下的透气性仅为 280 左右。这主要是由于不同颗粒原砂互相镶嵌的现象，降低了干砂的总体的透气性。

原砂中含泥量过多及干砂中含有大量的粉尘，都会降低型砂的透气性，因此，原砂中的含泥量或干砂中的含尘量应较小（1％～3％）。原砂一般采用水洗砂，干砂处理循环中应注意风选除尘。

型砂的透气性建议在 800～1000 之间较好。型砂透气性的测定方法详见文献。

b. 灼烧减量。灼烧减量（LOI）是检验型砂体系性能的另一个重要指标，它可以监测凝结在砂粒上的液态热解残留物的累积情况。这种碳氢化合物残留物的聚积会使砂子的流动性降低。当型砂的灼烧减量超过 0.25％～0.5％时，砂子的流动性及其紧实性明显下降。

c. 偏析。砂子偏析，是任何一个型砂体系中都受到关注的问题。在消失模铸造中，由于对透气性控制的要求，砂子偏析问题更显重要，因为砂子粒度分布的较小变化会使砂子性能发生很大的改变，从而影响型砂的流动、透气、紧实等性能。故在消失模铸造的型砂体系中，采取反偏析措施很重要。

型砂体系中，粉尘含量的增加是造成砂子偏析的主要原因之一。为了防止局部形成过多的粉尘，砂子应平稳输送。采用气力输送时，其拐弯处应使用半径较大的弯道，用于输送的压缩空气应干燥。型砂体系中应加强砂子的除尘、风选功能，需要有一台分选机将结块或其他残渣筛出。

d. 砂子的温度。砂子的温度过高会增加模型的变形，砂子在加砂、紧实之前应冷却到 49℃（120 ℉）以下。通常需要采用热交换器来控制砂子的温度，特别是在大量生产的情况下，降低（或调节）砂子的温度是影响生产节奏的关键因素之一。

e. 含水量。型砂中的水分是产生许多铸造缺陷的根源。理想的干砂是没有水分的，但由于大气的湿度和凝结的作用，不可避免地会有微量水分的产生。通常要求干砂中的水分含量小于 1％。

6.4.2　加砂和紧实

（1）加砂

消失模铸造紧实时的填砂方式常用有软管人工加砂、螺旋给料加砂、雨淋加砂三种。填砂装置的上方接储砂斗，砂斗由钢板、角钢、槽钢等焊接而成。

采用人工控制的软管加砂，加砂软管装接在储砂斗的下方，装备简单、灵活方便。但该加砂方式的均匀性和加砂速度受到一定的限制，常用于生产率要求不高或补充加砂的场合。

消失模铸造干砂加入方式以雨淋式居多。一种雨淋式加砂装置的结构简图如图 6-43 所示，它由驱动汽缸、振动电动机、多孔闸板、雨淋式加砂管等组成。

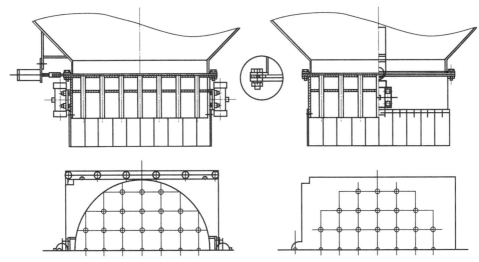

图 6-43　雨淋式加砂装置的结构

加砂时，驱动汽缸打开多孔闸板，砂粒通过多孔闸板上的孔在较大的面积内（雨淋式）加入砂箱中。调整多孔闸板中的动板与静板的相对位置，可以改变漏砂孔的横截面积大小，进而改变"砂雨"的大小（即改变加砂速度）。此种加砂方法，加砂均匀、效率高，适用于生产流水线上加砂，也是目前应用最广泛的加砂方法。

（2）紧实

消失模铸造由于采用无黏结剂的干砂来充填模型，通常只需用振动的方法来实现紧实。干砂振动紧实的实质是：通过振动作用使砂箱内的砂粒产生微运动，砂粒获得冲量后克服四周遇到的摩擦力，使砂粒产生相互滑移及重新排列，最终引起砂体的流动变形及紧实。

充型、紧实过程如下所述。以干砂向水平孔的充填、紧实为例，其过程可大致分为 3 个阶段，如图 6-44 所示。

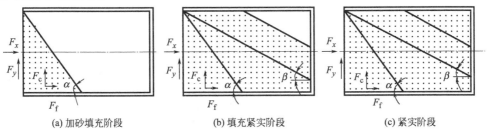

| (a) 加砂填充阶段 | (b) 填充紧实阶段 | (c) 紧实阶段 |

图 6-44　干砂向水平孔的充型、紧实过程

a. 加砂填充阶段。该阶段振动台还未开始振动，砂粒自由落至水平孔口后，由于水平侧压应力 F_x 的作用，在进砂口处以自然堆积角向水平孔内充填至一定长度。干砂的自然堆积角度通常等砂粒的内摩擦角 α，如图 6-44（a）所示。

b. 填充紧实阶段。振动台开始振动后，砂粒获得的振激力使砂粒间的内摩擦角急剧减少，摩擦角变为 β。为了维持受力平衡，砂粒向水平孔的纵深方向移动，堆积角达到 β 后，砂粒前沿呈 β 斜面继续向前推进，直至砂粒的受力平衡 [见图 6-44（b）]。此阶段，由于振动力的作用，砂粒间的间隙减少，干砂在填充期间得到初步的紧实，砂粒受到的摩擦力也加大。

c. 紧实阶段。砂箱内加砂量高度的增加，水平侧压应力 F_x 增大，水平孔中的砂面升高、堆积倾角增大，干砂继续充填、紧实，直至砂粒的受力产生新的平衡 [见图 6-44（c）]。当水平管较长或管径较小时，砂粒不能完全充满、紧实。此阶段，砂粒受到的阻力较大，砂粒间的间隙进一步减少，砂体也得到进一步紧实。

上述 3 个阶段没有绝对的界限，随着加砂和振动操作顺序的不同而不同，水平侧压应力 F_x、摩擦角 β 与振动加速度、振动频率、模型的形状等都有很大关系，从而影响模型水平孔内干砂的紧实度。通常，加大振动加速度和振动频率可增加水平孔内干砂的紧实度。

目前，振动紧实台通常采用振动电动机作驱动源，结构简单、操作方便、成本低。根据振动紧实台上振动电动机的数量及安装方式，振动紧实台可分为一维振动紧实台、二维振动紧实台、三维振动紧实台、多维振动紧实台。

图 6-45　一种实用的三维振动台

三维振动台通常由 6 台（3 组）振动电机激振，生产中操作人员可控制不同方向上（x、y、z 方向）的电动机运转，以满足不同方向上的充填紧实要求。大多数三维振动台可按一定的组合方式、先后顺序来实现 x、y、z 3 个单方向以及 xy、xz、xyz 等复合方向的振动。三维振动紧实的原理和实质可认为是 3 个方向上单维振动的不同叠加。图 6-45 是一种实用的三维振动台。

6.5　消失模铸造工艺设计实例

以国内某拖拉机厂生产大马力轮式拖拉机系列产品变速箱为消失模铸造应用实例，它是传动系中的重要部件。变速箱壳体包含和支承了大量变速齿轮，因此要求箱体结构尺寸精确，无缩孔缩松、卷气、夹杂等缺陷，各部位性能均匀。该拖拉机传动系传递功率大，箱体齿轮轴承承受较大作用力，因此要求变速箱强度高。拖拉机行驶时，如果道路不平，变速箱就会承受高频率的冲击载荷，使驱动轴变形，箱体受力情况发生变化导致开裂，因此要求箱体能够承受长期的冲击载荷而不会发生蠕变，保证各变速齿轮啮合准确，从而可以长期高效工作。变速箱零件三维图和尺寸图如图 6-46 所示，该零件平均壁厚为 8.73mm，最大尺寸为 587mm，铸件材质为 HT200，质量为 78.3kg。该变速箱结构非常复杂，铸件毛坯尺寸精度及表面质量要求较高，因此采用消失模铸造工艺生产该零件。

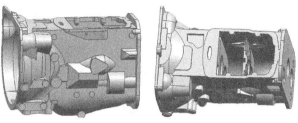

图 6-46　变速箱零件三维图

6.5.1　工艺设计过程

　　首先根据变速箱二维工程图纸进行三维造型，获得三维变速箱模型；分析零件结构，根据现有生产条件确定采用消失模铸造工艺；然后确定零件泡沫模的分片方式；根据各分片泡沫模设计发泡模具，得到发泡模具模型；最后在机床上铣出发泡模具的泡沫原型，利用该泡沫原型铸造出模具铸件，机加工后即获得发泡模具。具体铸造工艺流程如图 6-47 所示。

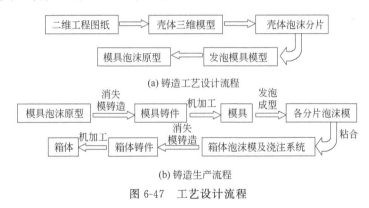

图 6-47　工艺设计流程

6.5.2　确定浇注位置

　　该变速箱包含若干较大平面，其中 A 面、B 面为机械加工面，内部及表面质量要求高，C 面、D 面用于支撑变速齿轮，要求结构致密、强度高。为了保证各大平面朝下或垂直放置，初步拟订采用平放浇注或竖放浇注，如图 6-48（b）、（c）所示，分别设为方案 1 和方案 2。平放浇注时，E 面朝下，可以保证 E 面致密、光整；竖放浇注时，A 面朝上，由于 A 部位壁厚较大，因此便于补缩，同时也可以保证 B 加工面质量。

6.5.3　确定主要铸造工艺参数

　　确定铸件浇注位置后，根据铸件结构及质量要求选择合适的浇注系统类型，正确设置浇道安放位置，从而保证铸件充型平稳、补缩充分。对于本变速箱，铸件结构复杂、壁薄，充型时金属液流动弯道多，浇注时充型困难，且易产生粘砂等缺陷。因此，对于浇注方案 1 ［见图 6-49（a）］即铸件平放浇注时，采用顶注式浇注系统，设置 4 个内浇道，分别从 3 对支承孔所在平面结构及铸件顶部引入金属液，以利于快速充型，提高对支承孔所在平面结构的补缩能力，保证支承结构质量和性能。对于浇注方案 2 ［见图 6-49（b）］即铸件竖放浇注时，采用侧注式浇注系统，同样设置 4 个内浇道，并从相同部位引入金属液。浇注时间和浇注系统计算如下：

　　（1）浇注时间确定

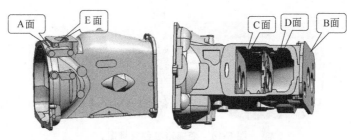

(a)箱体大平面

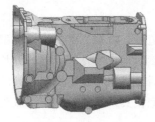

(b)方案1：平放浇注

(c)方案2：竖放浇注

图 6-48　变速箱浇注位置确定

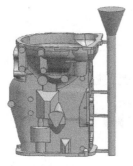

(a)方案1的浇注系统设置

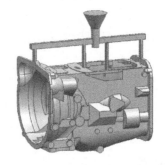

(b)方案2的浇注系统设置

图 6-49　浇注系统方案

对于消失模铸铁件，浇注时间可按下式确定：

$$t=\sqrt{G}+\sqrt[3]{G}（中小件）；t=\sqrt{G}（大件）$$

式中，t 为浇注时间，s；G 为流经内浇道的金属液质量，包括铸件质量、浇注系统质量和冒口质量等（kg），对于本变速箱铸件，浇注系统质量取为铸件质量的 20%：

$$G=铸件质量+浇注系统质量=78.3×（1+20\%）=94.0kg；t=\sqrt{G}+\sqrt[3]{G}=14.2s$$

（2）确定浇注系统剩余压头

为了保证金属液能够充满距离直浇道最远的铸件最高部位，金属液的静压头 H_o 必须足够大，即要求直浇道顶部或浇口杯内的液面与铸件浇注位置时的最高点之间的高度差，必须大于或等于某一临界数值，即剩余压头 H_M。因此，$H_o \geqslant H_M+c$，式中 c 为铸件高度。

1）浇注方案 1 剩余压头取 600mm。

2）浇注方案 2 剩余压头取 700mm。

（3）确定浇注系统各组元尺寸

消失模铸造和传统砂型铸造工艺一样，首先要确定内浇道（最小截面尺寸），再按一定比例确定直浇道和横浇道。对于质量为 60～100kg 的灰铁小件，铸件壁厚为 8～10mm 时，内浇道总断面积在 5.0～7.5cm² 之间，本设计取 6.0cm²。消失模铸造时增大 40%，得 $S_内 = 6.0 \times (1 + 40\%) = 8.4cm²$。

采用适用于灰铸铁件的直浇道、横浇道和内浇道截面积依次减小的封闭式浇注系统，浇注系统充满快，金属液在横浇道及内浇道内流速较高。设定 $S_内 : S_横 : S_直 = 1.0 : 1.2 : 1.4$，可得 $S_横 = 10.08cm²$；$S_直 = 11.76cm²$。直浇道尺寸采用圆柱形，根据 $S_直 = \pi r²$，得 $r = 19.3mm$；横浇道由直浇道底部分向左右两边，并且两边流入金属液量相近，因此两边截面可分别设为 $S_横/2 = 10.08/2 = 5.04cm²$。

6.5.4　变速箱铸造过程数值模拟及工艺优化

消失模铸造充型及凝固过程的影响因素较多，工艺设计依据的理论及经验公式与实际生产存在一定出入，消失模铸造从设计到生产往往需要进行大量的试验摸索工作，才能确定工艺方案。铸造过程数值模拟可以重现铸件充型、凝固过程，预测铸件微观组织、热应力和铸造缺陷等，从而帮助工程设计人员在铸造工艺设计阶段预测铸件可能出现的各种缺陷及其大小、部位和发生的时间，从而优化工艺设计，缩短产品试制周期、降低生产成本。

1）浇注方案 1 的充型及凝固过程模拟，见图 6-50。

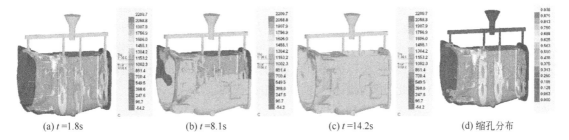

(a) t=1.8s　　(b) t=8.1s　　(c) t=14.2s　　(d) 缩孔分布

图 6-50　浇注方案 1 的充型凝固模拟

2）浇注方案 2 的充型及凝固过程模拟，见图 6-51。

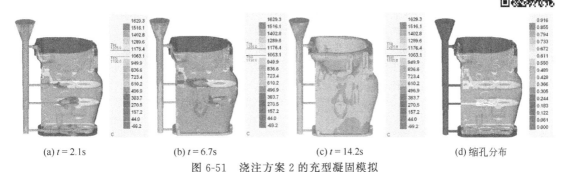

(a) t=2.1s　　(b) t=6.7s　　(c) t=14.2s　　(d) 缩孔分布

图 6-51　浇注方案 2 的充型凝固模拟

通过观察铸件充型过程可以看出，对于浇注方案 1，金属液从内浇道进入型腔后，分别由支承孔面板结构流往型腔底部，然后从下往上顺序充型，整个充型过程几乎不会产生卷气。对于浇注方案 2，金属液分别从四个内浇道进入型腔，其中最上部内浇道引入的金属液将垂直流往型腔下部，而中间两个内浇道引入的金属液首先进入支承孔结构，然后沿支承孔结构边缘往下流动。这种金属液流动前沿发展状况，即铸件高度方向分层引入金属液，不利于铸件自底向上充型，各层引入金属液在型腔下部汇合，容易产生卷气和氧化夹杂。因此，从避免卷气和夹杂方面来考虑，方案 1 比方案 2 更为优越。

　　对比浇注方案 1 和 2 的铸件缩孔缩松预测可知。对于浇注方案 1，缩孔缩松主要集中在变速箱下部偏左侧端面处，零件装配时该处为非接触面，表面质量要求不高，而且该处不需承载变速齿轮，强度要求较低，因此，缩孔缩松缺陷对其影响较小。对于浇注方案 2，缩孔缩松缺陷多而分散，包括端面、支承孔部位等机加工表面都会产生缩孔，严重影响铸件毛坯的机加工及零件性能，而其由于缩孔分散，不利于设置冒口补缩或设置冷铁促进顺利凝固。

因此，综合考虑各方面，最终采用浇注方案 1，即浇注位置为铸件平放，设置 4 个内浇道分别从变速箱支承孔部位引入金属液，使金属液从该部位流往型腔下部，从而实现自底向上的顺序充型。对于下部偏左侧端面处的两处缩孔，可以采用暗冒口对其进行补缩。

　　(a) 上涂料的泡沫模　　　　　　(b) 铸件

图 6-52　变速箱零件的泡沫模和铸件照片

6.5.5　变速箱铸件浇注实践

　　图 6-52 是采用以上消失模铸造工艺获得的变速箱零件的泡沫模和铸件的照片。由图 6-52 可知，图 6-52 (a) 为加上浇注系统的泡沫模上完涂料的照片，图 6-52 (b) 为采用消失模铸造工艺获得的铸件，铸件表面光滑，未出现铸造缺陷，质量较高，可见消失模铸造工艺生产此类复杂箱体零件具有很大优势。

习题与思考题

　　1. 消失模铸造工艺和空腔铸造工艺有什么异同？

　　2. 消失模模样成形方法有哪些？各有什么优势和特点？

　　3. 消失模铸造成型发泡工艺的基本过程有哪些？影响消失模模样质量的因素有哪些？

　　4. 消失模模样发泡模具有什么特点？消失模模样及模具为什么要分片制造？

　　5. 消失模铸造浇注系统有什么作用？有哪些主要类型？

　　6. 空心直浇道有什么作用？和浇注系统如何连接？

　　7. 设计消失模浇注系统应注意哪些问题？

　　8. 消失模铸造砂箱设计有什么特点？有哪些主要形式？

第 7 章　V 法铸造工艺设计简介

　　真空密封铸造法也称负压造型法或减压造型法，国外取（真空）英文 Vacuum 的字头，而简称为 V 法，起源于日本。V 法铸造在我国的研究和应用开始于华中工学院（现华中科技大学）铸造教研室的曹文龙教授，于 20 世纪 70 年代进行 V 法铸造技术研究，80 年代国内开始了实际应用。20 世纪 90 年代，通过对 V 法设备和技术的引进，以及国内相关铸造企业与高校的共同研究并消化吸收，能够生产、制造满足 V 法铸造的装备和关键材料后才得以发展。该工艺是利用薄膜抽真空使干砂成型，所以誉为第三代造型法，即物理造型。由于它不使用黏结剂，落砂简便，使造型材料的耗量降到最低限度，减少了废砂，改善了劳动条件，提高了铸件表面质量和尺寸精度，降低了铸件的生产能耗，是一种很有发展前途的先进铸造工艺。

7.1　V 法铸造工艺原理

7.1.1　V 法铸造过程

　　所谓 V 法铸造，具体过程可以描述为铸型是由没有任何湿气和任何黏结剂的干砂形成的，由中空的砂箱和薄膜所密封，通过抽真空获得的压力差来使砂型获得紧实，在浇注完成且浇注的熔融金属凝固之后，砂型恢复到正常压力，所以铸件很容易从溃散的砂型中取出。用真空密封造型法来生产铸件，可获得光滑的表面，尺寸精确度也高，并且具有很好的经济性。但是对于 V 法铸造的铸件成形原理，目前还缺乏深入研究。V 法铸造的各种工艺参数，包括真空度、型砂、紧实、工艺设计参数等，对于液态金属充填行为的影响、对于凝固过程及其组织特征的影响还不是十分清楚，以至于对铸件内部质量的把控缺乏有针对性的方法和手段。目前，解决铸件内部质量的方法主要还是采用试错法，导致 V 法铸造的推广应用缺乏核心动力。另外，V 法铸造的造型过程复杂，设备自动化程度不高，所以导致生产效率很低，这也是 V 法铸造难以推广的原因之一。

　　由于 V 法铸造的成形工艺独特，使得 V 法铸型的浇注充型过程与黏土湿砂铸型和树脂砂、水玻璃砂铸型呈现不一样的形态。因此，浇注系统的设计以及浇注实践也有别于一般的湿砂铸型和树脂和水玻璃砂工艺。大量的实际经验表明，V 法浇注系统的设计要确保浇注过程平稳、充型时间短、避免紊流、避免金属液直接冲击型壁、合理的通气孔位置和通气量设置、合理的冷铁摆放位置和摆放方法等。本章限于篇幅，仅仅简单叙述 V 法铸造的基本原理、工艺设计规范、简要装备特点以及大概的适用范围等，要详细学习或研究 V 法铸造，还需要钻研专业的 V 法铸造专著或做深入地研究。

　　V 法铸造工艺采用了一种特殊的模样。它是一个带有小孔和较小拔模斜度的模样安装在像盒状结构的型板上，以实现真空吸力。在铸造模样上放置一块薄膜，将真空压力打开，使薄膜紧密地粘在模样的表面。该薄膜直接和模样紧密接触，不仅需要顺利脱模，同时还会影响铸件表面质量和内部质量，所以要用质量好的薄膜。薄膜吸附好后，在铸件模样部分喷涂耐火涂料并烘干待用。带有小孔的模样和型板如图 7-1 所示。

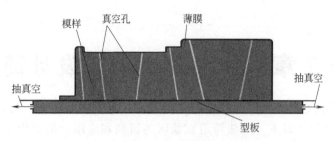

图 7-1　带有小孔的模样和型板

在造型过程中使用了一个特殊的砂箱。砂箱里内侧许多用于抽真空的网孔，被放置在覆盖有薄膜并可抽真空的型板上，型板上安放带有真空孔的铸造模样，并填满铸造原砂，如图 7-2 所示。

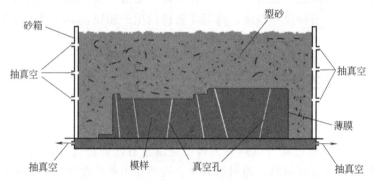

图 7-2　在模样上放置砂箱（砂箱具有抽真空装置）

在造型过程中事先放置好一个直浇道和浇口杯，该直浇道预先用薄膜覆好，准确放置在模板上，便于浇注液态金属，如图 7-3 所示。

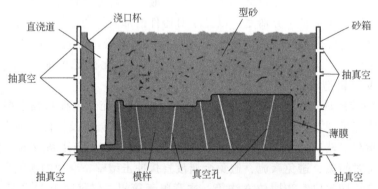

图 7-3　在模样上放置安装直浇道和浇口杯

接下来用另一张薄膜放置在装满型砂的砂箱上部，打开砂箱的抽真空阀门，薄膜紧紧地吸附在砂箱的上表面。该薄膜的作用仅仅是用于密封砂箱，所以可以采用一般质量的农用薄膜。如图 7-4 所示。

下一步 V 法造型为脱模工序，关闭型板和铸造模样上的真空，脱开模具。砂箱中的真空压力仍然打开。因此砂箱顶部的薄膜粘在顶部，以前在模样上的薄膜黏在砂箱底部。底部的薄膜呈现为靠真空吸力紧固原砂中而获得铸造模样的几何形状。该铸型即为上箱。如图

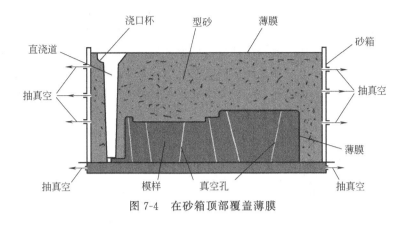

图 7-4　在砂箱顶部覆盖薄膜

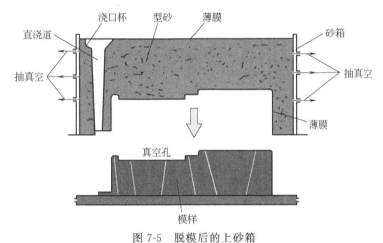

图 7-5　脱模后的上砂箱

7-5 所示。

　　铸造的下砂箱部分以相同的方式制造，然后将这两部分组装起来进行浇注铸造。要注意的是现在有 4 张薄膜正在使用中，一个形成在内部铸造型腔，二张在砂箱的外表面以获得砂箱中原砂的紧固力。如图 7-6 所示。

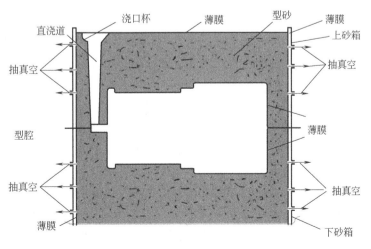

图 7-6　上下砂箱合型

在接下来的浇注金属液的过程中，高温金属很快地融化了内腔薄膜，靠薄膜背后的耐高温涂层形成铸件的表面。汽化分解的薄膜通过涂层和部分出气通道（如冒口、出气用工艺孔等）在真空的吸附下排出型外，金属冷却后凝固形成铸件。金属凝固一定时间后，撤去抽真空，型砂散落下来，留下一个清洁无粘砂的铸件。流出的型砂经过冷却除杂处理后又可以回收利用。如图 7-7 所示。用 V 法造型时，目前所用型芯多为常用的树脂砂或水玻璃砂芯，对于形状简单的砂芯也可以用 V 法来制造。

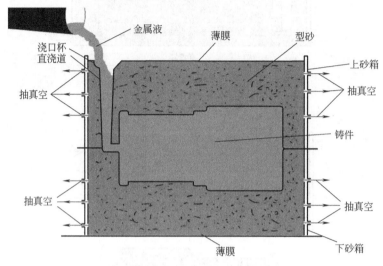

图 7-7　V 法铸型浇注金属液

7.1.2　V 法铸造工艺特点及应用实例

V 法造型是一种物理造型工艺方法，与传统的造型法相比具有许多独特的优点，但也存在一些亟待解决的问题。V 法造型归纳起来有以下优点：

1）提高了铸件质量。铸件表面光洁、轮廓清晰、尺寸精确、起模容易。

2）简化设备。节约投资，减少维修费用，省去黏结剂、附加物及混砂设备。

3）模具及砂箱使用寿命长。

4）金属利用率高。V 法造型在浇注时金属液流动好，充填能力强，砂型硬度高，冷却慢，有利于补缩、减少冒口尺寸、减少加工余量。

5）有利于环保。型砂可以反复使用，基本无废砂。由于采用无黏结剂的干砂，省去了其他铸造工艺中型砂的黏结剂和附加物或烘干工序，减少了环境污染。

6）适用范围广。V 法铸造既适用于手工操作的单件下批量生产，也适用于机械化、自动化的大批量生产。可用于铸铁、铸钢等黑色金属的铸造，也适用于铜、铝、镁等有色金属的铸造，尤其适合生产大中型较精密铸件和薄壁铸件。

当然，从应用实践来看，V 法铸造目前也存在一些不足：

1）V 法造型操作较复杂，小铸件生产耗时长，生产率低。

2）因受薄膜的延伸率和成型性的限制，外形用 V 法、型芯可用其他型砂做芯，才能作出复杂铸件，体现不出 V 法铸造的优势，影响该工艺扩大应用发展的范围。

3）在 V 法铸造中，由于铸件冷却较慢，使得铸件的机械性能、金相组织及硬度有些降低，需要考虑调整铸件的成分。

4）由于对 V 法铸造还处于熟悉阶段，铸造工艺受到薄膜质量、涂料质量、真空系统等综合影响，铸件有时容易造成缺陷。

V 法铸造可以铸造生产铸铁件、铸钢件和有色金属件，也可以铸薄壁大件，但要根据形状来定。我国从 1974 年开始，V 法铸造逐步获得应用：

1984 年山海关桥梁厂引进日本新东公司砂箱为 7100mm×800mm×310mm/310mm 的 V 法生产线，生产高锰钢铁路道岔，年产 1 万 t 道岔。V 法铸造道岔产品如图 7-8 所示。

(a) V法造型现场　　　　　　　　(b) V法铸造高锰钢道岔

图 7-8　铁路道岔

1985 年北京化工设备厂引进日本新东公司砂箱为 2200mm×1300mm×600mm/280mm 的 V 法生产线，生产 1650mm×810mm×400mm 的球墨铸铁浴盆，重量 150kg，每小时 14 件。V 法铸造球墨铸铁浴盆产品如图 7-9 所示。

1992 年安徽安东公司（现合肥插车厂）引进日本新东公司 V 法生产线，生产出口插车配重铁，年产量 3 万 t。配重零件在我国基本上都采用 V 法铸造生产，获得很好的铸件性价比。V 法铸造配重产品如图 7-10 所示。

图 7-9　V 法铸造浴盆

(a) V法造型　　　　　　　　　(b) V法铸造配重零件

图 7-10　V 法铸造配重

2005年河南天瑞集团筹建年产10万t大型铁路机车车辆合金钢配件生产项目，新建当时国内先进的V法生产线，由天瑞公司进行总体布局和工艺设计，由德国HWS公司提供全部设备设计和主要设备制造，青岛双星负责辅助设备的制作和整线的安装调试。生产货运火车用摇枕、侧架等铁路铸件。V法铸造铁路摇枕、侧架铸钢产品如图7-11所示。

(a) V法造型生产线

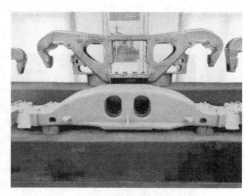

(b) 铸钢摇枕侧架

图 7-11 铸钢摇枕侧架产品

最近十几年来，V法铸造在铁路道岔、火车摇枕、侧架等铁路铸件，铸铁浴盆、插车配重铁、汽车车桥桥壳、钢琴琴架、空调泵壳等铸件发展很快，耐磨材料行业近些年也已开始应用，如高锰钢颚板、挖掘机用履带板等，并逐渐体现其优势。也逐步应用到大型铝合金零件的生产中。具体如图7-12～图7-17所示。

图 7-12 V法铸钢车桥桥壳

图 7-13 V法铸造琴架

图 7-14 V法中央空调泵壳

图 7-15 V法铸造锷板

图 7-16　V 法铸造挖掘机履带板（1.8t）

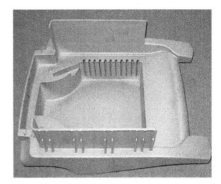

图 7-17　V 法铸造铝合金壳体

7.2　V 法铸造造型材料

7.2.1　V 法造型专用薄膜

薄膜是 V 法铸造造型中使用的主要造型材料之一，它直接影响造型过程和后续工序的进行。因此，它的选择和应用十分关键。

由于 V 法造型过程中薄膜要应对不同尺寸的模样凹凸结构，要求薄膜延展性好，因此，应该采用热塑性薄膜，并要求其成型性能好、燃烧时发气量小、不产生有害气体以及要求价格低廉。

根据化学成分的不同，可用于 V 法造型的薄膜，一般分为聚乙烯薄膜（简称 PE）、聚丙烯薄膜（简称 PP）、聚氯乙烯薄膜（简称 PVC）、乙烯醋酸乙烯共聚体薄膜（简称 EVA）、聚乙烯醇薄膜（简称 PVA）、聚苯乙烯薄膜（简称 PS）。它们的性能由于原料、配比以及制膜方法的不同而有很大的差别。表 7-1 所列为几种薄膜在不同厚度条件下，加热 1min、温度 95℃、受不同拉力时的延伸率。

表 7-1　各种薄膜在拉伸时的延伸率

薄膜种类			拉伸应力/(kg/cm²)					
			5.0		9.0		30.0	
			纵	横	纵	横	纵	横
乙烯醋酸乙烯共聚体薄膜	甲	厚度 0.075mm	65	160	100	328	300	568
		厚度 0.050mm	100	200	115	278	238	600
	乙	厚度 0.075mm	85	130	173*	193*	292**	420**
		厚度 0.050mm	117	120	112	138	256	310
	丙	厚度 0.100mm	113	302	123	338	250	358
		厚度 0.075mm	40	170	63	205	200	470
聚乙烯醇薄膜厚 0.075mm			—	—	—	—	163	215
聚氯乙烯薄膜厚 0.075mm			85		135	190	393	498

注：表内数据中标有 * 号者，为加热 40s 即破裂；标有 ** 号者为加热 20s 即破裂。

在不同温度下，各种薄膜的破裂延伸率与抗拉强度如图 7-18 所示。从图中可以看出：

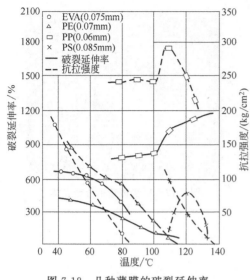

图 7-18 几种薄膜的破裂延伸率
和抗拉强度与温度的关系

PE 的延伸能力差，PP 只有在较高的温度下（约 130℃）才具有好的延伸能力，PS 仅在120℃左右才具有较好的延伸能力，结合模样复杂程度等综合测试，EVA 整体成膜性是比较理想的。另外，PVC 虽然具有比较好的延伸能力，但它在气化时会分解出氯化氢等有害气体，对人体和环境都有毒害。PVA 因具有较大的吸潮性，也不便于使用。聚乙烯醇（PVA）是一种水溶性聚合物，特点是致密性好、结晶度高，黏接力强，制成的薄膜柔韧平滑、耐油、耐溶剂、耐磨耗、气体阻透性好。聚乙烯醇薄膜最大的优点是水溶性，最大的缺点是耐水性差。之所以耐水性差，是由于其分子中带有亲水性的羟基（—OH）。PVA 薄膜的水溶性与薄膜的厚度和水的温度有关，薄膜厚度为 $20\mu m$ 的 PVA 常温溶薄膜（25℃）

10min 在水中可以完全溶解。作为可降解性塑料薄膜是非常适合的，但是过大的吸潮性使其不适合 V 法铸造中使用。

V 法铸造对 EVA 薄膜的性能要求包括：①有良好强度和延伸性，保证薄膜有良好的成形能力，尤其是表面形状复杂的零件；②薄膜内无杂物和气泡，表面无伤痕，尽量避免加热和成型过程中有破裂；③热塑应力小，成型后弹性消失，薄膜保持成型形状，不会缩回原状；④不与木模和模板粘黏，易于脱模；⑤发气量少，无毒，生成有害气体少；⑥价格便宜。

国内 EVA 采用吹塑工艺生产，其吹塑原理和设备如图 7-19 所示。熔化树脂经挤压通过环形吹膜口吹胀成环状薄膜，经拉伸牵引，再由几道滚轮展平。其最大特点是可以生产宽幅EVA 薄膜（单片 2800mm，折幅 5600mm），薄膜厚度一般在 0.08～0.35mm 范围内，较适合大型深腔零件的使用。

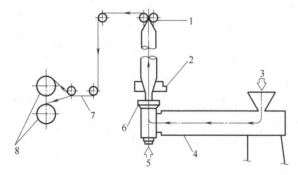

图 7-19 吹塑薄膜原理图与设备实物图

1—牵引器；2—冷却圈；3—进料口；4—挤出机；5—压缩空气；6—环形吹膜口；7—切开刀口；8—膜收卷器

EVA 也可以采用流延生产，其原理及设备如图 7-20 所示。流延生产工艺生产的薄膜厚度范围大（0.04～0.75mm），其最大特点是可生产超薄膜（0.04mm），较适合小型复杂件。

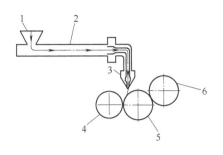

图 7-20　流延薄膜原理图与设备照片

1—进料口；2—挤出机；3—流延模头；4—胶辊轮；5—成型辊轮；6—冷却辊轮

　　EVA 厚度要根据铸造模样形状来选择，薄膜越厚，成型能力越强，但薄膜增厚会增加浇注过程中的发气量。为便于生产企业选择，将乙烯醋酸乙烯共聚体薄膜（EVA）按不同厚度分为超薄型、薄型、厚型和超厚型四种类型，参见表 7-2。

表 7-2　EVA 薄膜按不同厚度分级表

按厚度分四类	伸长率/%	适用对象
超薄型≤0.10mm	纵向≥400 横向≥300	表面精细的平板类铸件(如琴架、景观件)以及低碳铸钢件(如机车车架)
薄型 0.10～0.20mm	纵向≥600 横向≥500	表面形状不太复杂的中等铸件(如泵体、锅片和浴缸等)
厚型 0.20～0.30mm	纵向≥800 横向≥700	形状较复杂的大型铸件(如配重、减速机壳)
超厚型≥0.30mm	纵向≥900 横向≥800	特大型铸件(如大型配重、大型机床床身等)

　　太薄、太厚或超宽的 EVA 薄膜，其吹塑成型会有较大的困难。随着超薄型、超厚型或超宽幅的制膜技术进步，这些问题有望得到解决，将会不断扩大 V 法铸造的应用范围。

　　EVA 薄膜的成形性也是重要的性能指标之一。所谓成形性是指薄膜加热烘烤到一定温度时，薄膜在模样上吸覆而不发生破裂时所具有的成形能力。可以采用图 7-21 的试验箱来

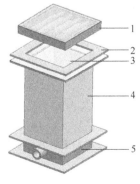

(a) 实验箱结构　　　　　　　　　　(b) 实验箱实物照片

图 7-21　薄膜热塑性成形透明实验箱

1—电烘烤器；2—压膜圈；3—薄膜；4—成型箱；5—抽气室

评价薄膜热塑性成形性。该箱用透明的有机玻璃制作，方形开口，内口尺寸为 380mm×380mm，其深度 H 可在 380～700mm 范围调整，底部气室连通真空源，在实验箱上方，安设薄膜烘烤器，让薄膜在热的作用下软化。

试验过程如下：将加热后的薄膜通过一定的负压吸入拉入成形实验箱内，测量薄膜吸吸附面的深度 H，计算出极限拉深比 K 值，$K = H/B$（B 为面宽度）。

7.2.2　V 法造型用型砂

用于真空密封造型的干砂主要有石英砂、锆砂、铬铁矿砂、橄榄石砂、宝珠砂等，其砂子粒度对铸件表面粗糙度有直接影响。在普通砂型铸造时，由于型砂中含有水分、粘结剂和附加物等，使用过细的砂子会降低铸型的透气性，铸件易产生缺陷。而真空密封造型，由于采用干砂、不加粘结剂，发气量小，在浇注过程中又不断抽真空而增加了铸型排气能力，因此，可用比普通砂型更细的原砂。由于细砂对于涂料层的支撑作用，使得涂层不会产生凹凸不平。即使涂层较薄，也不会由于砂子过粗而产生空隙，而使得涂层容易凹陷，因此铸件表面光洁。另外从防止在真空下浇注时金属夜容易被吸入砂粒间孔隙形成机械粘砂考虑，也应选用比普通砂型更细的砂子。通常在生产中选用 15 组 0.224～0.112mm（70/140 目）或 10 组 0.154～0.071mm（100/200 目）的不含黏土成分的干石英砂作为真空密封造型的型砂是合适的。

V 法铸造界有句名言：如果遇到了麻烦，就用更细的砂。如果原砂粗，粗砂体密度低、间隙大、需要更大的真空保持铸型压差，一旦负压度偏低，就容易塌砂；细砂因其体密度高，其密封性能增强，所需真空负压度相应减少，其抗渗透能力加强，故而保证了铸件的表面质量。总体上来说，V 法铸造使用细砂的理由归纳为以下几个原因：

1）型砂中没有水分、黏结剂和附加物，浇注时不仅不会产生大量气体，还有利于气体的排除。另外，薄膜的发气量也小，而且可以及时被真空泵抽走，故可以用较细的砂子。

2）粒度细的砂可使铸件获得较低的表面粗糙度，并能防止金属液在真空泵的抽吸作用下渗入到砂粒中间，造成铸件的机械粘砂或产生毛刺，影响铸件的表面光洁。

3）和粗砂比较，细砂制成的砂型透气性较小，浇注时薄膜被烧失后，漏气量就会较小，有利于保持砂型内外的压差。另外，细砂的填充性不好，需采用振动辅助充填，可以提高砂型的强度。根据实际应用经验，一般来说选用 70/140 目或 100/200 目的干原砂作为 V 法铸造用原砂是合适的。用 V 法铸造生产铸钢件，应用 70/100 目原砂为好。针对某些铸件，用 70/140 目原砂更好，涂料层可以更薄，甚至可以达到 0.06mm 的厚度。V 法铸造生产铸铁件时，可采用 70/140 目的原砂。V 法铸造生产铝件、铜件时，可以用 140/200 目的原砂。铸铜件最好用铬铁矿砂，激冷强、不偏析。V 法铸造耐磨件可采用铬铁矿砂，可得到细密等轴晶，耐磨耐用。如果用人工破碎原砂，循环损耗将会比较大。

表 7-3 为国内 V 法铸造中使用过的原砂粒度分布和细度表。

表 7-3　国内 V 法铸造中使用过的原砂粒度分布和细度表　　　　单位：%

序号	砂的种类	20	30	40	50	70	100	140	200	270	底盆	A.F.S 细率
1	江西湖口砂 S $\frac{50}{100}$	0.14	1.98	6.86	30.63	42.28	11.42	2.26	0.66	0.16	1.14	53

续表

序号	砂的种类	20	30	40	50	70	100	140	200	270	底盆	A.F.S 细率
2	广东砂 $S\dfrac{100}{50}$	0.1	0.52	0.74	8.5	34.28	47.56	7.48	0.46		0.36	59.32
3	人造石英砂 $S\dfrac{50}{100}$		0.78	8.2	35.22	25.81	23.44	3.94	1.54		0.89	54.43
4	人造石英砂 $S\dfrac{100}{200}$	0.04	0.04	0.04	0.07	0.11	45.13	16.41	15.06		22.66	125.31

真空密封造型的旧砂回用率可高达 95% 以上，但在旧砂回用中应注意以下几点：

1）未经处理的旧砂不能用于生产。因为型砂重复便用时，砂子的粉尘量将有所增加，需要及时加以清除，否则会影响铸型硬或使铸件表面产生脉纹状夹砂缺陷。当旧砂中夹杂的细碎薄膜残料未清除掉而被收回再用时，循环多次也会使砂子充填性变坏，因此旧砂必须加以处理后再用。

2）水含量超过 1% 的旧砂不能用于生产。因为原砂含水量过大会降低原砂流动性，影响震实效果，铸型易产生明显的紧缩现象，而使铸件壁厚增大。过多的水分也是造成铸件产生气孔的主要原因，因此旧砂回用时要注意砂中水含量，同样即使是采用新砂也要注意控制其含水量。

3）温度高于 60℃ 以上的旧砂不能用于生产。因为旧砂回用时砂温过高，会使薄膜在造型时变软，很难使砂型保持应有的形状，所以旧砂的温度一般冷却到 50℃ 以下回用。

7.2.3   V 法铸造用涂料

V 法铸造是在真空状态下浇注，易发生金属渗透，所以填砂前在薄膜上喷涂料可以防止这种缺陷。浇注时塑料膜烧失，涂料和液态金属密切接触，可阻止金属液往原砂中的渗透。涂料层的性状不仅影响 EVA 薄膜的气化和气体的迁移，而且和铸件表面质量密切相关。涂料的作用是防止铸件表面粘砂，使落砂方便；此外还有密封层的作用，短时间内代替烧失的塑料膜维持铸型不至于坍塌。

V 法造型用涂料是喷涂在薄膜上而不是在砂型上，如图 7-22 所示。由于薄膜的软化点低，要求涂料能够在较低的温度下干燥。所以 V 法涂料的载液大多数使用易挥发的醇类，如乙醇、甲醇等。

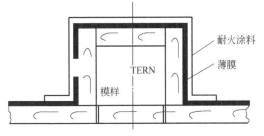

图 7-22   V 法铸造涂料示意图

V 法涂料有如下特点：

1）对薄膜有良好的附着性。附着性主要取决于黏结剂，V 法造型涂料用的黏结剂应赋予涂料一定的常温和高温强度，并对薄膜有足够的附着力，使之牢固地附着在薄膜上，并形成致密的涂层。为提高涂料的附着性，往往在涂料中加入少许的表面润湿剂，提高涂层对于塑料薄膜的润湿能力，使得涂层更加容易吸附在薄膜表面。

2）涂层干燥速度要快。V 法生产工艺不能采用高温烘干，要求涂料快速自干或低温干燥（<50℃）以满足生产率的要求。影响干燥速度的主要因素是溶剂种类，因此，应选择毒性小、无味、黏度合适、价廉的快干溶剂。

3）稳定型腔内压力变化。铸型在刚浇注时型腔内呈增压状态，从连接孔先排气经过一段时间后又吸气，EVA膜气化后压力才开始降低，这是由于涂料壳可以提高铸型的密封性，而型腔中的空气在金属液的作用下迅速膨胀，薄膜和黏结剂的气化等使型腔内气体压力先增加后减少。涂料壳层有阻隔作用，使气体不能顺利排除。因此涂层具有稳定型腔中气体压力变化的作用。

4）具有良好的悬浮性、触变性和流平性，但流淌性需要控制，涂料层不宜流淌过多。

V法铸造涂和普通砂型铸造涂料类似，通常由耐火填充料、黏结剂、溶剂和悬浮剂四种主要成分组成，也包括一些各类助剂，以改善其他特殊性能。

（1）耐火粉料

涂料用耐火材料根据铸造合金的种类确定。一般铸铁用涂料的耐火材料有石墨粉、石英粉、棕刚玉、铝矾土、滑石粉等，它们的性质如表7-4所示。

表7-4　几种耐火材料的性质

材料名称	分子式	化学性质	熔化温度/℃	密度/(g·cm^{-3})
石英	SiO_2	酸性	1713	2.7
白刚玉	Al_2O_3	中性	2000~2500	3.85~3.90
棕刚玉	Al_2O_3	中性		
莫来石	$3Al_2O_3 \cdot 2SiO_2$	酸性	1810	3.03
高岭土	$Al_2O_3 \cdot 2SiO_2 \cdot 2H_2O$	酸性	1670~1710	2.6
锆英石	$ZrO_2 \cdot SiO_2$	弱碱性	1775	4.5
镁砂粉	MgO	碱性	2800	3.57
云母	$KAl_2(OH,F)_2Si_3AlO_{10}$	中性	750~1100	2.3
滑石粉	$Mg_3Si_4O_{10}(OH)_2$	碱性	800~1350	2.7
石墨	C	中性	>3000	2.25
铬铁矿	$FeO \cdot Cr_2O_3$	中性	2180	3.8~4.1
铝矾土	Al_2O_3	中性	≥1770	2.78

（2）黏结剂

醇基涂料常用的黏结剂有松香、酚醛树脂、聚乙烯醇缩丁醛、硅酸乙酯。

松香：松香是从松木树脂中提炼出来的热塑性天然树脂，熔点为75~135℃，受热时熔化，冷却后又恢复固态。松香不溶于水，完全溶于丙酮、溶剂汽油，部分溶于酒精。用松香配制的涂料，其涂层不易开裂。浇出的铸件较光滑，但其黏力不如酚醛树脂，单独作为黏结剂时，其加入量应占耐火粉料10%以上才能满足要求。因此，最好与酚醛树脂配合使用，以获得改性催干的效果。

1）酚醛树脂　当苯酚和甲醛的摩尔数比大于1，在酸性介质中缩聚而成的树脂即为热塑性酚醛树脂，如2123酚醛树脂。这种树脂常温下为固态，溶于酒精、甲醇、异丙醇，不溶于水。醇基涂料常用它作黏结剂。为了使热塑性酚醛树脂转变为热固性酚醛树脂，以便获得更高的涂层强度，应加入固化剂——乌洛托品，学名为六亚甲基四胺。它是一种无色或白色结晶体或结晶性粉末，密度为1.27g/cm^3，溶于醇和水，水溶液pH为8~9。遇火易燃烧。当涂层点火燃烧时，它分解出甲醛，使酚醛树脂固化，从而提高涂层强度。乌洛托品的加入量为酚醛树脂的16%~20%。

2）聚乙烯醇缩丁醛（PVB）　PVB 是由聚乙烯醇与醛在酸性介质中缩聚而成的白色或淡黄色粉末，溶于酒精或甲醇，可作为醇基涂料的黏结剂和悬浮剂，可迅速提高酒精的黏度。它与酚醛树脂配合使用可增加涂层强度和涂料触变性，其加入量为粉料重量的 0.1%～0.5%。

（3）悬浮剂

目前国内铸造涂料使用的悬浮剂有锂基膨润土、有机膨润土、凹凸棒黏土、海泡石、累托石、PVB 等。

1）有机膨润土：有机膨润土是醇基涂料中较理想的悬浮剂，它在酒精中可以溶胀，增加涂料的悬浮性，黏结性和触变性，其加入量为粉料的 2% 左右。根据耐火粉料的种类而定。

2）锂基膨润土：锂基膨润土是由天然钙基膨润土通过加入锂盐改性而成，在酒精中可溶胀，可部分或全部代替有机膨润土作为醇基涂料悬浮剂。其缺点是，锂土吸水而形成的胶体在醇中稳定性差，在储存和运输过程（受振动）中，易脱水而失效，使涂料降黏、骨料聚结下沉并形成坚硬的大块。

（4）载液—有机溶剂

液态载体的作用是使耐火粉料保持悬浮状态，使涂料成为浆状，以便涂敷，醇基涂料要用有机溶剂作载液，其中最常用的是醇类，表 7-5 列出了一些有机溶剂的理化性质。

表 7-5　醇基涂料用分散介质

名称	分子式	沸点 /℃	密度/ (g·cm^{-3})	PC-TWA[①] /(mg/m^3)	闪点 /℃	蒸发数	溶解度系数
甲醇	CH_3OH	64	0.79	25	6.5	6.3	14.46
乙醇	C_2H_5OH	76	0.80	—	12	8.3	13.00
异丙醇	$(CH_3)_2CHOH$	80～82	0.79	350	12	10.5	11.5
正丁醇	$(CH_3)(CH_2)_2CH_2OH$	115～117	0.80	100	28	2.5	13.36
石油醚	$R—O—R'$	80～110	0.7～0.72	—	20	3.3	
二甲苯	C_8H_{10}	138.5～144.0	0.8641	50			8.8
200 号溶剂油			≤0.78	—	≥15	≥33	

① 时间加权平均容许浓度。

表 7-6 中沸点表示在 1 个大气压下开始沸腾的温度。沸点越低，液体越易汽化，燃烧时火焰扩展较快。闪点是液体表面上的蒸气和空气的混合物与火接触后，开始产生蓝色火焰的闪光时的温度。闪点高低说明燃气着火爆炸的难易程度，闪点低易爆燃。蒸发数是以乙醚为基准比较各种载液蒸发率。蒸发数大说明蒸发较慢。大气中允许的最大浓度说明载液的毒性大小，数值越低，毒性越大。国内一般用乙醇（酒精），它无毒、无臭、易挥发、易燃。甲醇比乙醇挥发快，有毒，使用时应加强防护，甲醇与乙醇混合使用，可改善燃烧特性。丁醇的作用与甲醇相反，加到乙醇中使涂料燃烧缓慢，涂层燃烧持续时间更长。石油醚为烃类溶剂，易挥发，着火温度低。由于易爆炸，引燃时不安全。二甲苯有毒，燃烧时发热量较大，可促进涂层干燥，并可使有机膨润土溶胀。

当使用两种或两种以上的有机溶剂时，应考虑它们之间的互溶性。当两种溶剂的溶解度参数之差大于 2，即 $|\delta_1-\delta_2|>2$ 时，它们就不能相溶。式中 δ_1、δ_2 为有机溶剂的溶解度参数（见表 7-6）。

（5）附加物

表面活性剂为了改善涂料的分散性和渗透性，需加入表面活性剂，如 OP-4、T-80 和 JFC 等。OP-4 为辛烷基酚聚氧乙烯醚，属非离子型表面活性剂，一般加入量为涂料重量的 0.2%～0.3%；T-80 失水山梨醇油酸酯聚氧乙烯醚，又名吐温-80，属非离子型表面活性剂；JFC 为脂肪醇聚氧乙烯醚，非离子型表面活性剂，加入量为涂料重量的 0.2%～0.3%。

涂料中加入有机物后，搅拌过程中易产生大量气泡，这些气泡长时间不破裂，将影响涂层的表面质量，并因此影响铸件的表面质量。常用的消泡剂为正丁醇、正戊醇和正辛醇等。加入量为 0.02%。它们不仅有良好的消泡作用，而且也能改善涂料的润湿性。

V 法涂料配方根据铸造合金种类，铸件重量和壁厚以及就近取材的原则确定，下面介绍几种配方供参考（见表 7-6）。

表 7-6　V 法造型用醇基涂料配方　　　　　单位：%（质量分数）

耐火材料	黏结剂	悬浮剂	载液	助剂	应用范围
锆英粉 97 镁砂粉 3	酚醛树脂 1.5～3 松香 1～3 PVB 0.1～0.3	锂膨润土或有 机膨润土 1～4	酒精或 甲醇适量	OP-4 0.01～0.1 平平加 O 0.01～0.1	碳钢及低合 金钢铸件
刚玉 100	酚醛树脂 1～3 松香 1～3 PVB 0.1～0.3	锂膨润土或有 机膨润土 1～4	酒精或 甲醇适量	OP-4 0.01～0.1 平平加 O 0.01～0.1	大型碳钢及高 合金钢铸件
铬铁矿粉 80～90 莫来石粉 20～10	酚醛树脂 1.5～3.5 松香 1～3 PVB 0.1～0.3	锂膨润土或有 机膨润土 1～4	酒精或 甲醇适量	OP-4 0.01～0.1 平平加 O 0.01～0.1	碳钢及合 金钢铸件
镁砂粉 80～100 铝矾土 20～10	酚醛树脂 1.5～3.5 松香 1～3 PVB 0.1～0.3	锂膨润土或有 机膨润土 1～4	酒精或 甲醇适量	OP-4 0.01～0.1 平平加 O 0.01～0.1	锰钢铸件
土状石墨 60 鳞片石墨 20 石英粉 10 滑石粉 10	酚醛树脂 1.5～3.5 松香 1.5～3.5 PVB 0.1～0.3	锂膨润土或有 机膨润土 2～5	酒精或 甲醇适量	OP-4 0.01～0.1 平平加 O 0.01～0.1	铸铁件
镁砂粉 65 石英粉 15 滑石粉 10 云母粉 10	酚醛树脂 1.3～3 松香 1～3 PVB 0.1～0.3	锂膨润土或有 机膨润土 2～5	酒精或 甲醇适量	OP-4 0.01～0.1 平平加 O 0.01～0.1	铸铁件
石英粉 50 云母粉 10 绿泥石 10 片状石墨 20 海泡石 10	酚醛树脂 1.3～3 松香 1.3～3 PVB 0.1～0.3	锂膨润土或有 机膨润土 2～5	酒精或 甲醇适量	OP-4 0.01～0.1 平平加 O 0.01～0.1	铸铁件（日 本花王株式 会社配方）

V 法铸造涂料需要覆盖在薄膜表面，希望厚度均匀，一般采用喷涂法。喷涂法使涂料在一定压力下呈雾状、细小的液滴或粉状喷射到铸型表面而形成涂层。该法生产率高，适用机械化流水生产、大面积的模型，容易得到表面光洁、无刷痕、厚度较均匀的涂层，见图 7-23。喷涂法有空气喷涂法和高压无气喷涂等方式。

无气喷涂设备组成如图 7-24 所示。它利用压缩空气作动力，通过换向机构，使低压缸圆盘活塞受压力，作上下往复运动，而此低压缸圆活塞杆与下方的高压涂料缸内的圆柱活塞杆相连接,两者同时作上下往复运动,从而使高压涂料缸内涂料加压。

无气喷涂的优点是喷涂效率高、无回弹,容易形成足够的涂层厚度,也有利于凹处的涂敷,涂料散失少,水基和醇基涂料都可应用。其缺点是设备复杂、维护不便、成本高、涂层质量一般、易堆积。

图 7-23　V 法喷涂涂料

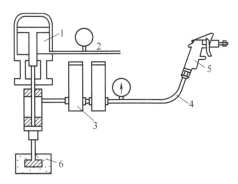

图 7-24　高压无气喷涂设备组成

1—高压泵;2—动力源;3—蓄压过滤器;
4—输漆管;5—喷枪;6—涂料容器

7.3　V 法铸造工艺设计

7.3.1　V 法造型

V 法造型是利用薄膜密封砂箱,依靠真空泵抽出型内空气,造成铸型内外压力差使干砂紧实,以形成所需型腔的一种物理造型方法,图 7-25 是 V 法造型过程图示。图 7-25(a)是 V 法造型的第一步,薄膜框架下缘平整地安置好一整张薄膜,在辐射加热系统的作用下让薄膜缓慢软化,使之具有较大的塑性。图 7-25(b)是 V 法造型的第二步,开启型板下部的真空抽气系统,将软化的薄膜以一定的速度覆盖在模样上,使之对模样和型板完全覆盖。喷涂 V 法铸造专用涂料,涂料必须将模样和浇注系统部分完全覆盖,然后低温烘干待用。图 7-25(c)是 V 法造型的第三步,在覆膜后的型板上放置好带有真空抽气系统的砂箱,使得砂箱与薄膜完全接触形成很好的密封。图 7-25(d)是 V 法造型的第四步,在放置好的砂箱中填砂,同时设置好浇注系统各组元,并启动震动系统,使得原砂均匀紧实。然后在砂箱上缘覆膜,同时抽真空,使得型砂紧实。图 7-25(e)是 V 法造型的第五步,通过一定时间的抽真空,砂型达到要求的紧实度,及时关闭型板下部的真空,然后提升砂箱脱模,上砂型造型完成。按照上砂型相同的步骤造好下砂型。图 7-25(f)是 V 法造型的第六步,将造好的上砂型、下砂型进行合箱,完成整体铸型。注意在这个过程中,砂型必须一直保持抽真空状态。

根据实际经验,砂箱中的真空度维持在 0.04MPa 比较合适,真空度不是越大越好,保持均匀合适的真空非常重要。真空过大,容易引起金属液侵入涂层,因此粘砂或其他表面缺陷;真空过低容易引起塌箱缺陷。如果真空不均匀,铸件成形过程中局部变形、塌砂等缺陷。保持砂箱中真空均匀的关键在于真空系统的合理配置以及砂箱中抽气结构的合理布置。

(a) 薄膜加热系统

(b) 在模样上覆膜

(c) 型板上放置砂箱并抽真空

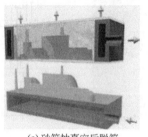

(d) 填砂后在砂箱上覆膜

(e) 砂箱抽真空后脱箱

(f) 上下型合型

图 7-25　V 法造型工艺过程

7.3.2　V 法铸造浇注系统

V 法铸造是采用薄膜密封型腔，并用真空压差来成型，型腔也是空腔。所以其浇注系统设计和浇注工艺除应遵循一般砂型铸造的工艺设计原则之外，还要注意 V 法铸造特点带来的一些特殊之处。在设计铸造工艺时，针对 V 法铸造工艺的特性，要保证薄膜的热辐射面积尽可能小，即使得薄膜在高温下的烧蚀最少，特别要防止浇注时金属液的飞溅或喷射造成的薄膜局部烧蚀，导致漏气、垮砂等现象发生。

（1）浇口杯

V 法铸造浇注工艺中，各种各样的浇口盆都可应用，图 7-26 给出了一些例子。如果浇口盆位于上型顶部，则应用塑料膜包覆。图 7-26（a）设计不合理，因为浇口杯底面转角处容易被金属液冲蚀。在保证浇口盆充满的情况下推荐使用图 7-26（b），假如浇口盆空的话在薄膜蒸发后将会塌型。图 7-26（c）、（d）、（e）和（f）等都是可以使用的合理方法。另外，图 7-26（c）和（d）可使浇口盆更容易保持充满状态。如果用了芯盒或砂盒，那么直浇道上方开口的尺寸不能大于直浇口的尺寸，否则尖锐的边沿将被切掉并被冲蚀，如图 7-26（g）所示。重要的是在任何情况下都要保证浇口盆的充满状态，直至浇注完毕。

（2）直浇道

V 法铸造的直浇道和常规砂型铸造的直浇道有相同的要求。金属液从直浇道加速流下，形成一条有锥度的细流。直浇道上的薄膜被金属液加热后蒸发，如果这些部分不能被金属液取代，那么气体进入铸型使气压平衡，铸型就可能坍塌和冲蚀。因此推荐使用有锥度的直浇道。直浇口应用塑料包裹且顶部、底部都要密封，如图 7-27 所示。在正常的 V 法模具准备过程中，可以准备一些专用的塑料膜套，这样薄膜就附于直浇道和冒口上，免去了手包的麻烦。见图 7-27（b）。

陶瓷管和壳管在钢铸造中的应用效果也很好，甚至可使用钢管。此时无需锥度，因为金属液不会影响型内的压力，见图 7-28。然而，无论是陶瓷管、壳管还是有锥度的直浇道都必须用薄膜包覆，且顶、底部封好。模表面上突起的部位可使用胶带包覆。

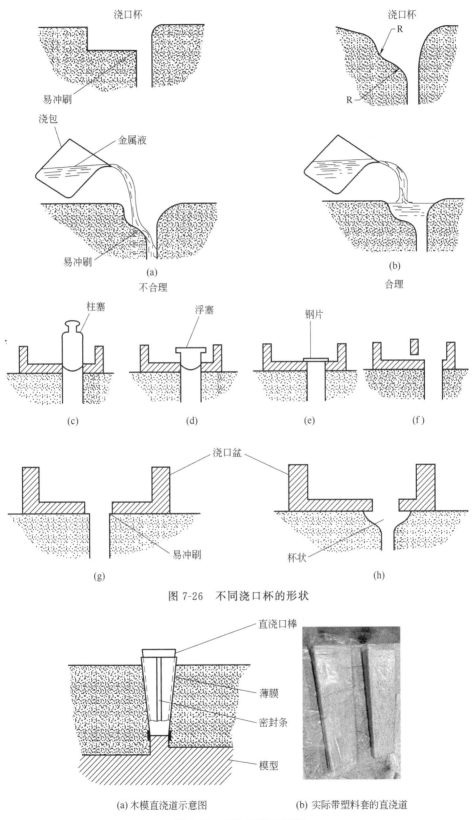

图 7-26　不同浇口杯的形状

(a) 木模直浇道示意图　　　　(b) 实际带塑料套的直浇道

图 7-27　V 法直浇口安装

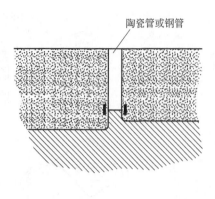

(a)陶瓷管浇道示意图　　　　(b)实际试用的陶瓷管直浇道

图 7-28　陶瓷管直浇道

（3）横浇道和内浇道

尽管有很多直浇道/横浇道/内浇道的比率可供使用，但是最好要选用一个能使浇注系统始终充满的比率，这可以使膜破坏和塌型的可能性降到最低。横浇道没必要像内浇道那样非得比直浇道小。

常规铸件的设计可以参考相似零件的设计数据，对一些新铸件来说，可选取下面的直浇道/横浇道/内浇道的比率作为参考：

铸铁：1∶1～2∶0.8～1.2；

铸钢：1∶1.2～2∶1.2～2；

青铜：1∶2～3∶1～5；

铸铝：1∶2～3∶1.8～3.5。

浇注系统应能够引入金属液，并要求能够快速但不猛烈、均匀且不含杂质地导入金属液。浇注系统中的所有角落都应该用圆弧过渡以保证金属液能够顺利通过而不被切割或冲砂，见图 7-29。

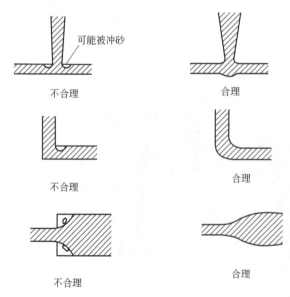

图 7-29　浇注系统的连接过渡方式

要注意的是，V 法造型要求比湿砂造型的浇注速度要快。V 法造型中铸铁的浇注时间可用下式计算：

$$T = S\sqrt{w} \qquad (7\text{-}1)$$

式中　T——浇注时间，s；

　　　S——与壁厚和重量有关的系数（1.1～1.45）；

　　　w——浇注重量。

在 V 法造型中建议铸铁的浇注时间短些且避免紊流，这样可以降低薄膜被破坏的可能性。铸型可能坍塌，型腔内压力降低。图 7-30（a）为推荐的灰铁浇注速率，图 7-30（b）为铸钢的浇注速率。

浇注系统中内浇道的截面积可用下式运算

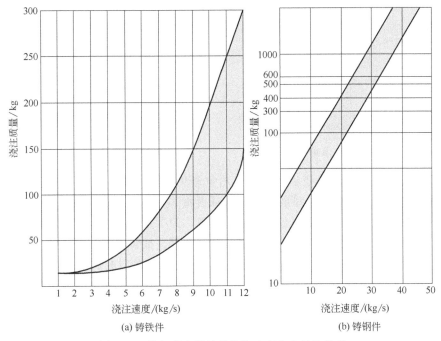

图 7-30　铸钢件和铸铁件浇注速度和重量的关系

$$A = \frac{W}{P \cdot tC\sqrt{2gh}} \tag{7-2}$$

式中　W——浇注重量，kg；

　　　C——流量系数（铸铁件），0.4～0.7（顶注式 0.4～0.5，中注式 0.5～0.6，底注，0.6～0.7）；

　　　P——金属密度，0.007kg/cm³；

　　　t——浇注时间，s，见图 7-31；

　　　g——重力加速度，980cm/s²；

　　　h——平均计算静压力头，cm。

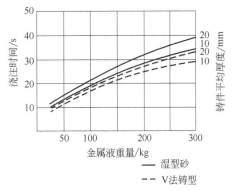

图 7-31　金属液重量和浇注时间的关系

在封闭式浇注系统中，A 值为内浇道的横截面面积之和；在开放式浇注系统中，A 值为直浇道的横截面积。一般铸钢件采用开放式浇注系统，因此要计算直浇道面积，但是 C 值需另外计算，计算方式可采用以下公式：

$$C = C_t \cdot (\alpha + \beta + \gamma) \tag{7-3}$$

式中　C——浇注系统的流量系数；

　　　C_t——直浇道内的流量系数；见图 7-32；

　　　α——横浇道阻流系数，见图 7-33；

　　　β——内浇道阻流系数，见图 7-33；

　　　γ——在直浇道底部通过陶瓷管时的阻流系数，见图 7-18。

一旦直浇道或内浇道的面积确定，直浇道、横浇道、内浇道的面积便可以通过浇口比计

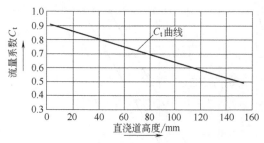

图 7-32 铸钢件直浇道流量系数

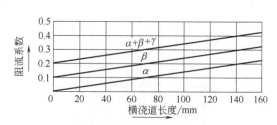

图 7-33 铸钢件阻流系数和横浇道长度的关系

算出。浇注系统的设计要注意浇道的安放，尽量避免金属液直接冲击型壁，导致侵蚀塑料膜。放置内浇道时应能让金属从型腔中心流入或者沿芯流过，见图 7-34。对于底注式来说，金属液从铸件的最低处进入且需要长一些的内浇道，为了避免高紊流状态发生，最好加大横浇道和内浇道的尺寸以降低金属液在型腔中的流动速度。如铸件有一个大的上型表面，那么应将铸型倾斜至 20°，以让金属液上坡进入型腔。因为金属在型腔的波动使薄膜蒸发，只要型腔未被填满，金属液就不能起到密封作用。铸型被倾斜后，金属液从型腔较低部分进入后渐渐上升，薄膜蒸发后随即被金属液取代，真空状态得以保持。如果内浇道的位置使金属液冲击型腔壁，那么应加大内浇道以降低金属液流速，这是内浇道可能比横浇道宽的一个原因。

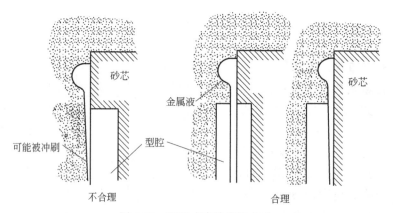

图 7-34 顶注式直接浇注方式

（4）陶瓷管浇注系统

V 法造型中使用陶瓷管浇注系统是可行的。所有的连接通道必须用 2～3 层透明胶带包覆，这样可以阻止砂被带入铸型。如果陶瓷管能在模具覆膜的同时放于铸型中，则没必要再用胶带了。当陶瓷横浇道与模具同时覆膜时，会形成一个连接桥（由于膜自身收缩形成了一个双层塑料膜）。图 7-35 是铸钢件采用陶瓷管浇注系统的实施实例。

V 法铸造浇注系统采用陶瓷管浇注系统的典型形式如图 7-36 所示。陶瓷管浇注系统的好处是避免浇注时高温金属液对于薄膜的烧蚀而带来的铸型塌陷风险，也提高了浇注系统的耐火度。

（5）溢流孔

V 法铸型中有一层不透气的薄膜，使其至少在浇注之前接近于一个永久性铸型。没有其他的地方可以排气，排气不畅会导致气孔缺陷或塌型。这和普通砂型铸造有很大区别，在

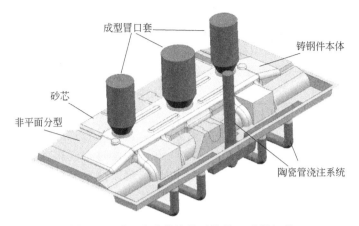

图 7-35　采用陶瓷管浇注系统的 V 法铸钢件

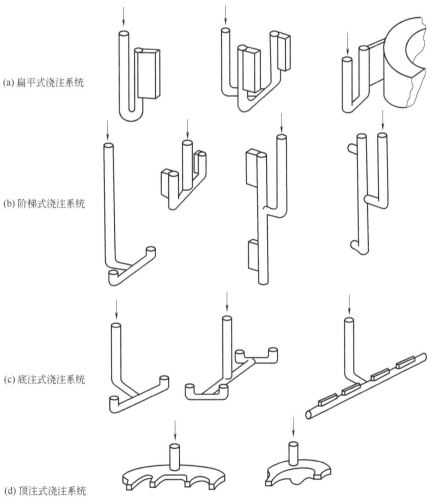

(a) 扁平式浇注系统

(b) 阶梯式浇注系统

(c) 底注式浇注系统

(d) 顶注式浇注系统

图 7-36　V 法铸造陶瓷管浇注系统的典型形式

常用的湿砂造型中，型腔中的气体要么通过砂孔，要么通过明冒口排入空气，而 V 法铸型没有。所以溢流孔的首要目的就是充当排气路径。

如果在型腔充满之前金属液就已到达溢流孔，那么它的功能就会失效。因此溢流孔一般都置于铸型最高处，即浇注完毕时金属液最后到达的地方。在铸件非最高处安置更多溢流孔并无太大意义，这样它有可能在型与腔压力平衡之前就已充有金属液。

如图 7-37（a）所示铸型没有溢流孔，则没有气体进入型腔来补偿被从型砂中抽出去的

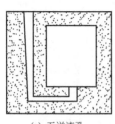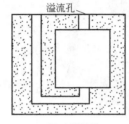

气体。那么型腔中空的部分的压力（没被金属液充填的部分）与铸型相当，会造成塌型。像图 7-37（b）有一个开设好的溢流孔，开始时空气排入大气，待薄膜熔化时空气可以进入型腔以补充通过砂型吸走的气体。因此，铸型空腔中无压力损失，并且大气和铸型中的负压差可以保持，型腔形状也会不变。合理的溢流孔同时具有浇道或冒口的作用。

(a) 无溢流孔　　　　(b) 有溢流孔

图 7-37　V 法铸型中的溢流孔

7.3.3　V 法铸造砂芯

V 法铸造造型技术比较成熟，但是砂芯的制造目前还是采用树脂砂制芯技术较多，主要原因还是 V 法制芯技术上还不成熟。因此造成 V 法铸件外形落砂容易，铸件外表的光洁度和尺寸精度较高，而砂芯落砂和铸件内腔的光洁度等依然得不到改善。V 法铸型中采用普通砂芯，会使得型砂中混入粗砂团，造成砂粒的回用困难，甚至使得原砂性能变差，导致铸件缺陷的风险增加。采用 V 法制芯对于提高铸件质量、便于生产管理和充分发挥 V 法的长处，都是十分必要的。

目前来看，形状简单的砂芯用 V 法制出并不困难，图 7-38 是用 V 法工艺制作的简单砂芯，两个伸出来的是抽真空的管道。但是铸件内腔形状复杂时，就会遇到技术上的困难。其中最主要的问题是抽气管的设置、薄膜的成型以及芯砂的充填和紧实等。

为了说明 V 法制芯的芯盒结构特点，以圆柱型芯的芯盒为例，芯盒结构如图 7-39 所示。芯盒中设有空心的抽气室 1，其内壁面（即芯盒的成型面）上钻有若干抽气孔 2，并在抽气室的外壁面焊有管接头 3，通过它可用软管与真空泵接通。制芯的工艺流程如图 7-40 所示。

图 7-38　V 法工艺制造的简单砂芯

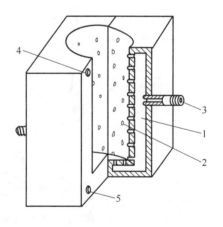

图 7-39　V 法用的圆柱芯盒

1—抽气室；2—抽气孔；3—管接头；

4—定位销；5—定位孔

图 7-40 中（a）是先在芯盒内面 1 上覆膜。此后如图（b）所示，将两半芯盒体组合在一起，并在中间插入一个有透气性但又不会吸入砂粒的抽气管 4，一般也可以有金属软管或者普通钻有小孔的钢管，并在外面裹上金属丝网。下一步如图 7-40（c）所示，填入干砂、振实，并将上端薄膜封口，同时使得插在芯子中的抽气管 4 与真空泵接通。最后如图 7-40（d）所示，使芯盒的抽气室与真空泵断开，撤除芯盒即得到 V 法制得的型芯。这样制得的型芯不用烘干即可下到型腔中，然后合箱浇注。和 V 法铸型一样，在整个制芯、合箱、浇注、铸件凝固的过程中，插在芯内的抽气管需始终与真空泵接通，待铸件凝固后才能撤除真空压力，芯砂即可自行溃散。

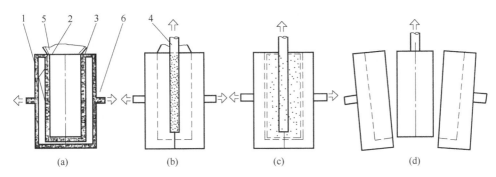

图 7-40 V 法制圆柱形芯的工艺过程

1—芯盒内面；2—抽气室；3—抽气孔；4—抽气管；5—薄膜；6—管接头

7.4 V 法铸造装备系统简介

7.4.1 真空和稳压过滤系统

V 法铸造中，真空系统必须保证在几秒钟内抽掉震动紧实后砂型中的空气，并在起模、合型、浇注及至铸件凝固冷却过程中保持砂型内一定的真空度。在浇注过程中，由于金属液的热辐射，使薄膜受热气化，砂型漏气量增大，但即使有 50% 的薄膜气化，真空系统仍然保证砂型维持原状而不溃散。图 7-41 是 V 法铸造真空系统示意图。在真空系统中，最主要的设备是真空泵。根据真空密封造型的特点，真空泵需具备排气效率高、受吸入空气中粉尘

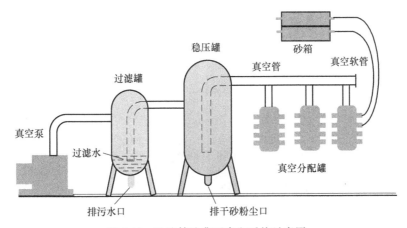

图 7-41 V 法铸造典型真空系统示意图

的影响小、易维修、噪声低等条件。一般选用水环式真空泵比较合适，水环式真空泵有偏心式和对称式两种。

(1) 真空泵

V 法铸造需要低负压大流量，因为真空泵工作时负压度在 0.05MPa 以下流量大，到 0.05MPa 以上后，负压压力越大流量就越小。真空泵有两种可供选用，如图 7-42 所示的罗茨真空泵，图 7-43 所示的 2BE 水环式真空泵，以选用水环泵居多。水环式真空泵的优点：①排气量大，真空度可达 80kPa；②泵的使用寿命长；③噪声小，占地面积少，可以安装在生产线近处。

图 7-42　罗茨真空泵　　　　　图 7-43　2BE 水环式真空泵

(2) 稳压过滤除尘罐

气体经过稳压除尘过滤罐过滤后，使得进入真空泵的气体保持洁净，有利于延长真空泵使用寿命。防止从砂箱内抽吸出的细砂或粉尘进入泵内，以免影响真空泵的正常工作，并防止细砂或粉尘进入泵内磨损零件。一般前级使用稳压除尘，后级使用过滤除尘。滤气罐的过滤原理与水烟袋过滤原理相似，经过水浴的气体通过与水混合，使其中的细砂和粉尘向下沉淀到底部，可以定期清除。同时虑气罐上半部具有一定的容积，能起到辅助稳压的作用，所以尽量增大滤气罐的容积。图 7-44 是过滤除尘实例。

(3) 负压度

V 法铸造对负压度要求是：造型和浇注时稳压在 0.03～0.04MPa；浇注后保压在 0.025MPa，最高不超过 0.03MPa。浇注时负压度要稳定在要求的负压数值内才可能保证铸件质量。所以需要知道砂箱的体积、需要带几个砂箱、选多大的真空泵及台套数、稳压过滤除尘罐的体积、真空管道的直径，还有工位分配器及其与砂箱连接的控制阀等，保证在浇注过程中补充所需的负压气体流量。需要注意的是，真空泵有自吸水功能，不需要用水泵向真空泵内给水。真空泵旁边如有大水箱，水位和真空泵体高度需一样，真空泵工作水可以自流进真空泵而且不影响吸气。图 7-45 是浇注时负压测试数值实际现场。

图 7-44　过滤除尘　　　　　图 7-45　浇注负压度

选择合适的真空泵是一个相当复杂的工程学过程，但可以通过如下公式来计算砂箱所需的抽气量，计算中忽略管道阻力和泵的抽气性能曲线的影响。

$$S = \frac{V}{t} \ln \frac{P_0}{P} \tag{7-4}$$

式中　S——泵抽气量，m^3/min；

　　　V——砂箱容积，m^3；

　　　t——压强 $P_0 \rightarrow P$ 的抽气时间，min；

　　　P_0——抽气开始时砂箱中压力，$mmHg$；

　　　P——抽气时间为 t 时的砂箱中压力，$mmHg$。

在 V 法造型中，砂箱体积 V 不会变，但是砂箱中的气体体积会发生变化。铸造用砂虽然 AFS 细度不同，但其间隙体积均在总体积的 30% 左右。即体积 V 的砂箱装满砂子后其中约有 $0.3V$ 体积的空气。式（7-4）中 P_0 为大气压 101.3kPa（760mmHg），P 为造型工作压力，约 40kPa（300mmHg）。砂箱接上真空系统后，根据一般生产经验，在 5～10s 之内到达工作压强，为了方便计算，这里取 6s，即 0.1min。由于式（7-4）忽略了泵的性能曲线，需进行适当修正。根据俄国科学家 H. A. Steinherz 的低真空泵特性曲线，当压力在大气压 105～133Pa 范围之间，应对式（7-4）加以修正系数 $K=1.1$。分别将这些数据代入公式有：

$$S = 1.1 \frac{0.3V}{0.1min} \ln \frac{760}{300} \approx 3V \tag{7-5}$$

即泵的抽气量约为砂箱总体积的 3 倍，工程中还应给予 25% 的安全系数，即 $S=3.75V$。实际上，抽气量是受很多因素影响的，如砂、震动、铸件形状、体积、材料等，实际值要大于此计算值。

7.4.2　造型装备系统

（1）造型设备

V 法造型有单机 V 法造型、移动振实 V 法造型、穿梭 V 法造型线、转台式 V 法造型线等。单机 V 法造型设备简单、投入少，但是效率低，适合单件小批量生产。穿梭 V 法造型线效率高，适合批量生产。转台式 V 法造型线至少四工位，效率更高，但是设备投入大，适合大批量生产。简单移动振实人工覆膜造型如图 7-46 所示，自动穿梭自动覆膜造型如图 7-47 所示。

图 7-46　移动振实人工覆膜造型　　　　图 7-47　自动穿梭自动覆膜造型

（2）V法型板

由于V法造型的特点，其型板的结构和普通砂型型板不同。V法专用模型底板实际上就是一个抽气箱，抽气箱上部有模样，是造型的基本工艺装备。抽气箱和型板一般为木质制造，涂刷耐热漆；也有金属制造的，在表面涂特氟龙涂层。分上型板、下型板，它在V法铸造生产中占有非常重要的地位，其质量直接影响铸件的质量。在V法造型中，模型不与型砂接触（隔着一层薄膜）且不需要特别加以震击、压实或高温加热，所以模型的磨损和变形很小，使用寿命长，通常用经济、易于施工制作的木模制造。但在木材结构上要相应考虑V法的特殊要求：

1）模型做成空心的，使之形成抽气室，较大的模型内部设置加强筋，以保证在抽气负压作用下，模型不致破裂或变形。

2）模型尽量避免尖锐的棱角，以免覆膜吸不到位或吸破薄膜。

3）模型拔模斜度可以很小，甚至可以不要拔模斜度，这是因为V法造型时薄膜和模型之间较光滑，摩擦力很小，所需的拔模力较小。

4）模型表面需要开设抽气孔，抽气孔一般为$\phi 1.5$，目前几乎都用气塞代替打孔，开设的部位随模型的轮廓形状而异，但必须特别注意开在模型的凸凹、折边、拐角等不易覆好薄膜之处。对于线条曲折、轮廓复杂的模型，抽气孔的间距应小些；对于外形简单、线条平直的模型抽气孔的间距应留大些。对于无凹陷部位的顶面和立面，可不必钻抽气孔。

5）木模表面不宜涂刷干漆片溶液，也不宜涂刷耐温低于$60\sim70℃$的其他油漆，否则将烘热的薄膜覆上后会出现粘模现象，影响拔模。一般可在木模表面涂刷银粉来保护模型面。图7-48是木质V法铸造型板实例。

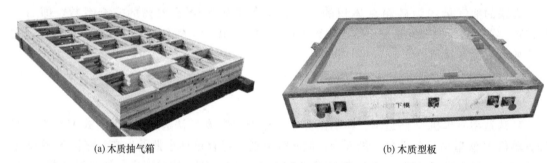

(a) 木质抽气箱   (b) 木质型板

图7-48　木质V法铸造型板实例

V法铸造型板结构类型如图7-49所示，图（a）为整体式型板，一般通用性不好。常用的采用图（b）或图（c），都是装配型型板，适合少量和小批量生产之用。

型板的作用主要是用来覆膜，形成铸件的外形。覆膜前，首先要在型板上打孔。安装金属排气塞的距离要根据模型几何形状的变化不同而不同，设计为$60\sim100mm$距离不等。尤其是凸模根部、凹模里边，气孔相对密排些。抽真空孔的大小、排气塞安装多少及安装位置等直接影响覆膜质量。同时还要注意型板负压室抽气连接管直径，要求用直径50mm的钢管，而且数量上需要两个连接口比较稳妥。

（3）烘干涂料设备

烘干机有升降式、固定式、摇臂式、热风管道式，但都有一个烘干罩。罩要比砂箱内口四面各小100mm左右，盖过整个模型的面积。可以提高烘干速度，缩短涂料干燥时间。该设备主要由出风罩、不锈钢电加热器、轴流鼓风机、支架、电升降机构、摇臂组成。

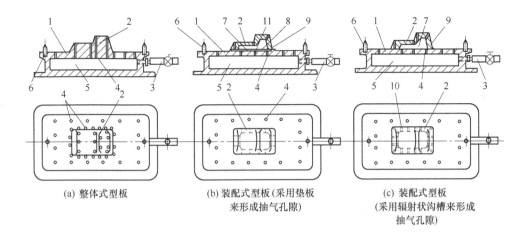

（a）整体式型板　　　（b）装配式型板（采用垫板　　　（c）装配式型板
　　　　　　　　　　　来形成抽气孔隙）　　　　（采用辐射状沟槽来形成
　　　　　　　　　　　　　　　　　　　　　　　　抽气孔隙）

图 7-49　V 法铸造型板结构类型

1—底板；2—模型；3—管接头；4—抽气孔；5—抽气室；6—砂箱定位销；7—模型空腔；
8—垫片；9—模型定位销；10—模型分型面上的辐射状沟槽；11—垫片形成的抽气缝隙

使用时烘干罩位于在砂箱上方就可工作，但是盖罩和型板之间需要留有缝隙，让涂层中的气体挥发。其特点为：①烘干机加热均匀，温度不能高于 80℃；②风量大、风压低；③热风机烘烤涂料时不影响其他造型工序，必须选好烘干设备的大小。型砂温度在 60℃ 左右比较好，可以帮助干燥涂料。涂料烘干机及其现场摆放情况如图 7-50 所示。

图 7-50　涂料烘干机现场操作及摆放

（4）振实设备

振实设备是 V 法造型的重要设备，V 法造型和消失模使用的都是无任何黏结剂的干砂，不含黏结剂的型砂几乎没有初始强度，单纯依靠抽真空不能得到所需要的砂型硬度。如果在抽真空前铸型紧实度较低，抽真空时就会使型砂颗粒产生较大的位移，起模后型砂尺寸与轮廓和原来模型的尺寸有较大失真。而且 V 法用的型砂细、流动性不好，必须通过振实台的高频率低振幅的振动方式增加干砂的堆积密度，从而达到所需要的硬度（砂型更度计 90 以上）。V 法用三维振实台能更好地把有几何形状复杂不好充填的部位均匀充填好，振实后的砂型硬度均匀度好、硬度高，浇注时不会出现胀箱、塌砂、变形等缺陷。V 法用振实台及其工况如图 7-51 所示。

需要注意的是，型砂越细，型砂流动性和透气性不好，越需要振动紧实。型砂越细，抽气量越小，浇注时失掉的气体流量就少。型砂越细，所需涂料层就越薄，铸件表面越光滑。

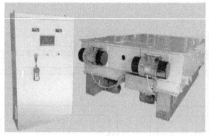

(a) 振实台设备	(b) 振实台实际工况

图 7-51　V法用振实台及其工况

（5）真空负压砂箱

真空负压砂箱设计。要求：结构合理、强度高、不变形、耐用、吃砂量合理、不锈钢网耐用。砂箱内壁抽气孔大、透气面积大、钢板厚、强度高。砂箱的结构类型见图 7-52，分为金属软管导管式、复合式、侧箱式。

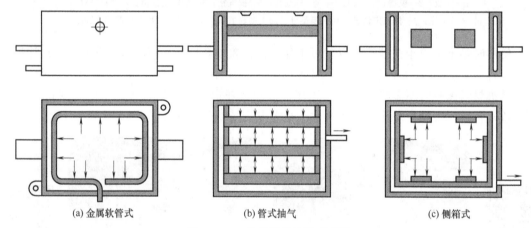

(a) 金属软管式	(b) 管式抽气	(c) 侧箱式

图 7-52　V法砂箱的结构示意图

图 7-52（a）为金属软管导管式抽气砂箱，结构简单，由单层壁构成，可制作尺寸较大的砂箱。为避免塌箱、铸型沉降和变形，设置较密的钢板箱带，在与模型相邻侧与模型表面留有 30～50mm 的间隙。为便于金属软管的安装固定，在相应的位置切割出通过式安装固定孔。金属软管两端与固定在箱壁上的真空接头相连，当抽气时，通过软管各活动节间的缝隙来抽吸砂粒间的空气，同时又能阻止细砂及粉尘被吸入，软管挂在砂箱内壁和固定在箱带的安装固定孔内，软管位置距型腔表面的距离应不小于 50mm，否则靠型腔表面太近金属凝固潜热易损坏软管。这种软管因间隙较大，易吸入砂粒和粉尘，因此，真空管路系统必须配置滤砂和水浴装置，以防止砂粒、粉尘进入真空泵。

图 7-52（b）为管式抽气砂箱。这种砂箱的端壁是用钢板焊成的密封夹层，夹层中的中空部分形成抽气室，而侧壁是实体的，抽气网孔设在焊于两端壁的数根抽气管上，并与抽气室连通。孔的间距一般为 25mm 左右，孔径 $\phi10$，也可钻成交错密排大孔的，在钢管外面包裹两层 110 目不锈钢的金属网，以防止细砂及粉尘被吸入抽气室。

由于这种砂箱利用每根钢管上的抽气网孔抽气，可使砂型各处得到较为均匀的真空度。钢管上的抽气孔径及根数以及间距的分布，可根据砂箱大小及铸型特征来定，一般钢管的间距为 200～300mm。由于焊有数根钢管，砂箱的刚度及强度都较好，适用于面积超过 1m²

的大、中型砂箱，但由于箱体内焊有数根抽气管，给任意设置浇冒口和取出铸件带来不便，从而影响了砂箱的通用性。另外，外裹的细目金属丝网，在使用中也较易损坏或堵塞。目前的经验表明，采用斜纹编制的 150 目或 180 目的不锈钢金属保护网更为合适，该金属网单层厚度大，强度好耐用，可以焊接成所需的形状直接安装。

图 7-52（c）为侧面抽气砂箱。它的四壁是用钢板焊成的密封夹层，夹层之间形成连通的抽气室。在砂箱端部的外壁上，焊有一根管接头，可利用橡胶软管将此管接头与真空系统接通。在砂箱的内侧四壁面有抽气孔，并在该处装有多孔滤气板，为了防止细砂吸入真空泵中，在多孔滤气板之间夹装有一层 150/180 目不锈钢的斜纹金属丝网。侧面抽气砂箱的顶面无横挡，所以造型时对浇冒系统的设置，以及浇注后铸件的落砂都较方便。但由于这种砂箱的抽气孔是设在四个内壁面上，所以在靠近内壁面处的真空度较大，越向砂箱中心处，则因砂粒间阻力的作用，真空度将越小，因此侧面抽气砂箱一般只能用于面积不超过 1m^2 的小型砂箱，若砂箱过大，往往会使砂型中心处真空度过小，以致强度不够而塌型。

实际中由于铸件大小不一，往往采用复合式抽气方式，如图 7-53 所示。在侧箱抽气的基础上，在砂箱顶部适当部位安装钢管式抽气机构，或金属软管复合式抽气机构。振实后抽负压砂箱不变形、不锈钢网安装牢固、透气好、不漏砂、不堵网孔、不塌砂和砂型硬度都有直接关系。抽气管直径、形状、位值都很重要，使用过程中不漏气还要牢固。砂箱尺寸面积大了单靠四周围抽气，在浇注过程中保证不了中心部位负压气体的补充会造成塌砂和胀箱、变形等缺陷。

不锈钢网技术要求要看所用的型砂粗细来选择。不锈钢网的型号 180/150/120 号，不锈钢网也能直接影响透气，最好采用 V 法造型专用的斜纹编织不锈钢金属丝网。

图 7-53　V 法铸造复合抽气式砂箱

7.4.3　砂处理设备

V 法造型属于无粘接剂的干砂造型，无需振动落砂、脱膜再生及混砂等工序，只需要磁选、除尘、冷却、去除某些有机物等等工序，旧砂回用率在 95％ 左右。在回用过程中需要解决以下问题：

1）控制型砂中粉尘和杂物及时清除。如不及时清除会使用雨淋加砂效果，影响设备使用和铸件表面产生各种各样缺陷。

2）控制砂温。旧砂回用砂温应低于 60℃，砂温高了会使薄膜变软，难以保持铸型形状，影响表面质量。

7.4.4　除尘设备

　　V 法铸造用砂必须控制型砂内的粉尘，以保持干净的操作环境。在砂处理过程中，因为型砂细再加上混有干燥破碎的涂料，使得型砂内粉尘更大，造成工作环境有较大的粉尘污染。因此必须加装除尘设备。砂处理一般流程为：落砂→输送→筛分→输送→滚筒或沸腾冷却→输送→砂库存储，每个环节都要接除尘管道。

　　V 法型砂细、粉尘大、不透气、砂温高、降温慢是砂处理要解决的主要任务，也是选好冷却设备和除尘器设备需要解决的问题。要做到除尘好、降温快、环保、耗电小、处理成本低、生产节拍好，除尘设备和冷却设备非常关键。滚筒式砂冷却设备如图 7-54 所示，沸腾冷却床设备如图 7-55 所示。

图 7-54　滚筒式砂冷却设备　　　　　　图 7-55　沸腾冷却床

习题与思考题

　　1. 什么工艺叫 V 法铸造工艺？

　　2. V 法铸造工艺具备哪些优点？

　　3. V 法造型为什么要选择 EVA 塑料膜？

　　4. V 法铸造涂料有哪些作用？

　　5. V 法用砂有哪些要求？

　　6. V 法造型上下型顶底面为什么要覆盖背膜？

　　7. V 法造型上型通气孔和冒口为什么要与大气连通？

　　8. V 法铸造真空的作用有哪些？浇注时真空大小与铸件质量的关系如何？

第8章 数字化技术在铸造工程中的应用

根据工信部等八部门《"十四五"智能制造发展规划》，将全面推进制造业实现数字化转型、网络化协同、智能化变革。铸造作为制造业的基础，以计算机技术为支撑的数字化、网络化进程正在加快，应用物联网、大数据、边缘计算、5G、人工智能、增强现实/虚拟现实等新一代信息技术与铸造全过程、全要素深度融合，集成工程设计、建模、仿真、制造运营管理、自动化控制、产品全生命周期管理，实现泛在感知、数据贯通、集成互联、人机协作和分析优化，逐步建成智能单元、智能车间和智能工厂。

计算机辅助设计（computer aided design，CAD）和计算机辅助工程（computer aided engineering，CAE）是数字化智能化的核心技术之一。铸造工艺 CAD/CAE 技术使工程技术人员能够借助计算机对铸件的产品结构以及铸造工艺等进行设计、分析和优化，将计算机的高速度、高精度、高可靠性以及数据的可视化与铸造工艺设计相结合，在铸件工艺设计的初始阶段就可以对铸件的可成形性进行有效分析，并且在铸造模具制造之前就能够完成铸造工艺的优化设计，可以极大地提高生产设计自动化水平，保证铸件质量，降低生产费用，并使得铸件的设计和生产周期大大缩短，提高了企业的经济效益。铸造工艺 CAD/CAE 技术是改造传统铸造生产方式的关键技术之一，在铸造领域得到了广泛的应用，并已成为铸造学科的技术前沿和最为活跃的研究领域之一。

快速成形技术（rapid prototyping，RP）是 20 世纪 80 年代末期商品化的一种高新制造技术，也被称为增材制造技术（additive manufacturing，AM），学术界也称其为快速原型、快速制造、3D 打印。将快速成形技术应用于传统铸造领域，形成无模数字化铸造技术，独辟蹊径地解决了长期以来困扰铸造界新产品开发、单件小批量铸造件试制和生产的问题。

数字化无模铸造技术，是计算机、自动控制、新材料、铸造等技术的集成和创新：由三维 CAD 模型直接驱动铸型制造，不需要模具，缩短了铸造流程，实现了数字化铸造、快速制造。同传统铸型制造技术相比，无模铸造具有无可比拟的优越性，它不仅使铸造过程高度自动化、敏捷化，降低工人劳动强度，而且在技术上突破了传统工艺的许多障碍，使设计、制造的约束条件大大减少。能够实现复杂金属件制造的柔性化、数字化、精密化、绿色化、智能化，是铸造技术的革命。不需要模具，缩短了铸造流程，特别适合于复杂零部件的快速制造，在节约铸造材料、缩短工艺流程、减少铸造废弃物、提升铸造质量、降低铸件能耗等方面具有显著特色和优势，改变了几千年来铸造需要模具的状况。

8.1 铸造工艺CAD

8.1.1 铸造工艺CAD概述

铸造工艺 CAD 是指利用计算机的高效和快捷辅助工程师对铸件进行工艺方案的设计。主要包括设计铸件的浇注系统、冒口、冷铁、砂芯、分型面、分模线、工艺补正量以及各种工艺符号，估算铸造成本，绘制铸造工艺图、工艺卡等技术文件。

作为现代先进设计与制造技术的基础，CAD 技术使产品设计的传统模式发生了深刻变

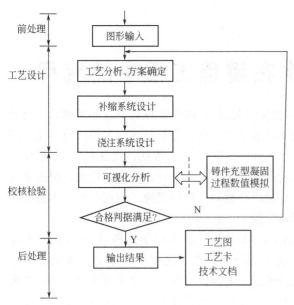

前处理

图形输入

工艺设计

工艺分析、方案确定

补缩系统设计

浇注系统设计

校核检验

可视化分析 ⟷ 铸件充型凝固过程数值模拟

合格判据满足？ N

后处理

输出结果 → 工艺图 工艺卡 技术文档

图 8-1 铸造工艺计算机辅助设计过程示意图

革。不仅改变了工程界的设计思想及思维方式，而且影响企业的管理和商业对策，是现代企业必不可少的设计手段。

一个简单的铸造工艺计算机辅助设计过程包括前处理、工艺设计、校核检验和后处理四部分，其工作过程如图 8-1 所示。

1）接收用户提供的铸件图纸。

2）工艺分析和报价。按需要从任一角度或对铸件任一部分结构加以观察，根据三维实体计算铸件重量和不同部位的模数，计算浇冒口等工艺数据，进行铸件的初步设计，估算成本并提出报价。

3）进行铸造工艺方案的详细设计。根据铸件图纸建立铸件三维实体，并设计铸造工艺方案，然后对原始设计方案进行充型凝固模拟（CAE），并根据模拟结果反复修改铸造工艺，得到最终的铸造工艺方案，最后生成相应的铸型、砂芯、芯盒或模具图。

4）芯盒和模具经数控加工成形，进行造型、制芯，装配合箱后进行浇注、检验，收集生产中的数据供质量跟踪和指导以后的铸件设计。

8.1.2 铸造工艺 CAD 的特点

工程设计是一种"面向目标问题的求解活动"，它包含定义设计问题、资料检索、创造性构思综合、分析与优化、模拟与评价、绘图与编制文件等步骤。这是一个以交互方式进行的反复过程。

1）定义设计问题。根据用户要求或产品开发的市场调查形成设计目标。

2）资料检索。参考各种参数、数据、标准及有关资料。

3）创造性构思综合。设计者类比同类产品的设计或根据自己的设计经验构思，拟订出产品设计初步方案或结构草图。

4）分析与优化。经过多次反复的计算分析、综合比较，选定在经济性、工艺性、可靠性等方面较为合理完善的方案，最后绘成设计图并编制有关技术文件。

这种传统的机械设计过程如图 8-2 所示，主要由人工完成，很难达到最佳的设计水平，长期停留在凭经验设计、靠类比或估算代替精确设计计算的阶段，不得不取较大的安全系数，增大了材料消耗。有些重要性能指标在设计阶段不能有效把握，只有在样机试制后进行试验，才能评估产品设计质量。而设计人员不得不把主要的时间和精力用于烦琐、重复的手工计算、绘图和编制表格上。这一系列问题导致设计周期长、设计质量不高，设计的精确性和可靠性受很大限制。在计算机问世以后，CAD 便成为解决这一矛盾的主要途径。

与上述传统人工设计方法截然不同的计算机辅助设计带来了设计手段的更新。在 CAD 系统应用时，相当一部分工作由计算机自动完成，而设计人员的主要任务是完成结构设计、工艺设计及特性分析，使设计过程建立于科学、准确的数学模型基础上，从而大大提高了设

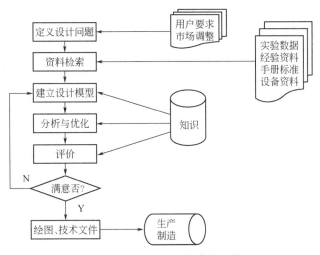

图 8-2　传统的机械设计流程图

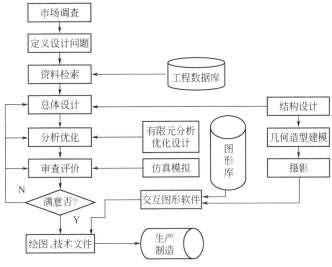

图 8-3　计算机辅助设计（CAD）流程图

计质量与设计速度，图 8-3 展示了 CAD 设计流程。

在计算机辅助设计过程中，充分利用了计算机存储量大、能永久记忆、运算速度快等优点，可快速高效地进行大量的数据处理、图形处理和数值运算，使设计者能从常规的、重复的工作中解脱出来。设计者在此过程中自始至终起主导作用，能有效地控制信息流、掌握设计的进程，并充分发挥思维判断能力强的优势，从事方案构思及设计决策等智能性强的工作。

正是由于上述优点，计算机辅助设计从 20 世纪 70 年代实用化开始，短短 20 多年时间，在全球范围内、各个行业内得以迅速发展。正如美国国家科学基金指出的：CAD 对直接提高生产率比电气化以来的任何发展都具有更大的潜力。

生产实践证明，应用 CAD 能为企业带来显著的经济效益与社会效益。铸造企业也普遍采用 CAD 技术进行铸造生产和管理。与传统人工设计相比，铸造工艺 CAD 主要具有以下优越性：

1）计算准确、迅速，消除了人为的计算误差，有效提高了产品设计质量。利用 CAD 进行设计，由于数学模型精确，计算精度高，可有效降低成本，提高铸件质量，并且可以进行多个设计方案的比较，从而优化设计。同时，由于设计人员摆脱了繁重、简单的重复劳动，可集中精力发挥创造性思维，更能设计出高质量产品，减少错误，提高设计的成功率。

2）有利于产品标准化、系列化、通用化。在设计、绘图等环节，能够储存并系统利用铸造工作者的经验，使得使用者不论其经验丰富与否都能设计出较合理的铸造工艺。或者改变一些输入参数，即可在某一基础设计方案条件下形成新的特定设计方案，非常方便。

3）设计与分析的统一。采用铸造工艺 CAD 系统设计的三维几何模型，能输出中间格式导入到各种 CAE 模拟分析软件中进行模拟与分析。

4）计算结果能打印记录，并能绘制铸造工艺图等技术文件。计算机辅助设计不仅使计算机代替了人工设计铸造工艺和绘制工艺图，而且还能优化工艺设计，提高工艺出品率。

8.1.3　铸造工艺 CAD 的应用现状

目前，大部分铸造企业都使用计算机进行 CAD 绘图，但一般只停留在使用 CAD 软件的自身绘图功能。工艺人员进行铸造工艺设计时，主要依靠经验和工厂的内部约定、习惯，在铸件图纸上用红蓝铅笔手动绘制铸造工艺图，还没有真正意义地甩开图板，更没有甩开手册，影响产品设计效率的进一步提高。

目前国内铸造工艺 CAD 的研究已从早期的独立开发逐渐向与大型商品化软件相结合进行二次开发的趋势发展。其方向可分为三维和二维两个分支：在 AutoCAD 等平台上开发二维的铸造工艺 CAD 系统，基于三维软件如 NX、Pro/E、Solidworks 等通用软件平台进行二次开发。但是，因为各个铸造公司的实际情况不同，铸造工艺 CAD 的通用性受到很大的限制，增加了铸造工艺 CAD 的开发难度，影响其实际应用效果，加上企业对二次开发应用的要求和紧迫性还没有达到迫切需要的程度。因此，铸造工艺 CAD 的应用和发展状况远远落后于铸造工艺 CAE 的发展和应用。

8.2　铸造工艺 CAE

8.2.1　铸造工艺 CAE 概述

铸造工艺 CAE 也就是对铸造充型凝固过程进行计算机数值模拟。一般说来，数值模拟是通过建立能够准确描述研究对象某一过程的数学模型，采用合适可行的求解方法，使得在计算机上模拟仿真出研究对象的特定过程，分析有关影响因素，预测这一特定过程的可能趋势与结果。

铸造过程是一个极其复杂的材料加工成形过程，其中涉及许多复杂的物理和化学的反应变化及相互影响。为了生产出合格的产品，铸造过程中会使用复杂的工艺方法，添加浇注系统、冒口、冷铁、保温套、过滤网等。复杂形状的铸件加上复杂的铸造工艺一起构成了极其复杂的铸造系统，每一个工艺细节都对整个铸造系统有影响，改变铸造过程中的流动状态、温度分布和应力分布等，最终关系到产品的质量与生产的成败。在过去，由于铸造系统的复杂性与不可见性，人们无法得知铸型内部的金属液体流动状况、温度分布和应力状态等，很难将铸造工艺、材质和结构等因素与最终铸件中的铸造缺陷的产生与演化联系在一起。实际铸造生产中，人们只能睁眼造型、闭眼浇注，采用传统的试错法，发现产品中的铸造缺陷后才能尝试调整工艺。这种生产方式的产品试制周期长，成本高，效率非常低，非常依赖于工艺设计人员的经验知识。

在计算机技术飞速发展的今天，铸造这个古老的行业也开始引进先进的信息化和智能化技术，对传统的铸造工艺设计和生产过程进行现代化和信息化改造。在计算机数值计算的基础上，学者们开发出了铸造过程数值模拟技术。计算机虚拟的时空可以创造一个与现实类似的铸造世界，制定出一些假设的与实际比较相符的物理规律，用数学的方式描述，用软件程序来实现，由计算机来运行。在这个虚拟的铸造世界中，可以清楚地透视整个铸造过程中的每一个变化，了解铸造过程中各种缺陷和问题的产生和演化过程。铸造过程数值模拟技术将传统的试错法放在计算机虚拟的世界中进行。

铸造工艺 CAE 的目的是在加工铸造模具和投入实际铸件生产之前，在计算机虚拟的环境下，通过交互方式，对金属液充型凝固过程进行模拟计算，预测缺陷所在，以便改进工艺设计。不需要到现场去试生产便可得到最优的铸造工艺方案，从而可以大幅度缩短新产品开发周期，降低废品率，保证铸件成形质量，提高经济效益。由此可见，铸造工艺 CAE 为传统的铸造行业提供了一种全新的工具及解决问题的途径，让铸造从工程走向科学，是传统铸造产业未来的发展方向。

8.2.2 铸造工艺 CAE 的特点

铸造工艺 CAE 涉及铸造理论与实践、计算机图形学、多媒体技术、可视化技术、三维造型、传热学、流体力学、弹塑性力学等多种学科，是典型的多学科交叉的领域，其主要研究内容有温度场模拟、流动场模拟、流动与传热耦合计算、应力场模拟、组织模拟及其他过程模拟等。下面就主要的研究内容进行简单介绍。

（1）数学模型的建立和程序设计

在数值模拟技术中，准确描述铸造过程的关键之一是数学模型，铸造宏观过程的数学模型包括流动场模型、温度场模型和应力场模型。铸造充型过程所采用的流动场模型为 Navier-Stokes 方程。液态金属浇入铸型，其在型腔内的冷却凝固过程是一个通过铸型向环境散热的过程。在这个过程中，铸件和铸型内部温度分布随时间变化。从传热方式来看，这一散热过程是按照导热、对流和辐射三种方式综合进行的。显然，对流和辐射的热流主要发生在边界上。当液态金属充满型腔后，如果不考虑铸件凝固过程中液态金属发生的对流现象，铸件凝固过程基本可看成一个不稳定导热过程。因此，铸件凝固过程的温度场数学模型（傅里叶导热方程）正是根据不稳定导热偏微分方程建立的，但还必须考虑铸件凝固过程中潜热的释放。铸造过程应力场模拟的研究主要集中在凝固以后阶段，即固相区，固相区铸造热应力计算的力学模型主要有：热弹性模型、热弹塑性模型、热黏弹性模型、热弹黏塑性模型等。

基于上述设计原理和设计方法进行程序设计与开发，编制计算机程序，即可得到比较系统和完整的铸造工艺 CAE 软件，实现铸造过程的温度场、流动场、应力场计算。铸造宏观过程模拟中直接求解的物理量包括充型速度、充型压力、充型体积比、温度、固相率和应力状态（包括主应力、切应力、主应变、切应变等）。

（2）温度场模拟

在数值模拟中，温度场模拟是最基本的，主要是利用传热学原理，分析铸件的传热过程，模拟铸件的冷却凝固进程，预测缩孔、缩松等缺陷。经过几十年的发展，温度场凝固模拟技术已经能够比较有效地指导实践。当然单纯地、孤立地研究温度场还远不能准确描述铸件凝固过程，还需要对充型过程、补缩过程、应力分析、组织分析等进行深入研究。一般来讲，前者是开展后面工作的关键和基础，而后者研究的成果为温度场模拟准确、实用化又起到有力的推动作用。

（3）铸件充型过程的数值模拟

铸件充型过程的数值模拟是在给定条件下，计算金属液在浇注系统中以及在型腔内的流动情况，包括流量的分布、流速的变化以及由此导致的铸件温度场分布。

充型过程数值模拟一方面分析金属液在浇冒口系统的型腔中的流动状态，优化浇冒口设计并仿真直浇道中的吸气，以消除流股分离和避免氧化，减轻金属液对铸型的侵蚀和冲击；另一方面分析充型过程中金属液及铸型温度的变化，预测冷隔和浇不足等铸造缺陷。该过程由于所涉及的控制方程多而复杂，计算量大而且迭代结果易发散，加上自由表面边界问题的特殊处理要求，使其可对复杂铸件进行三维流场分析，获得较为符合实际情况的初始温度场分布。

铸造充型过程数值模拟技术归纳起来主要有以下三种方法。

1）压力连续方程半隐式法（semi-implicit method for pressure-linked equations, SIMPLE）可用来计算非定常、不稳定速度场，计算结果能够满足连续性方程、动量方程的要求。但是该方法采用压力场和速度场双场同时迭代，计算处理速度较慢，另外对带有自由表面的流动处理不太方便。

2）简化标示粒子法（simplified marker and cell, SMAC）处理速度场时，在离散后的差分方程的迭代中没有压力项计算，通常校正压力项由校正势函数来取代，并用来校正速度场，校正后的速度场如不能满足质量守恒方程，则反复迭代势函数，修改速度场，直至满足质量守恒方程。该方法使得计算速度得到很大程度的提高。

3）解法及体积函数法（solution algorithm-volume of fluid, SOLA-VOF）求解速度场和压力场时，每个计算单元的校正压力直接由连续性方程算出的速度求出，然后校正速度场。整个计算过程中速度初值及猜测压力值试算速度场的过程并不参与迭代，因而也是一场迭代，计算速度快。

（4）应力场的数值模拟

铸造过程中产生的应力可分为三个部分：由于铸件冷却速率不同，收缩量不一致，各部分相互牵制而产生温度应力；由于铸件在凝固和收缩过程中发生固-液相转变和固-固相转变，引起铸件体积变化而产生的相变应力；由于铸型、型芯等对铸件收缩的阻碍而引起的机械应力。

铸件热应力的数值模拟主要对铸件凝固过程中热应力场进行计算，预测热裂纹倾向和残余应力分布。应力场分析可以预测铸件热裂纹及变形等缺陷。

由于三维应力场的模拟涉及弹性-塑性-蠕变理论及高温下的力学性能和热物性参数等，研究难度很大，现在研究多着重建立专门用于铸造过程的三维应力场分析软件包，有些研究是利用国外的通用有限元软件对部分铸件的应力场进行模拟分析，这对优化铸造工艺和提高铸模寿命发挥了重要作用。虽然应力场模拟分析正向实用化发展，但是迄今为止还没有一种科学的方法能够准确预测和测量铸件各个部位的热应力和残余应力。

（5）铸件微观组织数值模拟

铸件微观组织数值模拟是计算铸件凝固过程中晶粒形核、生长以及凝固后铸件显微组织和力学性能，如强度、硬度等。铸件微观组织模拟经过了定性模拟、半定量模拟和定量模拟阶段，由定点形核到随机形核。这一研究存在的问题是很难建立一个相当完善的数学模型来精确计算形核数、枝晶生长速度和组织转变等。铸件微观组织模拟今后将向定向凝固及单晶方面发展，同时在计算精度、计算速度等方面有很多工作要做。

（6）基于模拟结果的缺陷预测

缺陷预测及工艺优化是铸造宏观过程模拟的最终目的，不同铸造工艺所关心的铸造缺陷并不一致，总体来说，铸造缺陷主要包括浇不足、冷隔、卷气、氧化夹渣、型芯发气、缩孔缩松、变形、残余应力、裂纹、宏观偏析、模具冲蚀等。而绝大多数铸造缺陷（如冷隔、氧化夹渣、裂纹等）不能仅依据直接求解的物理量进行分析，还需要提出相应的判据，才能够完成直观且定量化的分析。目前铸造模拟商用化软件和相关学术研究主要集中于铸件凝固及应力演变过程中所产生的缺陷，如缩孔缩松、型芯发气、宏观偏析、变形、残余应力、模具冲蚀等（见图 8-4），且取得了较好的实用效果。而铸造充型过程中可能产生的相关缺陷，如卷气、浇不足、冷隔和氧化夹渣等，往往只能借助充型模拟结果间接地分析，未能充分利用数值模拟技术所带来的数字化分析优势，且随着对铸造模拟技术实用化要求的逐步提高，相关缺陷分析方法已满足不了实际生产需求。实际铸件生产中，卷气、浇不足、冷隔和氧化夹渣缺陷显著降低铸件的表面精度，严重时导致铸件开裂，甚至直接报废。上述缺陷归结为成形类缺陷，即在铸造充型过程中可能产生的影响铸件表面形态和内部结构连续性的一类缺陷。因此，采用数值模拟手段对铸造充型过程中成形类缺陷进行深入研究，对提高铸件整体性能和优化铸造工艺有着十分巨大的价值。

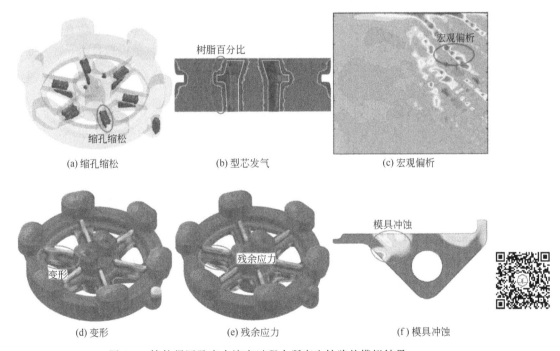

(a) 缩孔缩松　　　　　　(b) 型芯发气　　　　　　(c) 宏观偏析

(d) 变形　　　　　　(e) 残余应力　　　　　　(f) 模具冲蚀

图 8-4　铸件凝固及应力演变过程中所产生缺陷的模拟结果

8.2.3　铸造工艺 CAE 的应用现状

铸造工艺 CAE 开始于 20 世纪 60 年代，1962 年丹麦的 Fursund 用有限差分法首次对二维形状的铸件进行了凝固过程的传热计算，1965 年美国通用汽车公司 Henzel 等对汽轮机铸件成功进行了温度场模拟，从此铸件在模具型腔内的传热过程数值分析技术在全世界范围内迅速开展。从 20 世纪 70 年代到 80 年代，美国、英国、法国、日本、丹麦等相继在铸件凝固模拟研究和应用上取得了显著成果，并陆续推出一批商品化模拟软件。

计算机在我国铸造领域的应用开发始于"六五"期间，当时"大型铸钢件凝固控制研究"被列为国家重点攻关项目。经过几年的努力，研究了铸型充填和凝固过程数值模拟、外冷铁工艺、强冷工艺、铸件应力分析及其优化工艺等，建立了相关数学模型，形成了一些软件技术，使铸件内部质量提高一个等级，在全行业中产生了巨大影响。进入 20 世纪 90 年代后，我国的高等院校，如清华大学和华中科技大学、中北大学在该领域也取得了令人瞩目的成就。

20 世纪 80 年代是数值模拟研究最为活跃的时期，代表性的研究工作包括：①铸型物性值；②铸件/铸型接触热阻；③铸件在凝固收缩过程中的补缩现象；④凝固过程中的流体流动现象；⑤固态及准固态区的应力应变预测；⑥通用几何模型程序和凝固模拟程序的连接。

在计算机硬件、软件、信息处理技术以及相关学科的强有力的支持下，数值模拟技术在人类社会的各个领域得到了广泛的应用，取得了长足的进步。铸造工艺 CAE 经过了近半个世纪的研究，从温度场发展到流动场、应力场，从宏观模拟深入到微观领域，从实验室研究走向工业化实际应用。现在铸造工艺 CAE 的发展已经比较成熟，计算精度和计算速度都有了新的提高，用户界面和软件应用水平都大幅度提高，升级、服务和培训措施也日趋完善。

目前应用较为广泛国外软件主要有 MAGMASOFT、ProCAST、Flow-3D、AnyCAST等，国内常见的有 FT-star、华铸 CAE、CASTCAE、芸峰 CAE 等。欧美日等发达地区和国家的铸造企业普遍应用了模拟技术，特别是汽车铸件生产商几乎全部装备了仿真系统，成为确定工艺的固定环节和必备工具。国内已有众多的企业纷纷采用数值模拟技术，应用于实际生产。

8.3　铸造工艺 CAE 实例

众所周知，铸造工艺是非常复杂的，并具有显著的与生产实际经验紧密结合的特点。多年的研究和开发应用经验表明，铸造工艺 CAE 软件必须在通用工艺参数设计的基础上，结合企业的具体情况开发应用才能有较好的效果。本节根据铸件实际生产情况，以具体铸件为例，介绍如何采用铸造数值模拟手段进行铸造工艺方案的优化。目前一般采用通用 CAD 软件进行铸造工艺三维建模，得到铸件及浇冒口系统的三维几何模型，然后导出中间格式，如STL、IGES 等，将导出的格式文件输入到铸造 CAE 软件中进行模拟与分析。

8.3.1　端盖铸件的仿真模拟

端盖是固定在轴承座或轴承室上，起固定轴承、密封保护作用，并且通过过盈配合固定，同时装有密封垫圈，能防止尘土等进入轴承造成损坏。某铝制轴承端盖零件整体为大平板类铸件，表面分布 11 块肋板，肋板与大平面相接，肋板本身壁厚不大，在相接处为热节，在金属型砂芯铸造过程中常出现缩孔、缩松或者气孔等缺陷，严重影响了零件的性能。

初始铸造工艺方案如图 8-5 所示，采用顶注式浇注系统，内浇道开设在分型面上，方便造型。铸件倒置，肋板和外围半椭圆在下，金属液从平板处流入，顺利地流入到壁厚最小的外围和肋板，有利于壁厚最小处最先凝固，做到顺序凝固，减少缩松缩孔等缺陷。

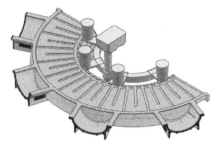

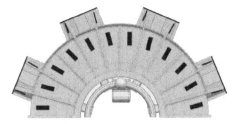

(a) 铸造工艺方案三维模型   (b) 冷铁分布

图 8-5 端盖铸件初始铸造工艺方案

模拟结果如图 8-6 所示，图 8-6（a）、（b）分别为凝固 1079s 和 5479s 时的缩松、缩孔判据。由于外部加了冷铁，自外部最先凝固，肋板交接处因为冷铁的原因和周围同时凝固，但在椭圆的底部出现了缩松。从图 8-6（a）紫色表示缩松缺陷，因为底部加冷铁的地方先凝固，没有达到和周围同时凝固效果，出现了缩松缺陷。从图 8-6（b）可看出最大壁厚处的冒口最后凝固且使得最大壁厚处得到补缩，缺陷得到了一定的消除。

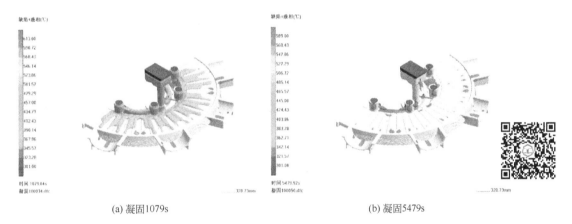

(a) 凝固1079s   (b) 凝固5479s

图 8-6 初始工艺凝固模拟结果

从模拟结果可知底部冷铁部位比周围部位先凝固，可以得出此冷铁的导热系数过大，或是冷铁尺寸过大导致此处先凝固，对底部冷铁选材更改优化。对于出现缺陷的外圈部分，采用在底部加冷铁的方式进行优化。加入新的冷铁和改变原冷铁的选材后，铸造工艺方案如图 8-7 所示。

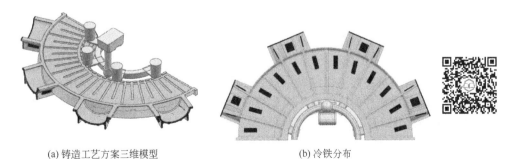

(a) 铸造工艺方案三维模型   (b) 冷铁分布

图 8-7 端盖铸件优化后的铸造工艺方案

模拟结果如图 8-8 所示，图 8-8（a）、（b）分别为凝固 2262s 和 8025s 时的缩松、缩孔判据。最外围的冷铁使铸件从最边缘处最先凝固，使得金属液能够得到补缩，去除了相应的缩松，圆弧处的冷铁使得热节能够和周围部分同时凝固，消除了缺陷。肋板下面的冷铁使得中间平板处能够同时凝固，最后的最大壁厚处由顶部的冒口补缩，消除了缩松缩孔。实现了自外向内，自下而上的顺序凝固，得到完好的铸件。

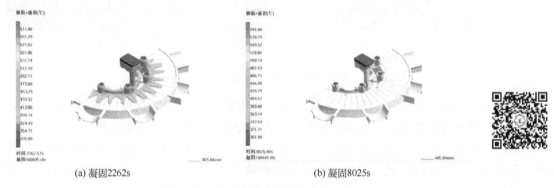

(a) 凝固2262s　　　　　　　　　　　　　(b) 凝固8025s

图 8-8　改进工艺后凝固模拟结果

充型过程模拟如图 8-9 所示。从模拟过程可以发现，浇注系统充型完好，在充型过程中没有发生"卷气""夹砂"等缺陷，整个过程充型良好，没有"浇不足"的部位。整个充型过程比较平稳，铝合金液流动距离小，与空气接触少。且铸件倒放，肋板和外围圆弧在下，更利于金属液的充型。虽然方案选择为顶注式，但本铸件为大平板件，垂直距离相对并不高，并没有出现因为金属液冲击大，导致液体飞溅、氧化和卷入气体，最终形成氧化夹渣和气孔缺陷等。模拟结果表明改进的工艺是合理可行的。

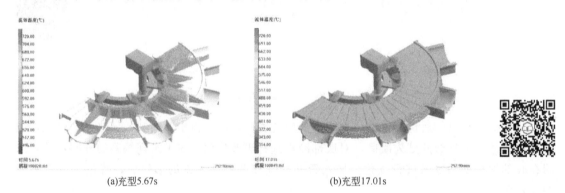

(a)充型5.67s　　　　　　　　　　　　　(b)充型17.01s

图 8-9　改进工艺后充型模拟结果

8.3.2　轴承座铸件的仿真模拟

轴承座［如图 8-10（a）所示］是重要的支撑设备，承受着整个轴承的重量并使其平稳的转动。轴承座最重要的工作位置为轴承支撑配合孔，对轴承起支撑作用，而轴孔也影响着轴的回转精度和传动件的稳定性，需要较高精度，因此在后期铸造工艺设计过程中，应在铸造过程中着重考虑，不得有气孔、缩孔、砂眼及裂纹等缺陷。

初始工艺浇注系统采用了阶梯浇注的方式［如图 8-10（b）所示］。在铸件最高的位置，也即铸件底座平板结构的较厚部位设置两个明顶冒口。在铸件两侧的热节位置设置暗边冒口，采用保温冒口。

(a) 轴承座三维实体图　　　　　　　　(b) 铸造工艺方案三维模型

图 8-10　轴承座初始铸造工艺方案

　　模拟温度场分布如图 8-11 所示，在金属液充满铸型后，铸件上方的明顶冒口起到了一定的补缩作用；从图中可以看出，铸件主要的厚大部位温度很高，位于铸件的左右两侧；图中所圈出的热节位置为铸件最后凝固的区域，所以这个区域很容易留下缩松，甚至缩孔缺陷。

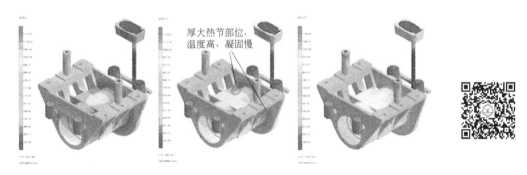

图 8-11　初始工艺模拟温度场

　　凝固缺陷分布如图 8-12 所示，从图中可以看出，铸件顶部的明顶冒口对铸件最高部位起到了较好的补缩作用，仅产生了少量的缩松；左侧两暗边冒口的冒口颈明显要比冒口底部需要补缩的热节部位凝固快，右侧的金属液有形成大面积孤立液相区的倾向；同时由于铸件右侧板上方没有补缩通道，该处有较大面积缩孔、缩松缺陷产生；图示铸件左侧形成了两块

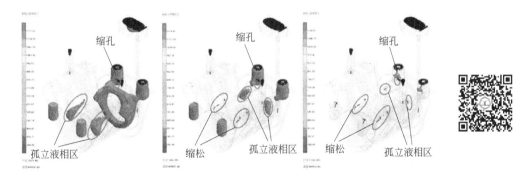

图 8-12　初始工艺凝固缺陷图

孤立液相区，从而产生了严重的缩松缺陷；当铸件完全凝固时仍有许多缩孔缩松，各缺陷具体位置如图 8-12 所示。可以发现，铸件"缩孔""缩松"出现的位置恰好是铸件最高、最厚和最后凝固的部位。

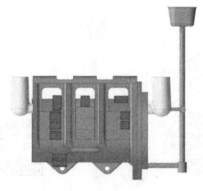

图 8-13　改进铸造工艺图

由初始工艺结果分析，对工艺进行优化。优化后的工艺如图 8-13 所示。铸件顶部的凸台属于加工面，是一个质量要求较高的配合面，将两个明顶冒口去掉，改用薄片冷铁使其迅速凝固，同时还需将铸件右侧的暗边冒口加高到与铸件高度齐平，一方面能够补缩，另一方面冒口中的金属液产生的压力能够保证铸件顶部组织致密。为保证冒口补缩作用，避免形成孤立液相区，在铸件的厚大部位和热影响区大、温度高的部位加设冷铁加快金属液凝固。

优化后工艺的模拟结果如图 8-14 和图 8-15 所示。

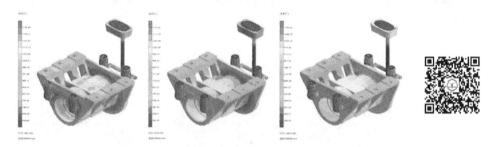

图 8-14　优化工艺模拟温度场

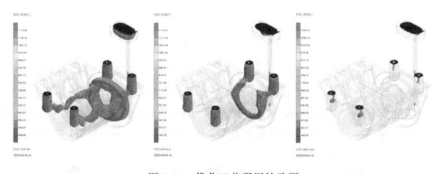

图 8-15　优化工艺凝固缺陷图

由优化结果可得，整个凝固的过程中，温度场变化比较均匀，热节处加了冷铁后温度有明显的降低，使冒口的补缩能力得以大大提高。从凝固缺陷的变化过程可见，铸件几乎没有缩松存在，图中的缩孔、缩松均位于冒口和浇注系统中，由于冒口的改进，该方案的出品率也得到了提高。

8.3.3　工作台铸件的仿真模拟

工作台作为机床加工工作平面，上表面用于固定被加工件，表面的平整度对被加工工件的精度影响很大，需严格保证工作台上表面良好的组织密度和均匀性。下方的支撑座，是工作台 Z 向移动的重要受力位置，同时也是 X 向移动时的重要受力位置，故下方爪型支撑座的强度要求较高，也需保证组织密度和均匀性。在设计和生产过程中，要求工作台表面及导轨滑块接合面不允许有砂眼、缩松、气孔等缺陷。

工作台的浇注系统采用了中注式浇注系统如图 8-16 所示，采用封闭式浇注，其阻断截面在直浇道的下方。直浇道、横浇道、内浇道截面依次减小，使浇注系统易于充满，易于补缩。模拟结果如图 8-17 所示，图 8-17（a）为铸件凝固过程温度场分析图，图 8-17（b）为铸件凝固缺陷分布图，可以看出浇注近端热节处有缩孔，爪形支撑座和通孔旁热节处有缩松。根据铸件凝固过程温度场分析图可以发现冒口比厚大部位温度低且处于固相线以下，冒口先于铸件补缩部位凝固而未起到补缩的功效。

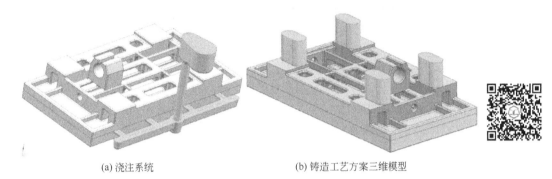

(a) 浇注系统 (b) 铸造工艺方案三维模型

图 8-16 工作台初始铸造工艺

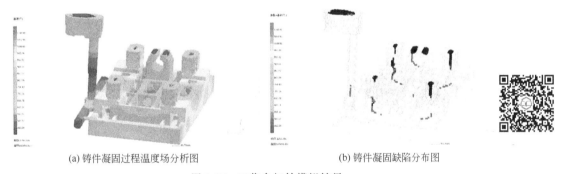

(a) 铸件凝固过程温度场分析图 (b) 铸件凝固缺陷分布图

图 8-17 工作台初始模拟结果

根据对模拟结果的分析可以发现工作台初始铸造工艺的冒口设计存在不足。针对存在的问题，对原铸造工艺做出如下改进如图 8-18 所示。

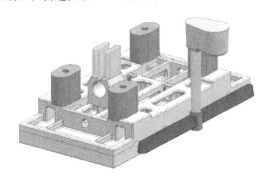

图 8-18 改进后的工作台铸造工艺

（1）将四个腰形暗冒口改成保温冒口，即在原冒口上加上保温套，延长冒口凝固时间；同时在侧面加冷铁激冷，辅助冒口进行补缩；

（2）在爪形支撑座处，其产生缺陷处比所加冒口高，得不到补缩，故不能采用冷铁进行激冷，故在其上方加两个腰形明冒口，以消除爪形支撑座处的"缩松"缺陷。

工艺改进后的模拟如图 8-19 所示，铸件的厚大部分以及热节部分的缩孔基本消失，温度分布均匀合理，爪形支撑座处虽然依然存在"缩松"，但此处缩松主要集中在表面加工余量处，可以加工去掉，模拟结果表明改进的工艺是合理可行的。

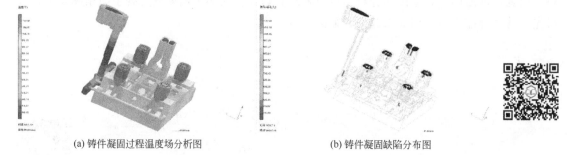

(a) 铸件凝固过程温度场分析图　　　　　　　(b) 铸件凝固缺陷分布图

图 8-19　工艺改进后的模拟结果

8.3.4　床身铸件的仿真模拟

床身属于薄壁框型结构，床身相邻平面壁厚差异较大，不同薄壁结合处"L 型"和"T型"热节多，且较为分散，易产生铸造缺陷。由于零件壁薄、空腔复杂等特点，采用封闭式浇注系统，其阻流截面在内浇道上，如图 8-20 所示。在铸件顶部凸台处加 6 个缩颈冒口用以补缩，如图 8-21 所示。

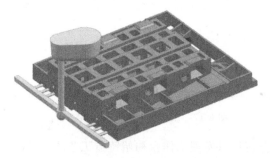

图 8-20　浇注系统示意图

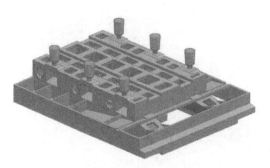

图 8-21　顶缩颈冒口位置示意图

　　模拟结果如图 8-22 所示，图（a）～图（d）分别表示不同时刻凝固缺陷分布，可以看出内浇道最先冷却，顶部冒口对凸台以外区域补缩作用有限，顶部的空腔薄壁会较周围先冷，导轨等厚大部位是最后凝固的地方，在铸件壁相交及拐角处均出现了缩松与缩孔。

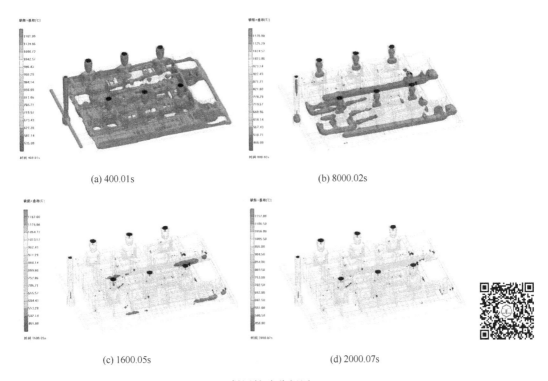

<table>
<tr><td>(a) 400.01s</td><td>(b) 8000.02s</td></tr>
<tr><td>(c) 1600.05s</td><td>(d) 2000.07s</td></tr>
</table>

图 8-22　凝固缺陷分析图

　　从图 8-23 可以看出凝固中后期底部的导轨及 C 型区域的温度场分布，底部的导轨及 C 型区域较厚，最后冷却。由于没有补缩，易在此处形成缩孔与缩松。同时在两处直角转弯处也有热节形成，在铸件壁相交及拐角处均出现了缩松与缩孔。导轨部分是零件最重要的加工部位，承载一定重量，这些缺陷的存在会降低车床的使用寿命的加载能力，在服役过程中是十分危险的。

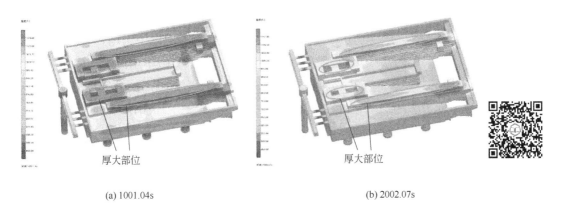

厚大部位　　　　　　　　　　　　　　　厚大部位

(a) 1001.04s　　　　　　　　　　　　　　(b) 2002.07s

图 8-23　初步方案的温度场分布

　　为了消除缺陷，可以在导轨和热节处寻找补缩或激冷方案，增设冒口与冷铁，同时需要考虑铸件的排气方式。由于顶部缩颈冒口对凸台外其他部位补缩效果不明显，应在铸件顶部增设冒口，优化方案如图 8-24 所示。灰铸铁件的缩孔、缩松倾向性小，线收缩也小，但当相邻铸壁的厚度相差悬殊时，在厚壁处及薄壁的过渡转角处采用冷铁进行均衡凝固控制，以减少铸造缺陷，冷铁增设分布如图 8-25 所示。

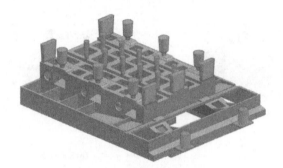

图 8-24　增设冒口示意图

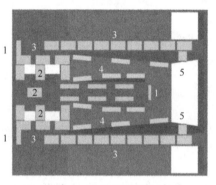

图 8-25　冷铁位置示意图

　　工艺改进后的模拟结果如图 8-26 所示，根据数值模拟结果，优化方案中导轨等重要工作部位未发现凝固缺陷的存在，只有在其他部位存在极少数的缩松，这不影响床身的使用，模拟结果表明改进的工艺是合理可行的。

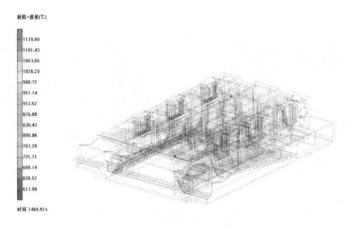

图 8-26　优化方案凝固缺陷分布图

8.4　数字化快速铸造技术

8.4.1　快速成形技术原理

快速成形技术（rapid prototyping，RP）是 20 世纪 80 年代末期商品化的一种高新制造技术，它将 CAD、CAM、CNC、激光、精密伺服驱动和新材料等先进技术集成一体，基于"离散/堆积"的思想，通过若干个二维固体层面的逐层叠加形成所需的任意复杂零件，因此也被称为增材制造技术（additive manufacturing，AM），学术界也称其为快速原型、快速制造、3D 打印。该技术依据三维 CAD 设计数据，采用离散材料（液体、粉末、丝、片等）逐层累加原理制造实体零件的数字化制造技术。相对于传统的材料去除（如切削等）技术，增材制造是一种自下而上材料累加的制造工艺，在加工方式上有本质区别，其原理如图 8-27 所示。

快速成形的全过程可以归纳为以下步骤（见图 8-28）：

1）前处理　包括工件的三维模型的构造、三维模型的近似处理、模型成型方向的选择和三维模型的切片处理。

2）分层叠加自由成形　这是快速成形的核心，包括模型截面轮廓的制作与截面轮廓的叠合。

3）后处理　包括工件的剥离、后固化、修补、打磨、抛光和表面强化处理等。

快速成形技术与传统制造方法相比具有较多的优点，如：原型的复制性、互换性高；制造工艺与制造原型的几何形状无关；加工周期短、成本低，一般制造费用降低 50%，加工周期缩短 70% 以上；高度技术集成，实现设计制造一体化。

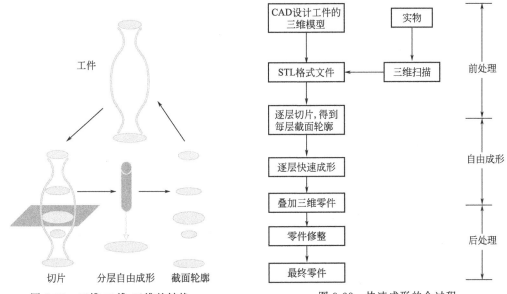

图 8-27　三维-二维-三维的转换　　　　图 8-28　快速成形的全过程

快速成形技术的核心思想最早起源于美国。早在 1892 年，美国一项专利提出利用分层制造法构成立体地形图。随着计算机技术、激光技术和新材料技术的发展，1987～1989 年、1992 年、1993 年，美国分别发明了光固化（SLA）、分层实体制造（LOM）、激光选区烧结（SLS）、熔融沉积制造（FDM）以及三维打印（3DP）五种经典增材制造工艺。

表 8-1　典型的快速成型技术概要

技术名称	技术原理简述	技术原理图示	典型设备	技术特点	应用范围
立体光造型 (stereolithography apparatus, SLA) 技术	SLA 快速成形技术是根据某些材料在特定波长的激光照射下具有可固化性的特点，采用紫外 (UV) 激光为光源，计算机按分层信息精密控制扫描振镜组，精确定位扫描，在光敏树脂液面聚合，固化形成一个固化层点，顺序逐层扫描固化，直至完成整个零件的成形	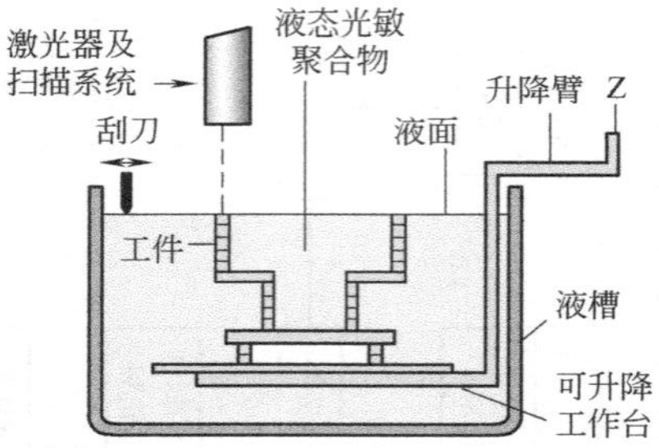 升降臂 Z，液槽，可升降工作台，液面，液态光敏聚合物，刮刀，工件，激光器及扫描系统	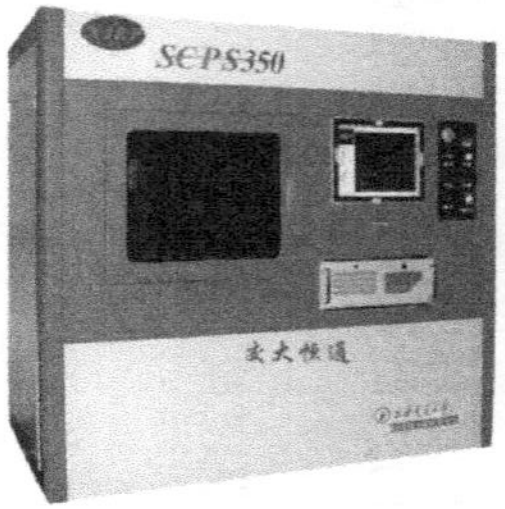 SF-PS350	紫外激光光源，由于光聚合反应是基于光的作用而不是基于热的作用，故在工作时只需中等功率较低的激光源。此外，因为没有发热扩散，加上链式反应能够很好地控制，能保证聚合点之反应不发生在激光点，表面质量高，原材料的利用率很高，因而加工精度高，表面质量好，原材料的利用率接近 100%。成形材料：液态光敏树脂	中小型类似塑料的零件。可以制造形状复杂、精细的零件。对于尺寸较大的零件，则可采用先分块成形，然后粘接的方法进行制作
选择性激光烧结 (selective laser sintering, SLS) 技术	选择性激光烧结与立体印刷的生产过程相似，首先还是由 CAD/CAM 系统根据 CAD 模型各层切片的平面几何信息生成 x-y 激光束在各层粉末上的数控运动指令。制作过程如右图所示，随着工作台的分步下降，将粉末一层一层地撒在工作台上，再用平整滚将粉末滚平压实，每层粉末的厚度均对应于 CAD 模型的切片厚度。各层上经激光扫描烧结到基体上，而未被激光扫描烧结的粉末仍留在原处起支撑作用，直至烧结出整个零件	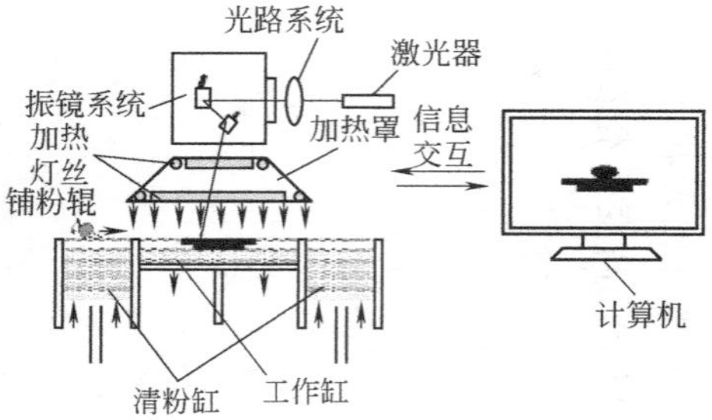 计算机，激光器，信息交互，光路系统，振镜系统，加热灯丝，铺粉滚筒，工作缸，清粉缸	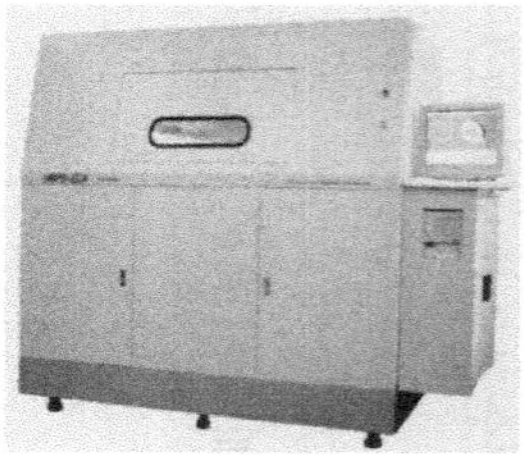	一般采用 CO_2 激光源。成型材料：各类可低能熔结的粉末材料（蜡粉、塑料粉等）SLS 烧结材料的选择范围很广，比如金属、陶瓷、高分子、覆膜砂等，事实上这几种材料都已经用于实际零件的烧结，这种特性是其他工艺所不及的，也使 SLS 工艺成为几种主流快速成形工艺中最灵活的方法	复杂零件。可以针对不同的成形材料和成形工艺，选择不同的成形工艺，能够做做薄壁、壳体和结构件等不同形状的原形，适应于轻工、汽车、航空航天、医疗卫生和模具制造等多种行业的产品开发和样件制造

续表

技术名称	技术原理简述	技术原理图示	典型设备	技术特点	应用范围
激光薄片叠层制造（LOM）技术（laminated object manufacturing, LOM）	LOM 的主要特点是根据 CAD 模型各层切片的平面几何信息对箔材（通常为纸）进行分层实体切割。如右图所示的装置由供料轴和收料轴不断传送箔材。工作时激光器发出的 CO_2 激光束进行 x-y 切割运动，将铺在升降台上的一层箔材切割成最下一层切片的平面轮廓。随后升降台下降一层高度，箔材供送轴和收料轴又传送新的一层箔材，辅上并用热压辊碾压使其牢固地黏结在已成型的箔材上，激光束再进行切割运动切割出第二层平面轮廓，如此重复直至整个三维零件制作完成	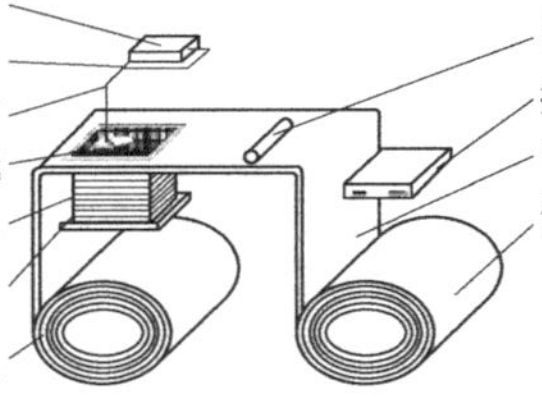 激光器　光学系统　X-Y定位系统　制件　平台　回收卷　热压滚筒　控制计算机　带料　供应卷	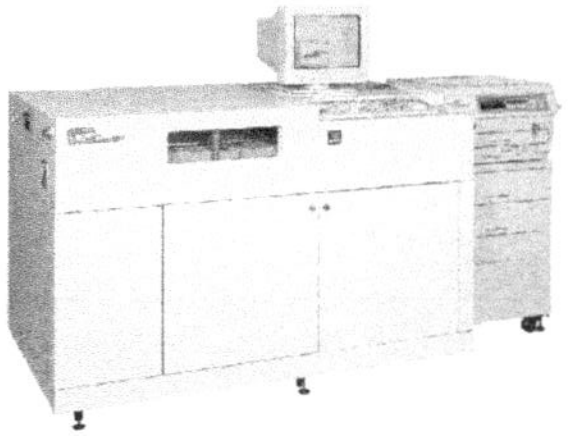	CO_2 激光源，功率较大。成形材料：带有热熔胶的特制纸、金属箔材。工艺只需在零件截面或者纸上切割出零件截面的轮廓，而不用扫描整个截面。因此成形厚壁零件的速度较快，易于制造大型零件。工件外框与截面轮廓之间的多余材料在加工中起到了支撑作用，所以 LOM 工艺无需加支撑	中大型零件，部分可以代替木材、塑料制件的零件大大型零件。用金属箔材制作的 LOM 原型，可以直接用于功能件
熔融沉积制造 FDM（fused deposition modeling—熔融沉积制造）	FDM 融积成形系统采用专用喷头，成形材料以丝状供料，成形材料在喷头内被加热熔化，喷头在计算机控制下沿零件截面轮廓和填充轨迹运动，同时将熔化的材料挤出沉积成实体零件的一超薄层，材料迅速凝固，并与周围固有的材料凝结，整个模样从基座开始，由下而上逐层堆积生成	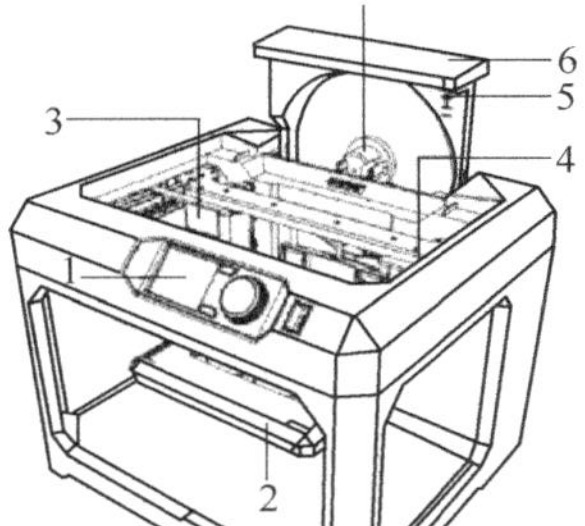 MakerBot Replicator 设备 1—整制面板；2—打印托盘；3—喷头组件；4—机架；5—导料管；6—耗材抽屉；7—耗材心轴	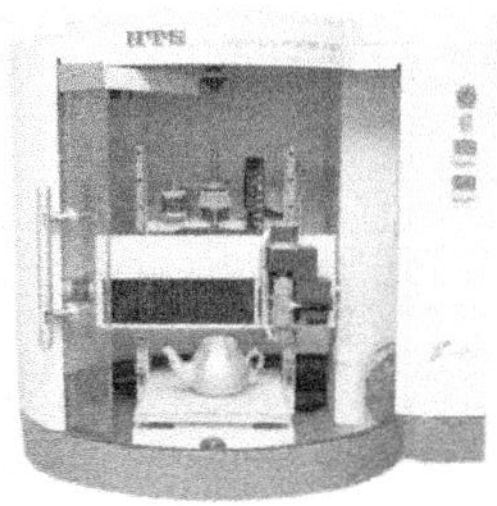	FDM 不用激光器，而是由熔丝喷头加热熔融的材料。因此不用激光器件，因此使用、维护简单，成本较低，无毒无味和运行稳定可靠，适合办公室环境使用，符合环保要求。用石蜡成形零件原型，可以直接用于熔模铸造。成形材料有热塑性塑料、蜡、尼龙等，原料利用率较高	用蜡成形的零件原型，可直接用于失蜡铸造。用于尺寸较小的零件。用 ABS 制造的原型因具有较高强度而在产品设计、测试与评估等方面得到广泛应用

续表

技术名称	技术原理简述	技术原理图示	典型设备	技术特点	应用范围
三维打印快速成形（3DP）	如右图所示，左面是储粉筒或者说是送粉活塞，材料被放置在工作台上快速成型过程的起始位置。零件是由粉末和胶水组成的。在工作平台的里面是一个平整的金属盘，上面一层层微细的粉末由滚筒铺开，然后在制作过程中由HP打印头中喷出粘着剂进行粘结。送粉活塞是向上移动，而加工工作台是向下移动。每次储粉筒向上移动，加工工作台就向下移动相应的距离	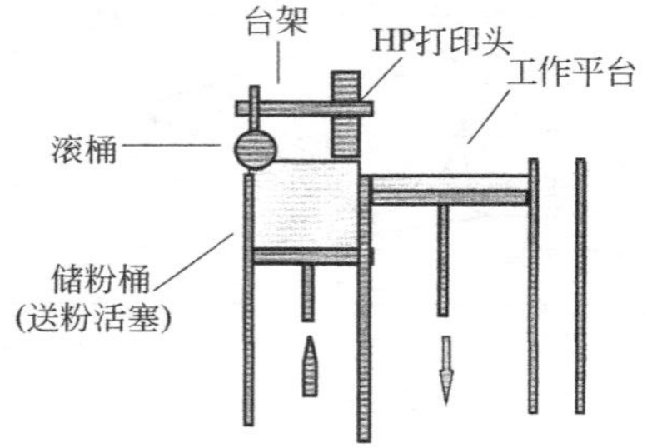 HP打印头 工作平台 台架 滚筒 储粉筒（送粉活塞）		其主要的优势在于：成型速度最快，是其他成型工艺速度的5～10倍，成型尺寸相同的设备投资及运行成本最低；原材料利用率将近100%，适用于制作任意形状及结构的零件，不需要支撑材料；成本低，成型材料可选，有多种不同特性材料可选；有高强度，可根据客户需要更换；有高韧性的材料可选，可操作性强，实现加工程智能化操作，全过程无人看护；工作不需加工过程简单，后处理简单容易	实体模型可采用石膏或淀粉基材料制作，也可通过渗透处理以制作多属性材料部件，用于功能测试等。采用耐高温粉料作基材，可以制得直接用于浇铸融熔金属的铸型。采用铸造原砂作为粉体材料，树脂黏结剂为打印喷出液体，可以直接打印树脂砂型
无模数字化铸型技术（PCM）	工艺步骤是：建模生成浇注系统，模拟铸造工艺过程并评定工艺；根据铸件性能要求，混制一定比例的型砂；制定砂坯；根据加工型腔的形状，编制程序代码，输入到砂型和型芯的加工机床；铸型及检测铸型、下芯；铸型清理及修整；下芯；铸型装配；浇注，形成铸件		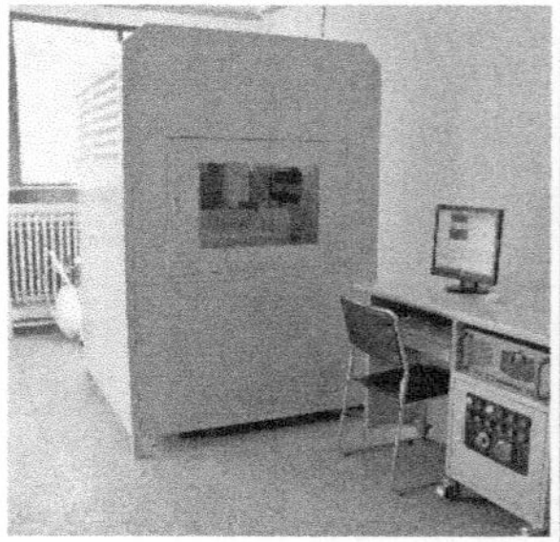	将铸造技术与切削加工技术有机结合起来，是一种全新的铸型生产方法。采用数控铸型切削技术，直接加工复杂大型铸型，既省去了模具制造环节，又提高了铸件的加工精度，使铸件的厚度降低，刚性提高，重量减轻，且该方法具有节约材料，降低能源消耗的绿色优点	它无需模具，能够快速、准确地制造内腔及表面均为复杂的铸型，模具，特别适合单件、小批量、形状复杂的大中型铸型，铸造模具的制造及新产品开发

表 8-2　常用的快速成形技术的工艺对比

成形方法	SLA	LOM	SLS	FDM	3DP	PCM
成形速度	较快	快	较慢	较慢	快	较快
原型精度	较高	较高	较低	较低	较高	高
样件展示						
制造成本	较高	低	较低	较低	较低	较低
复杂程度	中等	简单或中等	复杂	中等	复杂	复杂
零件大小	中小件	中大件	中小件	中小件	中小件	中小件
常用材料	热固性光敏树脂等	纸、金属箔、塑料薄膜等	石蜡、塑料、金属、陶瓷等粉末	石蜡、尼龙、ABS、低熔点金属等	石膏粉、陶瓷粉等粉末	树脂砂

快速成形工艺出现后发展十分迅速，在原型制造方法、制造速度和精度、原型材料和性能及应用范围等方面都取得了显著的成果，目前已经有 30 多种成形工艺，在互联网上有数百家大学、研究机构和企业介绍了研究和开发 RP 技术的进展。快速成形技术已广泛应用于汽车、航天、家电、医疗等行业，用于有关产品的外观评审、装配实验、动态分析等，加快了产品的开发设计速度和企业的竞争能力。随着快速成形工艺方法的逐渐成熟，快速成形技术的重点已经由当初以工艺和设备的开发研究为主，转向实用零件（模具）的快速制造为主，寻求与快速成形技术相配套的工艺和技术，快速生产具有良好性能和尺寸精度、适应实际工作环境的实用零件或模具已经成为当务之急。

当前，新一轮世界科技革命正在孕育，以增材制造技术为重要代表的新工业革命初见端倪。增材制造技术与传统制造技术融合发展将对未来制造业产生重要影响。欧美发达国家密切关注这一最新动向，加紧战略部署，推动增材制造技术创新及产业化。

8.4.2 快速成形技术分类和比较

自 1986 年第一台快速成形设备诞生以来，快速成形技术及其应用的研究突飞猛进。目前快速成形工艺有 30 余种，其中应用比较成熟和广泛的工艺有 SLA、SLS、3DP、FDM、LOM 等几种工艺。

表 8-1 列出了目前典型的快速成型技术的原理图示、设备照片、技术特点和典型的应用范围，表 8-2 列出了常用快速成形技术的工艺对比。

8.4.3 快速熔模铸造技术

二十多年来的发展，人们已经将 3D 打印技术和铸造技术进行过很多应用尝试，大致上3D 打印在铸造行业的应用分类可以参照图 8-29。对于铸造生产来说，"直接铸造"和"一次转制"是目标，而"二次转制"由于周期长、步骤多不适合批量化快速铸造生产的要求。

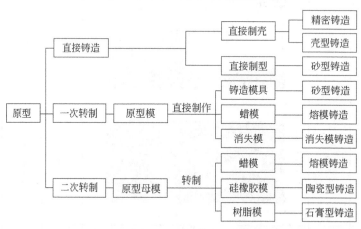

图 8-29 三维打印用于快速铸造的基本分类

从图 8-29 中可以看出，可以直接铸造的快速铸造技术主要有熔模铸造，砂型铸造两个。快速熔模铸造技术流程如图 8-30 所示。目前用得比较成熟的快速熔模铸造是打印蜡模，取代传统的制蜡模工序。

零件的二维图纸经三维造型软件建模后如图 8-31（a）所示，然后直接在三维图上进行铸造工艺方案设计，如图 8-31（b）所示。

根据初步确定的铸造工艺方案，对铸件凝固过程进行模拟，考察上述工艺设计方案的合

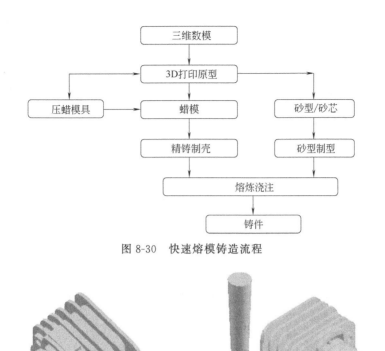

图 8-30　快速熔模铸造流程

(a) 铸件三维图　　　　　　　　　　(b) 铸造工艺图

图 8-31　零件的三维图和铸造工艺方案

理性。采用凝固模拟软件对铸件凝固过程进行模拟，结果表明：采用上述浇注方案及浇注系统尺寸，在零件的内中心孔壁上半部分有形成收缩缺陷的倾向（图 8-32 中深色部分）。对铸造工艺方案进行修改，改变浇注系统的结构（见图 8-33）。再次进行铸造过程凝固模拟，结果显示铸件没有出现缺陷，该方案可以获得合格的金属铸件。

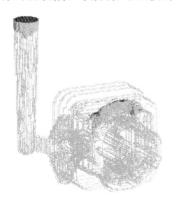

图 8-32　凝固过程模拟结果　　　图 8-33　重新设计的铸造工艺方案

凝固模拟结果还需要经过实际的检验。常规的金属零件试制工艺，需要进行砂型和砂芯的模具设计和制造，需要耗费大量的财力和时间。利用金属零件快速铸造工艺，在短时间内

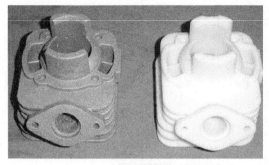

图 8-34　快速铸造的铝合金零件
（左）和 SLS 原型（右）

能够以非常低的耗费完成这项工作。快速成形工艺本身就是数字化制造，直接利用前期的数字化设计进行 SLS 原型的制造，进而快速铸造（一般采用熔模精密铸造方式）出金属零件，实现金属零件的数字化制造。

图 8-34 为零件的 SLS 快速原型（右）和快速铸造的铝合金零件（左），该零件以陶瓷型制造，接近于实际的零件砂型铸造工艺条件，因此可以基本真实反映铸造工艺方案的合理性。实践结果表明铸件完整，没有缺陷，该工艺合理，可以确定为最终的铸造工艺方案。

3D 打印用蜡模材料可以是蜡料，也可以用高分子塑料来代替蜡料。目前可以用于熔模铸造的蜡模有多种，有低温蜡、中温蜡。紫蜡是一种中温蜡，熔点为 75℃，常用于制造珠宝或重要零件的熔模铸造，紫蜡成本较高，见图 8-35。其他蜡还有红蜡、绿蜡、白蜡等，白蜡相对成本比较低，主要做支撑材料，也可以用于一般工业零件的快速制造。具体见表 8-3。

图 8-35　多喷头打印的紫色蜡零件

表 8-3　3D 打印用蜡材料性能简表

材料类型	3D 打印用蜡	
材料构成	支撑蜡	结构蜡
颜色	白色	紫色
材料密度/(g/cm³)	0.85	0.85
熔点/℃	55	75
软化点/℃	40	62
体积收缩率	—	1.1%
备注	无毒蜡质材料	高分辨率微铸造材料

用塑料材料来替代蜡料时要注意，由于塑料的熔点比较高、密度比较大，因此在设计打印时必须考虑空心结构或多孔结构来减重，同时也可以加速蜡模的融化速度、降低蜡模融化时对于型壳的膨胀压力。塑料打印的精密铸造用模样如图 8-36 所示。

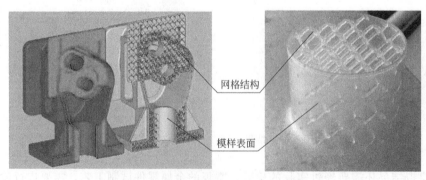

网格结构

模样表面

图 8-36　用塑料打印的替代蜡模的塑料零件

　　用这些塑料材料打印的精密铸造模样，在进行熔失模样时就要考虑塑料的热失重性能，要根据材料的 TGA 曲线来设置和确定铸型烧蚀工艺参数。否则模样的烧蚀就难以完全，而且容易导致型壳在烧蚀过程中发生开裂。

　　图 8-37 为国内某公司采用塑料打印模样试制的 304 不锈钢涡轮盘零件。采用传统方法试制需要多套模具、多次拼接，精度低、周期长至 90 天，且成本高。快速成型技术，一次打印完成，精度高、周期缩短到 10 天，成本只需要传统方法的五分之一。

塑料模样　　　　　　　　　　　　型壳　　　　　　　　　　　　金属零件

图 8-37　用塑料模样快速生产的不锈钢零件

　　综合来看，由于 RPM 技术是直接由 CAD 模型得到原型零件，零件的修改以及改型非常方便，完全省掉常规熔模制造中压型的制作过程。在金属零件的熔模铸造中，采用铸造 CAE 技术优化工艺，极大地节约了生产时间和制造成本。RPM 技术以其特有的制造柔性和对复杂形状的适应性，为复杂三维形状铸造熔模的制作提供了一条切实可行的方法，丰富了传统熔模铸造的内容。由此可以看出，数字化技术给金属零件的铸造带来了革命性的变化，把传统的铸造技术带入到了一个崭新的技术领域，凸现了快捷制造的优势。

8.4.4　基于去除加工原理的无模铸型技术

　　无模数字化铸模技术的发展为铸造数字化技术开辟了一条新道路。无模数字化快速制造技术是将 CAD 计算机三维设计、快速成形技术与树脂砂造型工艺有机结合而开发出的一种数字化制造综合技术，它利用快速成形技术的离散/堆积成形原理，进行了工艺和结构的创新而开发出的拥有自主知识产权的数控制造技术与装备。它无需模具，能够快速、柔性、准确地制造内腔及表面均为复杂的铸型、模具，特别适合单件、小批量、形状复杂的大中型铸型、铸造模具的制造及新产品开发。

　　无模快速制造砂芯与砂型，目前主要有 SLS、3DSP、数控加工砂块 3 种方法。采用数控加工树脂砂得到铸型的无模数字化铸造技术的工艺步骤如图 8-38 所示。

　　（1）基于去除加工原理的无模铸型制造技术原理

　　基于去除加工原理的无模铸型制造技术也称为 DMM（direct mould milling）工艺，由于数控技术的快速发展，基于去除原理的快速加工制造技术在机械工业中得到快速应用。在 CAD 模型驱动下，直接采用数控机床加工砂型，获得浇注的铸型，不需要传统的铸造模样，不仅制造速度快，而且精度高。由于在封闭环境中加工，成形过程中的废弃物，如粉尘、废气、废渣等可以得到回收。DMM 工艺就是采用 5 轴数控铣直接切削出铸造用铸型，尤其是大型铸件，但不适合于形状复杂的铸件。图 8-39 为设备加工过程示意，图 8-40 为加工出的铸型。

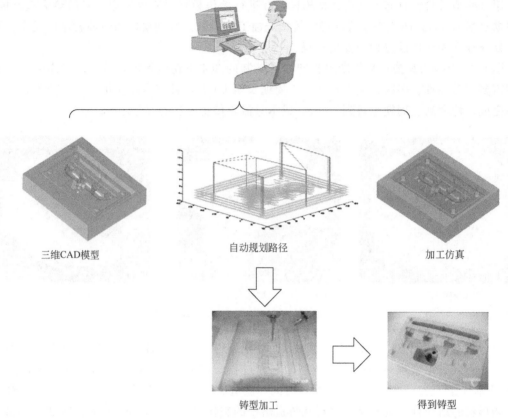

图 8-38　无模数字化铸造技术的工艺步骤

图 8-39　DMM 加工铸型示意

图 8-40　DMM 加工油过滤器铸型与金属件

同传统铸型制造技术相比，DMM 工艺具有无可比拟的优越性，它不仅使铸造过程高度自动化、敏捷化，降低工人劳动强度，而且在技术上突破了传统工艺的许多障碍，使设计、制造的约束条件大大减少。具体表现在以下方面：

1）造型时间短。利用传统的方法制造铸型必须先加工模样，无论是普通加工还是数控加工，模样的制造周期都比较长。对于大中型铸件来说，铸型的制造周期一般以月为单位计算。由于采用计算机自动处理，无模铸造工艺的信息处理过程一般只需花费几个小时至几十个小时。所以从制造时间上来看，该工艺具有传统造型方法无法比拟的优越性。具体如图 8-41 所示。

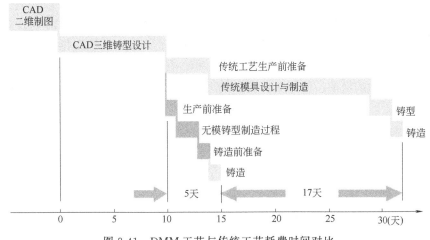

图 8-41　DMM 工艺与传统工艺耗费时间对比

2）制造成本低。DMM 铸造工艺的自动化程度高，其设备一次性投资较大，其他生产条件，如原砂、树脂等原材料的准备过程与传统的自硬树脂砂造型工艺相同。然而又由于它造型无需模样，对于一些大型、复杂铸件，模具的成本又较高，所以其收益是明显的。

3）易于制造含自由曲面的铸型。传统工艺中，采用普通加工方法制造模样的精度难以保证；数控加工编程复杂，另外涉及刀具干涉等问题。所以传统工艺不适合制造含自由曲面或曲线的铸件。而基于离散/堆积成形原理的无模铸造工艺，不存在成形的几何约束，因而能够很容易地实现任意复杂形状的造型。

4）造型材料廉价易得。DMM 工艺所使用的造型材料是普通的铸造用砂，价格低廉，来源广泛；而黏结剂和催化剂也是非常普通的化学材料，成本不高。

DMM 工艺的加工对象是树脂砂块，切削力的控制以及加工后的砂粒碎屑如何排出是很关键的一环。专用空心立铣刀的设计可以较大程度地解决这个问题，空心立铣刀的气动排砂原理如图 8-42 所示，空气压缩机将高压气体输送到密封腔内部，高压气体先进入转换刀柄的十字交叉孔，然后进入转换刀柄与立铣刀相连的一端通孔，接着进入立铣刀内部，从立铣刀的切削刃附近的小孔喷出，喷出的高压气体将刀具周围的废砂吹开或排出型腔。在型腔内部，气体压力从底部到顶部逐渐减小，气体流速从大逐渐减小，并且型腔出口风速

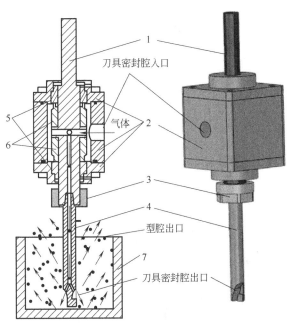

图 8-42　空心立铣刀的气动排屑原理

1—转换刀柄；2—密封腔；3—螺母；4—空心的立铣刀；

5—密封静环；6—密封动环；7—砂型工件

及流场平均风速大于 3.3m/s。在此压力供给调节下，将会浪费气体资源。当型腔出口平均风速大于或等于 3.3m/s 时，就能保证型腔内的气体风速达到气动排砂的要求，而不必供给过高压力的气体。

采用普通立铣刀加工圆孔的过程如图 8-43 所示，采用实时气动排砂的空心立铣刀加工圆孔的过程，如图 8-44 所示。在保证气体压力的条件下，空心立铣刀排屑效果非常好。随着加工深度的增加，型腔中的砂屑并没有不断累积。在普通立铣刀与空心立铣刀完成孔加工之后，随着加工深度的增加，砂屑在普通立铣刀加工的型腔内逐渐积累，以致 100mm 深的孔无法完成加工。

图 8-43　普通立铣刀的排砂效果　　　　图 8-44　空心立铣刀的排砂效果

（2）DMM 技术应用实例

国内一些大型企业都已开展采用 DMM 工艺进行新产品开发工作，比如图 8-45 和图 8-46

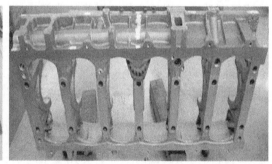

(a) 砂模　　　　　　　　　　　　　　　(b) 铸件

图 8-45　M 柴油机曲轴箱体无模铸造

(a) 砂模　　　　　　　　　　　　　　　(b) 铸件

图 8-46　M 柴油机机体无模铸造

所示，是国内某公司新型柴油机复杂零部件的 DMM 铸型及铸件。成功开发出 1M 曲轴箱、1M 机体、1.35M 机体等系列化柴油机部件，砂模加工时间仅用 70h 左右，从 CAD 模型到铸件时间 10 天左右，产品开发周期缩短 2/3 以上。

8.4.5　基于粉末床微喷打印的快速砂型技术

（1）基于粉末床微喷打印砂型原理

基于粉末床微喷打印的快速铸型制造技术是通过黏结剂将粉末材料连接成成型物体的工艺，一般也称之为三维砂型打印（three dimensional sand printing，3DSP）。3DSP 的工艺示意图如图 8-47 所示。

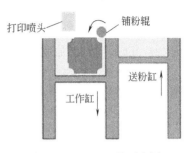

图 8-47　3DSP 工艺示意图

打印之前将固化剂与型砂混合均匀放入送粉缸，当一层打印完毕后，工作缸下降一个高度（层厚），送粉缸上升一定高度（层厚＋送粉系数），铺粉辊将型砂从送粉缸送到工作缸并铺平，铺粉完毕后进行打印过程，重复此过程直至打印结束。目前该工艺常用的原材料有铸造砂、陶瓷粉等。根据成型材料及成型工艺不同，所喷涂的液体材料也不同。有的直接将黏结剂喷涂在粉末材料上，如在陶瓷粉末上喷涂硅溶胶；也有将黏结剂喷涂在预先混制固化剂的铸造砂粉末上完成固化；还有将树脂及固化剂分两次喷涂在铸造砂粉末上以完成固化。

实际工业应用的 3DSP 装置和打印过程与图 8-47 有所不同，采用的是单缸（工作缸）和铺砂操作，如图 8-48 所示。图 8-48（a）打印机处于初始位置，机构有打印头、工作缸、铺砂辊。工作缸中装有已经打印的部分零件和混有固化剂的原砂。图 8-48（b）处于打印状态，打印头按轨迹线进行选择性喷洒黏结剂。图 8-48（c）处于工作缸降低状态，打印头回归到原始位置，工作缸下降一个层厚的高度。图 8-48（d）处于重新铺砂状态，在已经下降了一个层厚的工作缸上表面，铺砂辊在已经打印后的工作缸上表面重新铺砂，实际上已经回到（a）的状态，等待打印。不断重复这 4 个步骤，每一次打印的图形轮廓由主机切片程序给出，然后由打印机控制不断重复打印，直至所有的层面打印完成，一个带有铸件外形和部分内腔的立体树脂砂铸型就打印完成。

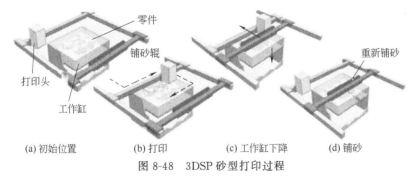

(a) 初始位置　　　(b) 打印　　　(c) 工作缸下降　　(d) 铺砂
图 8-48　3DSP 砂型打印过程

目前，3DSP 砂型打印以呋喃树脂砂铸型和砂芯比较多，而且技术相对成熟。其硬化原理可以用图 8-49 来表示。工作缸中的原砂是混有湿态固化剂的原砂，喷头中喷出来的是呋喃树脂黏结剂，在一定的时间内可以产生化学反应而使得型砂固化。其化学反应过程和原理与传统呋喃树脂砂本质上是一致的。所不同的是由于成型过程中的紧实力变化，从而对原砂、黏结剂和固化剂的要求也有了很大不同。

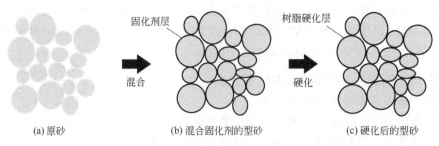

固化剂层　　　　树脂硬化层

混合　　　　硬化

(a) 原砂　　　(b) 混合固化剂的型砂　　　(c) 硬化后的型砂

图 8-49　3DSP 树脂砂砂型黏结示意图

（2）3DSP 砂型的原材料要求

基于 3DSP 工艺的材料研发主要包括两方面：一是黏结剂，主要包括呋喃树脂黏结剂、酚醛树脂黏结剂、水玻璃黏结剂、覆膜砂溶剂等；二是粉末材料，主要包括铸造各种原砂、PMMA 粉料、硅酸盐颗粒材料等。

3DSP 打印机的关键部件打印喷头一般采用的是喷绘行业用喷头，目前还没有专门为铸造砂型打印用喷头，对打印墨水的要求较高。

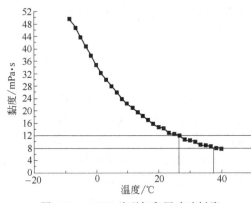

图 8-50　3DSP 砂型打印用呋喃树脂
黏度与温度的关系

国内外现行常用工业级打印喷头为富士星光 SG-1024 喷头。该型号喷头具有精度高、打印幅面大、耐腐蚀等优点，是业内公认的一流工业级喷头，但价格较高。该喷头对打印墨水的适合黏度范围为 8～12mPa·s，国内某专用 3DSP 打印用呋喃树脂的黏度随温度的变化关系如图 8-50 所示，使用温度 25～37℃，可满足打印要求。

3DSP 打印用原砂从原理上来看，与传统铸造用砂没有本质上的区别。由于该技术在实际应用中还没有大量推广应用，没有得到大量的工程验证。因此，目前所说的材料要求只是一些实验研究和少量实际应用验证的例子，远没有达到行标或国标的程度。

3DSP 打印砂型过程中，对于砂型没有外力紧实，完全靠原砂重力进行铺展，和传统砂型的外力紧实或振动紧实相比，紧实度会低很多。因此，过粗的原砂不利于砂型的紧实和强度的形成，原砂的级配就显得非常重要。从原理上分析，粒度分布比较分散的原砂比较有利于铸型的强度和铸型密实，如图 8-51 所示。因为分散分布的原砂堆积时，细砂可以镶嵌在

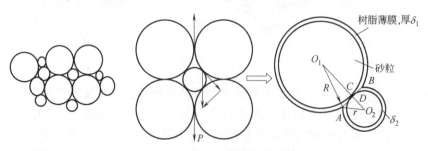

(a) 粗细纱堆积示意　　　(b) 细砂镶嵌粗砂结构分析

图 8-51　原砂堆积及细砂镶嵌粗砂模型

粗砂的间隙中，形成更多的黏结桥，有利于提高强度，也有利于降低透气性。

根据图 8-51，可有分析计算一下不同堆积时黏结强度的变化趋势。当砂型粒径全部为粗砂时，树脂砂的理论抗拉强度 σ_1 为：

$$\sigma_1 = N \cdot S_1 \cdot \sigma_内 \tag{8-1}$$

$$S_1 = \pi[(R+\delta_1)^2 - R^2] = \pi(2R\delta_1 + \delta_1^2)$$

所以

$$\sigma_1 = N\pi(2R\delta_1 + \delta_1^2)\sigma_内 \tag{8-2}$$

式中　σ_1——砂型的抗拉强度；

　　S_1——单个黏结桥的截面积；

　　$\sigma_内$——黏结桥的内聚强度；

　　R——粗砂的半径；

　　N——单位截面积内型砂黏结桥的数量。

由于树脂膜很薄，因此 $\delta_1 \ll R$，忽略 δ_1^2 可得：

$$\sigma_1 = 2\pi NR\delta_1\sigma_内 \tag{8-3}$$

同理，当细砂全部镶嵌在粗砂的间隙时砂型的强度 σ_2 为：

$$\sigma_2 = NS_2\sigma_内 + N'S_2'\sigma_内' \tag{8-4}$$

式中　S_2——粗砂之间黏结桥截面积；

　　N'——细砂与粗砂之间黏结桥的个数；

　　S_2'——细砂与粗砂之间黏结桥的截面积；

　　$\sigma_内'$——细砂与粗砂之间黏结桥内聚强度在 P 方向上的强度。

由图 8-51 可知，$S_2 = \pi(AB/2)^2 = \pi[(r+\delta_2)^2 - (r-CD)^2]$

又由于 $(r+\delta_2)^2 - (r-CD)^2 = (R+\delta_2)^2 - (R+CD)^2$

故 $CD = \delta_2(R-r)/(R+r)$

$$S_2' = \pi\left\{\frac{4rR}{R+r}\delta_2 + \left[1 - \left(\frac{R-r}{R+r}\right)^2\right]\delta_2^2\right\} \tag{8-5}$$

又因为 $\delta_2 \ll R$，$r = 0.41R$

所以

$$S_2' = \pi\delta_2 R4r/(R+r) = 1.163\pi R\delta_2 \tag{8-6}$$

又因为 $\sigma_内' = \sigma_内/\cos\theta = \sqrt{2}\sigma_内$

由于为简单立方排列，因此一个粗砂粒可以与 12 颗细砂粒接触，所以 $N' = 4N$。

所以

$$\sigma_2 = 2\pi RN\delta_2\sigma_内 + 4N \times 1.163\pi R\delta_2\sqrt{2}\sigma_内 \tag{8-7}$$

$$\sigma_2 = 8.58\pi RN\sigma_内\delta_2 \tag{8-8}$$

当喷墨量即树脂加入量为 V 时，由于砂粒半径远大于树脂膜的厚度，因此

$$V \approx N4\pi R^2\delta_1$$

$$V \approx N4\pi R^2\delta_2 + N_0 4\pi r^2\delta_2$$

所以

$$\frac{\delta_2}{\delta_1} = \frac{N4\pi R^2}{N4\pi R^2 + 3N \times 4\pi r^2} \approx 0.667$$

$$\frac{\sigma_2}{\sigma_1} = \frac{8.58\pi NR\delta_2\sigma_内}{2\pi RN\delta\sigma_内} = 2.86$$

因此，当树脂加入量不变、砂粒为球体、简单立方排列、破坏方式为内聚断裂时，并且忽略树脂薄膜厚度的变化导致的 $\sigma_内$ 的变化，理论计算可知细砂镶嵌作用使粗砂强度提高

186％。当然，理论计算与实际结果会有差别，主要原因在于 3DSP 缺少压实力，颗粒之间不能充分镶嵌，同时假设只有两种粒径的颗粒，实际上粒径分布很广，但是从理论上仍然证明了合适的粒度搭配可以提高砂型的强度。因此，分散级配导致更多的砂粒接触点可以提高砂型的抗拉强度的结论应该是可信的。

但目前实际情况是使用者往往采用二筛或三筛的原砂比较多，主要原因还是业内没有详细的研究数据支撑这个结论。3DSP 打印的砂型强度一般都能达到 1.0MPa 以上，发气性指标能够在 20mL/g，满足应用要求。

国内试用过的原砂有石英砂、陶粒砂。对于铸铁件，采用 70/140 目石英砂打印铸型，可以实现硬化并组型浇注，SiO_2 含量和传统的要求类似。采用更细的石英砂 100/140 目或者 100/140 目可以生产精度要求更高的铸铁件。对于铸钢件，采用 SiO_2 含量大于 99％的石英砂，目数为 70/100 目即可。

陶粒砂由于耐火度高，粒度均匀无粉尘，采用 100/140 目可以打印成型，对于试制铸铁大件也没有发生烧结的问题。

（3）3DSP 砂型的典型优势

结合传统树脂砂工艺，以 3D 砂型打印技术为核心手段，快速实现砂模制造成形，无需传统开模，能够大量节省开模周期及开模成本，为当前最为先进的一种铸型制造技术，具有柔性化、数字化、精密化、绿色化、智能化特点，是铸造技术的革命。对于 3D 打印应用于铸造生产，更多的优势还在于深层次地影响铸造工艺设计、铸件结构设计、铸件的定制化设计等，对于铸造技术的应用和发展带来新的思路和途径。

1）铸造工艺设计的简化。传统砂型铸造工艺的设计，一个最大的特征就是依据铸件的分型面和浇注位置进行设计，有很多的条条框框进行设计限制，尤其是模样的存在，带来很多限制。比如拔模斜度、浇道的搭接和放置等，否则会导致金属液的流动紊乱、凝固不能控制，最后铸件缺陷很多。

3DSP 砂型由于没有分型面的硬性要求，分型面的设计类似模具的分模面，自由度很大。同时不需要模样，所以取模的环节自然消除，大大方便了工艺设计。

铸造工艺设计的目的是为了金属液更快、更稳定地流入型腔，更有利于铸件致密的凝固方式，更方便地操作。因此，3DSP 技术可以让这些功能更好地实现。

a. 浇道可以进行圆弧设计，减小了金属液的扰动；

b. 阻流截面不再是浇注系统的面积比的焦点，内浇口设计更加柔性；

c. 冒口和浇口可以统一互换；

d. 浇注系统更加紧凑，功能更加集成，可以实现补缩、出气、除杂、出砂。

越来越多的研究表明，3DSP 砂型浇注系统的设计会更加方便、更有利于数值化和智能化。3DSP 制造的发动机缸体砂型及其浇注系统如图 8-52 所示。

2）砂型和芯子的灵活设计。铸件的工艺设计和铸件的复杂程度关系很大，越复杂的铸件砂型模样结构越多，内腔越复杂砂芯也越多，这是导致铸造工艺设计繁杂的主要原因。一个四缸发动机缸体铸件的铸造工艺设计，其图纸就多达几十张。而采用 3DSP 技术，无纸化制图和打印制造，不需要砂芯，如图 8-52 所示，只需打印 4 块砂型就可组装浇注，大大节约了工作量。

图 8-53 所示为铝合金蜗壳零件，如果一箱一件试制，就可以采用图（a）的模式，打印三块砂型，自带砂芯，组合就可以浇注成形。如果是一箱两件，就可以采用图（b）的模式，

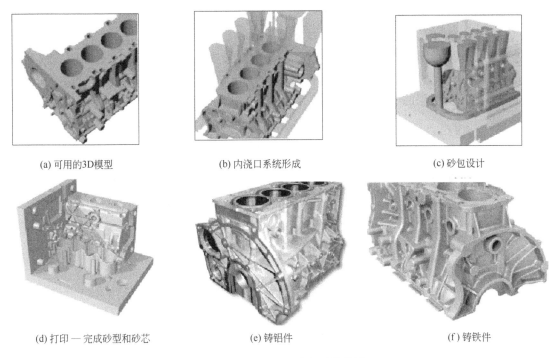

(a) 可用的3D模型　　　　　(b) 内浇口系统形成　　　　　(c) 砂包设计

(d) 打印 — 完成砂型和砂芯　　　　(e) 铸铝件　　　　(f) 铸铁件

图 8-52　3DSP 砂型浇注系统设计

打印上下模和一个砂芯，组合就可以浇注。

3）铸件减重的设计。铸件的减重是铸造工作者的目标之一，而且是最重要的目标之一。我国传统铸造给人的印象就是"老、大、笨、粗"，所谓老就是技术很老旧，从中华人民共和国成立以来直到最近十年，铸造技术才有了较大发展，但是技术老旧的状态还是没有改变；所谓大就是指比起加工零件

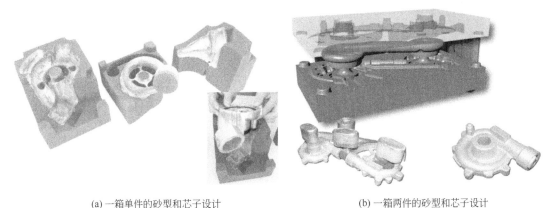

(a) 一箱单件的砂型和芯子设计　　　　(b) 一箱两件的砂型和芯子设计

图 8-53　铝合金蜗壳的 3DSP 铸型打印

来，其铸造毛坯要大很多，依旧是加工余量太大；所谓笨就是指铸件毛坯看起来笨头笨脑，体重比其加工零件要重很多；所谓粗就是指表面不光滑，表面做工粗糙。铸件表皮应该是凝固性能最好的部位，但是由于粗糙度太大不得不加工去除。随着技术的进步，我国铸件的质量现状得到了很大改观，但和国外先进铸件相比还是差距较大。

3DSP 技术给铸件的减重带了很大空间，图 8-54 是某航空吊窗支架的减重效果。该零件是不锈钢材质，采用传统砂型铸造生产质量为 3.54kg。用 3D 打印方式生产，第一阶段优化结构减重到 1.27kg。经过进一步优化，第二阶段优化设计后铸件质量为 0.64kg，仅仅是原来重量的 18%。这种减重设计主要是基于 3DSP 技术给铸造工艺带来的柔性化特性，使得传统砂型铸造不可能实现的工艺措施现在已经不是问题，给铸件减重设计打开了天窗。

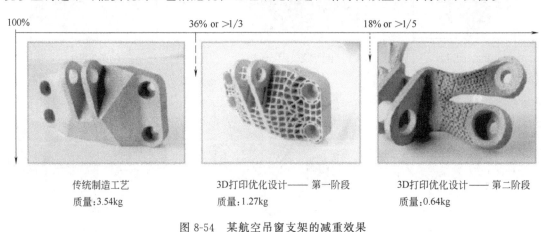

| 100% | 36% or >1/3 | 18% or >1/5 |

| 传统制造工艺 | 3D打印优化设计—— 第一阶段 | 3D打印优化设计—— 第二阶段 |
| 质量:3.54kg | 质量:1.27kg | 质量:0.64kg |

图 8-54　某航空吊窗支架的减重效果

4）复杂结构铸件的成形。传统铸造对于某些结构特别复杂的零件成形往往显得力不从心，或者说要花费很大代价才能完成成形任务，例如图 8-55 中的铸件，采用传统铸造方式成形非常费工费时。

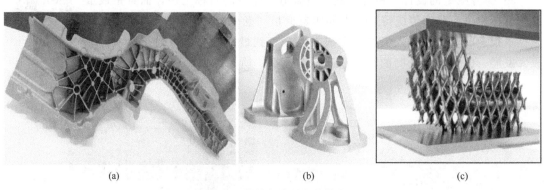

(a)　　　　　　　　　　　(b)　　　　　　　　　　　(c)

图 8-55　结构复杂的金属铸件

3DSP 技术为上述零件的铸造成形提供了一种非常适用的解决方案。图 8-56（a）为图 8-55（a）金属零件的 3DSP 砂型方案，此图为下型，和相应的上型合型后浇注就可以得到金属零件。这种砂型采用传统砂型铸造造型方法是无法制出的，因为树脂砂中薄壁的模样很难顺利取模，中间的复杂筋片就无法铸出。同样的道理，图 8-56（b）中的复杂零件若采用传统砂型铸造技术，需要很多的砂芯，而且铸型的型腔也很复杂，诸多薄壁筋板无法顺利铸出，分型面的选取也很麻烦。采用 3DSP 技术，可以制造如图 8-56（b）的 3DSP 砂型，很好地铸出如此复杂的金属零件。

综上所述，3DSP 技术极其深刻地影响着铸造的发展，对传统制造业的产品研发、材料制备、成形装备、制造工艺、相关工业标准、制造模式等带来全面深刻的变革。尤其是 3D 打印技术本身天然的数字化特征，会给铸件设计、铸造工艺、铸造装备和铸造成形过程带来

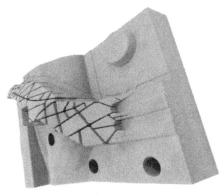

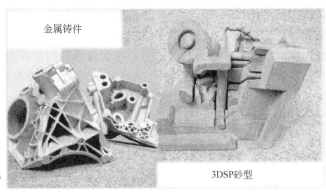

(a) 图8-55(a)铸件的3DSP砂型　　　　　　　(b) 复杂铸件的3DSP砂型方案

图 8-56　结构复杂的金属铸件 3DSP 砂型方案

无限想象的数字化未来空间，铸造的未来一片光明。

（4）3DSP 砂型的典型应用简介

3DSP 砂型技术是最早于铸造进行实际应用的高科技造型技术，国内外很多企业和高校、研究院所都进行了实验研究和应用尝试。应用的场景不仅仅是产品试制，而且有些零件已经突破到了小批量应用试制，甚至有些企业也已经准备在零件的大批量生产中进行尝试。

德国维捷（voxeljet）是国际上较早成功开发 3DSP 技术的公司，与德国 Koncast 公司合作，通过 3D 打印砂模，铸造离合器外壳，在不到五天的时间就解决了这一技术难题。具体见图 8-57。铸造薄壁结构的零件，尤其是薄壁离合器壳体，这对砂型制造提出了很大的挑战。这款铝制离合器箱是用来做设计验证过程中的原型，尺寸为 465mm×390mm×175mm，重 7.6kg。通过 voxeljet 维捷的 3D 打印机来完成砂模制作，voxeljet 维捷专家选用了高质量的 GS09 砂来达到极薄的壁厚打印。

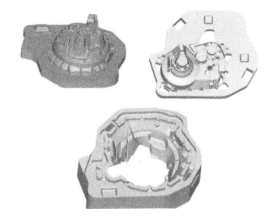

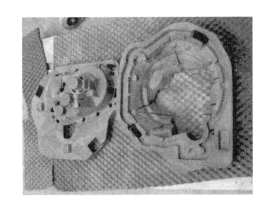

(a) 离合器CAD设计　　　　　　　　　　　　(b) 离合器3DSP砂型

图 8-57　离合器外壳 3DSP 砂型方案

铸造过程采用的是 AlSi8Cu3 合金，浇注温度达到了 790℃。这个过程生产的离合器与后面测试通过后批量生产的零件是完全一致的。Koncast 也从中获得了巨大的时间和成本优势，因为在零件铸造过程中不需要前期开模的刀具准备，避免了木模的制造成本。

赛车的进气歧管位于节气门与引擎进气门之间，之所以称为歧管，是因为空气进入节气门后，经过歧管缓冲后，空气流道就在此分歧了。进气歧管必须将空气、燃油混合气或洁净空气尽可能均匀地分配到各个气缸，为此进气歧管内气体流道的长度应尽可能相等。为了减小气体流动阻力，提高进气能力，进气歧管的内壁应光滑。

赛车的进气歧管具有许多干涉部位，这对于砂型铸造和后期的机加工都提出了许多挑战。为了满足复杂性的精确要求，voxeljet 维捷将这一 854mm×606mm×212mm 大小的进气歧管模型拆分成 4 块来进行砂模打印，见图 8-58。在随后的组装过程中，没有发生变形问题。整个的砂型重约 208kg，打印时间为 15h，组型浇注，如图 8-59 所示。

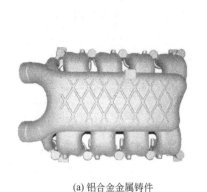

(a) 铝合金金属铸件

(b) 3DSP打印的4块砂型

图 8-58　铝合金进气歧管

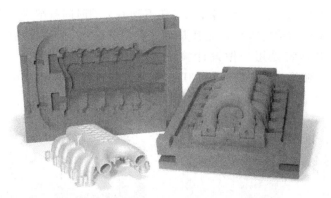

图 8-59　铝合金进气歧管 3DSP 砂模组型

中国某汽车厂采用数字化无模铸造技术及装备，完成了多种汽车零部件的快速开发试制。图 8-60 和图 8-61 为齿轮壳体、前轮毂体件开发过程，5 天内均可完成。

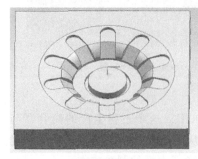

(a) CAD模型　　　　　　　(b) 砂模　　　　　　　(c) 铸件

图 8-60　轮毂铸件无模铸造

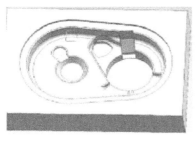
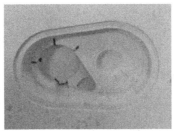
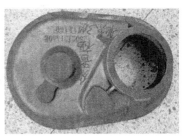

(a) CAD模型　　　　　　　　　　(b) 砂模　　　　　　　　　　(c) 铸件

图 8-61　齿轮外壳铸件无模铸造

中国某汽车制造厂采用数字化无模铸造技术进行了传动箱体快速开发，如图 8-62 所示。通过铸件型芯的组合优化设计，得到分块加工方案，逐块加工累计 69h，最终组合出轮廓尺寸 1300mm×780mm×800mm 的砂模，成功浇注出传动箱体铸件。

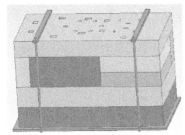

(a) 组合设计　　　　　　　　　(b) 组合砂模　　　　　　　　　(c) 铸件

图 8-62　传动箱体无模铸造

2012 年，宁夏共享集团投资近亿元购买进口 3D 打印设备及其他配套设施，成功把铸造所需的砂芯型打印成形，传统铸造的模具制造、造型、制芯、合箱四个工序全部由 3D 打印一个工序代替。目前，共享集团已实现 5 大类 53 种铸件砂型打印制造，并成功自行设计和制造了国内自主知识产权的 3DSP 打印机，涵盖发动机、燃气发电、机床铸件、压缩机、海工装备等行业。由此也带动了国内铸造行业砂型打印技术研发及其应用的热潮，已经有不少国内公司进行该领域的装备开发和材料研发，也催生了一些 3DSP 技术的技术服务公司，为我国的铸造数字化、智能化进程推波助澜。

共享集团的 3DSP 装备及试制的产品如图 8-63 和图 8-64 所示。

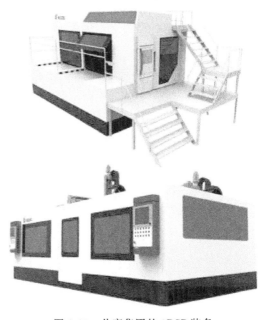

图 8-63　共享集团的 3DSP 装备

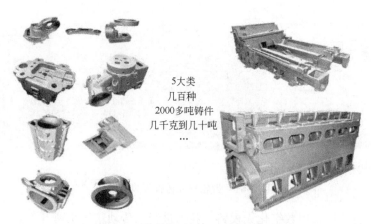

5大类
几百种
2000多吨铸件
几千克到几十吨
…

图 8-64　共享集团 3DSP 试制的产品

习题与思考题

1. 什么是铸造工艺 CAD？典型的铸造工艺 CAD 系统工作过程包括哪几部分？
2. 简述铸造工艺 CAE 的特点。
3. 铸造工艺 CAE 中常用的软件处理系统有哪些？各有什么特点？
4. 铸造成形过程数值模拟一般包括哪几个部分？各部分特点是什么？
5. 增材制造技术如何应用于传统铸造行业？主要有哪些应用？
6. 快速熔模铸造的蜡模材料和传统蜡料有什么不同？
7. 3DSP 砂型技术有什么优势？

主要参考文献

[1] 中国机械工程学会铸造分会. 铸造手册铸造工艺分册 [M]. 北京：机械工业出版社，2020.

[2] 谢应良. 典型铸铁件生产工艺实例 [M]. 北京：机械工业出版社，2020.

[3] 陈立亮，等. 铸造凝固模拟技术研究（Ⅱ）[M]. 武汉：华中科技大学出版社，2015.

[4] 樊自田，等. 铸造质量控制应用技术 [M]. 北京：机械工业出版社，2015.

[5] 王文清，等. 铸造工艺学 [M]. 北京：机械工业出版社，2005.

[6] 李魁盛，等. 典型铸件工艺设计实例 [M]. 北京：机械工业出版社，2008.

[7] 陈琦，等. 铸造技术问题对策 [M]. 第二版. 北京：机械工业出版社，2008.

[8] 曲卫涛. 铸造工艺学 [M]. 西安：西北工业大学出版社，1994.

[9] 曹文龙. 铸造工艺学 [M]. 北京：机械工业出版社，1997.

[10] 李魁盛. 铸造工艺设计基础 [M]. 北京：机械工业出版社，1981.

[11] 丁根宝. 铸造工艺学 [M]. 北京：机械工业出版社，1985.

[12] 柳百成. 铸造工程的模拟仿真与质量控制 [M]. 北京：机械工业出版社，2001.

[13] 陈立亮. 材料加工 CAD/CAM 基础 [M]. 北京：机械工业出版社，2006.

[14] 杨磊. 工程零件结构及铸造工艺计算机辅助设计 [D]. 兰州：兰州理工大学，2008.

[15] 刘英吉. 铸钢件凝固过程仿真及工艺改进设计 [D]. 北京：中国石油大学，2006.

[16] 王晓秋，等. 进气歧管铸造工艺模拟及工业研究 [J]. 特种铸造及有色合金，2006，26（5）.

[17] 黄乃瑜，等. 消失模铸造原理及质量控制 [M]. 武汉：华中科技大学出版社，2004.

[18] 万仁芳，等. 砂型铸造设备 [M]. 北京：机械工业出版社，2008.

[19] 曹瑜强，等. 铸造工艺及设备 [M]. 北京：机械工业出版社，2008.

[20] http://www.wagner-sinto.de：VACUUM MOULDING PLANTS V-PROCESS.

[21] John Campbell. Complete Casting Handbook：Metal Casting Processes，Metallurgy，Techniques and Design [M]. Elsevier Ltd.，2015.

[22] http://www.ks-jt.com/康硕集团砂型 3D 打印在铸造产业的工业化应用.

[23] https://www.kocel.com/智能铸造解决方案.